建筑初步（原著第3版）

HOW BUILDINGS WORK

The Natural Order of Architecture

［美］爱德华·艾伦 著

［美］戴维·斯沃博达
［美］爱德华·艾伦 绘图

冯 刚 汪江华 译

江苏凤凰科学技术出版社

图书在版编目（CIP）数据

建筑初步 ：原著第 3 版 ／（美）爱德华 · 艾伦著 ；
冯刚 ，汪江华译 . -- 南京 ：江苏凤凰科学技术出版社 ，
2020.1
ISBN 978-7-5713-0608-3

Ⅰ . ①建… Ⅱ . ①爱… ②冯… ③汪… Ⅲ . ①建筑学
-高等学校-教材 Ⅳ . ① TU-0

中国版本图书馆 CIP 数据核字 (2019) 第 225362 号

江苏省版权局著作权合同登记 图字：10-2016-403 号

建筑初步（原著第3版）

著　　者　[美]爱德华 · 艾伦
绘　　图　[美]戴维 · 斯沃博达　[美]爱德华 · 艾伦
译　　者　冯　刚　汪江华
项目策划　凤凰空间／张晓菲　庞　冬
责任编辑　刘屹立　赵　研
特约编辑　庞　冬

出版发行　江苏凤凰科学技术出版社
出版社地址　南京市湖南路1号A楼，邮编：210009
出版社网址　http://www.pspress.cn
总 经 销　天津凤凰空间文化传媒有限公司
总经销网址　http://www.ifengspace.cn
印　　刷　固安县京平诚乾印刷有限公司

开　　本　710 mm×1 000 mm　1/16
印　　张　16
版　　次　2020年1月第1版
印　　次　2020年1月第1次印刷

标准书号　ISBN 978-7-5713-0608-3
定　　价　58.00元

图书若有印装质量问题，可随时向销售部调换（电话：022-87893668）。

感谢下列人士对本书的帮助

乔伊斯・贝里（Joyce Berry）

诺埃尔・卡尔（Noel Carr）

阿尔伯特・G.H. 迪茨（Alber G. H. Dietz）

埃伦・R. 福柯兹（Ellen R. Fuchs）

N.J. 哈布拉肯（N. J. Habraken）

凯瑟琳・汉弗莱斯（Catherine Humphries）

弗兰克・琼斯（Frank Jones）

冬林・林登（Donlyn Lyndon）

道格拉斯・马洪（Douglas Mahone）

詹姆斯・拉米斯（James Raimes）

埃尔达・罗托尔（Elda Rotor）

J.N. 塔恩（J. N. Tarn）

赛伯勒・汤姆（Cybele Tom）

瓦克劳拉・扎夫斯基（Waclaw Zalewski）

特别感谢

玛丽・M. 艾伦（Mary M. Allen）

第 3 版前言

在过去的 25 年中，建筑实践在某些领域发生了巨大的变化，特别是在机械、电气和通信系统方面，人们对建筑发挥的作用有了新的理解，并且对这些新领域做了深入的思考和研究，尤其是对于向公众开放的建筑与践行可持续发展的建筑。第 3 版与以前的版本一样，围绕与建筑有关的基本问题展开论述，同时包含许多反映当前建筑艺术与建筑科学水平发展变化的细节。本书沿用了第 1 版的组织结构和外观设计，因为对我而言这些元素尚未过时。此外，新版本的前提与宗旨也没有改变。

爱德华·艾伦

于马萨诸塞州南纳提克

2005 年 1 月

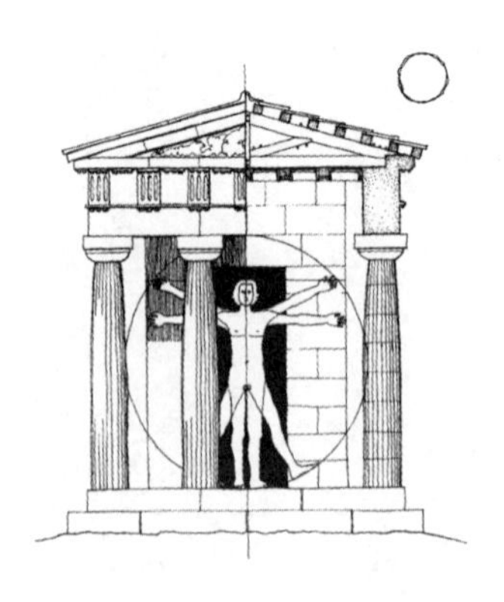

序
可持续的建筑

建筑在时间和金钱上的消耗是巨大的。对于正在修建或使用的建筑，人们消耗了大量的物质资源，这也是造成全球环境污染的主要原因之一。根据世界观察研究所提供的数据，建筑每年消耗的能量超过全球总能耗的 40%，产生大气中 2/3 的二氧化碳和 2/5 导致酸雨的化合物。在美国，建筑每年消耗 1/6 的淡水、1/4 的木材，大约释放一半的氟碳化合物，它们进入大气并破坏抵挡紫外线的臭氧层。垃圾填埋场中大约 40% 的废弃物来自建筑。从这些数据可以看出建筑给地球资源造成了沉重的负担，其中大多数是不可再生的资源，这严重威胁了人类的健康，因此我们越来越迫切地需要学会以一种可持续的方式建造和运营建筑。

“可持续性”是指在不损害子孙后代利益的前提下满足当代人的需求。燃烧化石燃料时，消耗了有限的不可再生能源，这些能源在短期内无法再生。我们的下一代将面临冰川退缩、海平面上升、极端天气和种种不可预知的情况。人们在曾经种植粮食的肥沃土地上建造庞大的建筑时，子孙后代可利用的农业用地会随之减少；不断砍伐森林，导致木材变成一种稀缺而昂贵的商品。

而我们有能力改变这种状况，减少建筑造成的能源消耗。使用太阳能和风能来满足多种需求，因为这两种能源都是可再生、无污染的，并且在建筑基地上直接可用。通常，人们可以在过去被滥用的土地上开展建设，如受污染的工业基地、拆毁的公寓楼等，也可以在建造过程中使用从已拆除的旧建筑中回收的木材。

一些机构和制造商致力于可持续的建筑实践（也称“绿色建筑”），如使用树木等特殊资源，或将废石膏板、磨损的轮胎等材料回收制成石膏板、天花板等新型建筑材料。有些人正在推广可再生能源及相关技术，如太阳能、风能和光伏技术；有些人致力于通过更好的隔热、更密闭的建筑结构和更高效的加热和冷却设备来改善建筑的能源性能；一些建筑师和工程师通过场地设计，认真选材，精心施工，来降低建筑对地球及其资源造成的负面影响。

另一些组织正在加强对建筑师和工程师的培训，以开展可持续建设，其中最突出的是美国绿色建筑委员会，该委员会建立并推行绿色建筑评估体系（LEED），在评估清单上指明建筑具有的可持续程度。评估清单通常包含以下内容：

第一类，可持续的场地

• 建筑能否改善场地还是使其降级？

• 建筑的使用者是否方便步行、骑自行车或乘坐公共交通工具，以节省燃料并降低空气污染？

• 新建筑对场地的破坏程度。

• 如何管理雨水（储存起来用于补给当地地下水，还是排入下水道）？

第二类，“水效率”

• 灌溉时使用存储雨水或“灰色”废水（洗涤污水，不包含人类的排泄物）。

• 创新的废水处理方法。

• 使用节水设施。

第三类，能源与大气

- 建筑供暖和冷却设备的运行效率和相关系统。
- 利用可再生能源。
- 建筑对臭氧的潜在损耗。

第四类，材料与资源

- 回收建筑材料和建筑垃圾。
- 施工现场的废物管理。
- 已回收建筑材料的使用量。
- 使用当地材料（在运输中消耗较少的燃料）。
- 使用快速再生的材料。
- 使用经认证林场提供的木材。

第五类，室内环境质量

- 室内空气质量。
- 消除烟雾。
- 通风效率。
- 施工期间的空气质量。
- 使用不产生有毒气体的材料。
- 控制建筑建造过程中使用的化学品的使用量。
- 热舒适度。
- 采光的运用。

第六类，创新与设计过程

这是一个开放的类别，为奖励可持续的原创建筑设计。如果有获得 LEED 专家认证的建筑师或工程师参与了项目设计，该项目也会加分。

这一清单仍在不断完善，但已作为建筑可持续发展程度的评判标准。此外，它也是提高建筑师、工程师和建筑商环保意识的有力工具。

在本书中，你能读到有关可持续性建筑设计、建造和运营的相关内容。每一章都讲述了如何：合理使用资源、保护能源、减少废物，在建造舒适、坚固、美观的建筑的同时，最大限度地降低对环境造成的负面影响。其中很多做法是历史悠久且广为人知的，有些则比较新颖。无论何种情况，建筑师和工程师都必须熟悉并坚持践行这些做法，为我们的子孙后代营造一个可爱、友好、健康且资源丰富的世界。

目 录

建筑的作用 10

1 户外环境 11
2 人类环境 24
3 庇护所 32

建筑的工作原理 37

4 建筑的功能 38
5 水的供给 40
6 废物利用 49
7 舒适的温度 56
8 建筑构件的热力学特性 60
9 控制热辐射 78
10 空气温度和湿度 87
11 控制空气流动 106
12 防水 116
13 视觉与照明 134
14 声音的传播和阻隔 143
15 能源的集中供应 152
16 以人为本的建筑 161
17 提供结构支撑 176
18 建筑的变形 206
19 控制建筑火情 214
20 建筑施工 228
21 保持建筑的生命力 239
22 建筑构件及其功能 252

建筑的作用

1
户外环境

太阳和地球

在太阳系的行星中，只有地球具备生命存在的基本条件。尽管如此，地球上的大部分区域仍不适合人类生活。太阳辐射给地球带来热量，地球也通过热辐射的方式向太空释放热量，地球的大气层就像一个巨大的发动机，永不停歇地推动地球表面的空气、水汽和热量循环运动，创造出多种多样的外部环境，而这些外部环境往往又是极端恶劣的。

太阳是影响人们生活和建筑最重要的一个因素。人们吃的食物、呼吸的氧气以及燃烧的能源均产生于太阳对植物的光合作用；甚至饮用的淡水，也是大气蒸馏净化的结果，其动力也来自太阳的热量。太阳通过直接辐射或通过空气传递热能为人体和建筑提供热量，时而让人感觉舒适，时而让人感觉不舒服。太阳光可以为室外提供照明，对其照射的表面进行消毒；在人体内合成维生素 D，以增强人的体质；但同时会灼伤皮肤，甚至诱发皮肤癌。总之，太阳既是生命的赋予者，又是生命的破坏者。

太阳光由不同波长的电磁波组成。照射到地球海平面的太阳光中，有不到 1% 的射线因其波长太短而不被肉眼所见。这些射线被称为紫外线，波长为 160 ~ 400 纳米。可见光的波长一般为 400 ~ 780 纳米，能量约占太阳光总能量的一半；另外一半太阳能量存在于红外线光谱中，

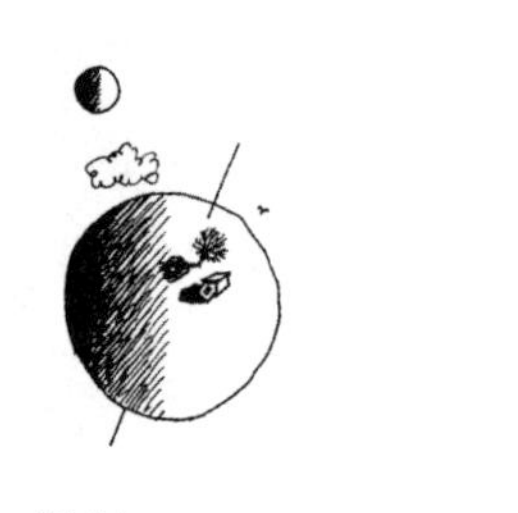

图 1.1

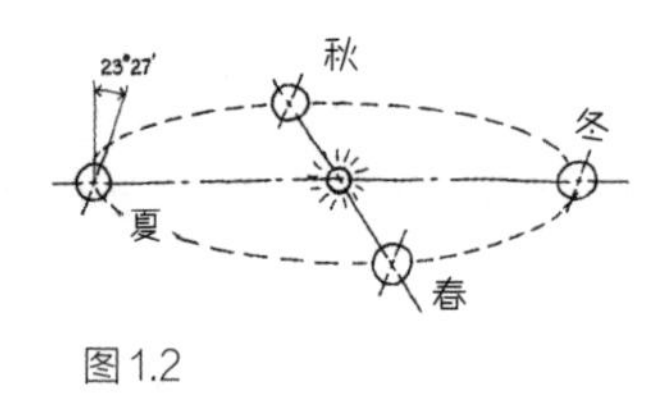

图 1.2

红外线波长一般为 780 ~ 1500 纳米。

地球始终围绕太阳做类似圆周的运动，地球表面背对太阳的一半是黑夜，另外一半是白昼（图 1.1），地球每自转一周为一天。地球公转轨道为一个椭圆形，平均半径为 1.495 亿千米，地球公转一周大约需要 365.25 天。因为地球的椭圆形轨道相对于圆形存在 3% 的偏差，所以地球在轨道中各点与太阳之间的距离不同。这种差异导致六个月内地球上的太阳辐射强度发生约 7% 的变化。这种变化并非地球上四季形成的原因，事实上，冬天地球距离太阳最近，也可以说地球公转轨道的偏心有助于缓和四季的反差。地球上四季的主要成因是地球自转轴与其运行轨道的垂线之间存在 23° 27′ 的夹角（图 1.2）。

夏至和冬至

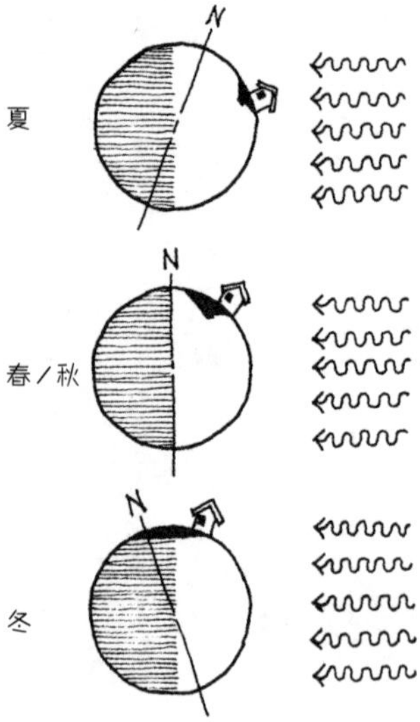

夏

春／秋

冬

图 1.3

地球运行到公转轨道上的北极点时最偏向太阳。此时，太阳光以最小的角度穿过大气层，照射到地球北半球的表面（图 1.3），光线通过大气层的路径最短。因此太阳辐射在到达地面之前，被大气层吸收和散射的也最少，北半球表面单位面积获得的太阳辐射最大。此时，北半球的阳光最为炽热，这一天就是夏至，大致在每年的 6 月 21 日。此外，夏至日是北半球一年当中白昼最长的一天，因此所获得的太阳热量也最多。在夏至日，太阳大约在早晨 6 点之前从东北方升起，在下午 6 点之后在西北方落下。太阳升起和落下的具体时间取决于该地的纬度。在赤道上，白天和黑夜的时间终年为 12 小时。自 3 月 21 日起，太阳从赤道向北移动，在 6 月 21 日左右到达北回归线，这一天白昼略长于 12 小时；中午阳光以垂直的角度直射北回归线（北回归线的纬度为北纬 23° 27′ ，与地球自转轴与公转轨道的垂线之间夹角相同）。如果继续向北行进，我们会发现纬度越高的地区，日照时间越长，太阳的位置也越靠近北方。在北极，太阳终日不落，只在午夜时分才轻轻划过地平线，日照时长达 24 小时。正午时分的太阳高度角随纬度的增加而减小，在赤道上，正午时分太阳高度角为 90°，在纽约这个角度为 70°，而在北极圈则降至 47°，北极点只有 23° 27′。因此纬度越高，太阳照射到地球表面的热量越少，即越往北天气越凉爽。

毫无疑问，夏至出现在每年较为温暖的季节。通常，每年最热天气出现的时间比夏至晚 4 ~ 6 个星期，一般在 7 月末到 8 月初。之所以有这种延迟，是因为在一年中较为温暖的日子里，陆地和海洋吸收并存储了大量从太阳接收的热量。到了夏末，这些积聚的热量散发出来，因此在太阳照射不太强烈的夏末，天气反而更热。

地球在公转轨道运行到与上述相反的位置时，北极点远离太阳，就到了北半球的冬至日。冬至大约在每年的 12 月 21 日。此时，北半球阳光照射的角度最大，阳光透过大气层时由于路径较长而损失大量能量，因此阳光对于地面的热效应也最弱。北半球的冬至是一年中日照时长最短的一天，这一天太阳较晚地从东南方升起，较早地在西南方落下，太阳高度较小。此时的北极圈终日不见太阳，只能在正午时分的天边见到一抹微光。12 月 21 日以后，陆地和海洋继续释放之前储存的热量，所以冬天最冷的时候要推迟到 1 月末到 2 月初。

春分和秋分

3 月 21 日和 9 月 21 日分别是春分和秋分，此时，南极和北极离太阳的距离相等。除极地外，地球上其他地方太阳均从正东方升起，12 小时之后在正西方落下。在极地地区，太阳 24 小时沿地平线旋转。

季节性变化

有一点值得注意，昼夜的长短和一天中太阳的最大高度角均随季节的变化而变化。这在热带地区表现得最不明显，在南北两极表现得尤为明显。

热带地区白天的时长总是接近 12 小时，除赤道外的其他热带地区，夏季白天略长，冬季白天略短。太阳从正东方附近升起，夏季稍微偏北，冬天稍微偏南，最后太阳在正西方附近落下。正午时分太阳照射的角度近乎垂直，而在早晨和傍晚，太阳以近乎垂直的角度穿过地平线，因此这些地区日出和日落的时间非常短暂（图 1.4）。

赤道地区

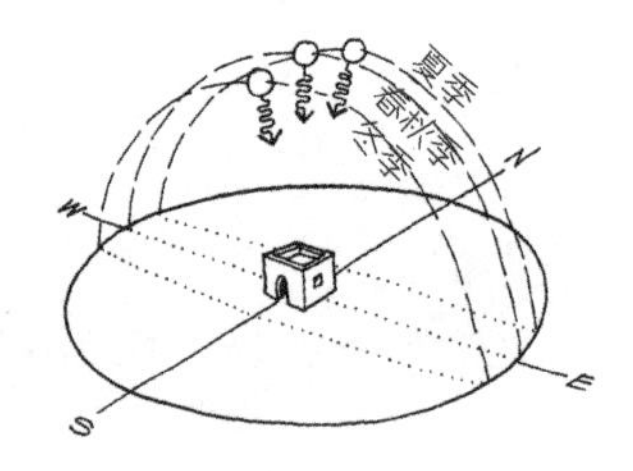

图 1.4

随着纬度的升高，季节性的变化越来越明显。这些地方夏季白天时长比热带地区长，冬天比热带地区短。正午时分太阳的高度较低，因此单位区域所受太阳照射的强度也弱于热带地区。日出和日落的方向呈现更加明显的季节性变化，太阳上升和下落的过程也被拉长（图 1.5）。在北半球，北极点是表现最极端的地区，白天和黑夜的时间均长达 6 个月，太阳在 3 月 21 日升起，到 6 月 21 日爬升到“正午”，最终在 9 月 21 日落下（图 1.6）。在一年当中，地球上的任意一点都可以得到半年的阳光照射，但在极地地区，这半年的时间是连续的。在赤道地区，每一天白昼和黑夜的时长一致；在中纬度地区，夏季白昼较长，冬季白昼较短。

中纬度地区

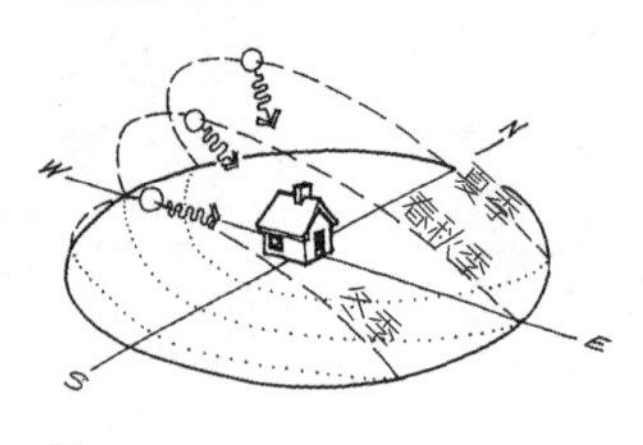

图 1.5

极地地区

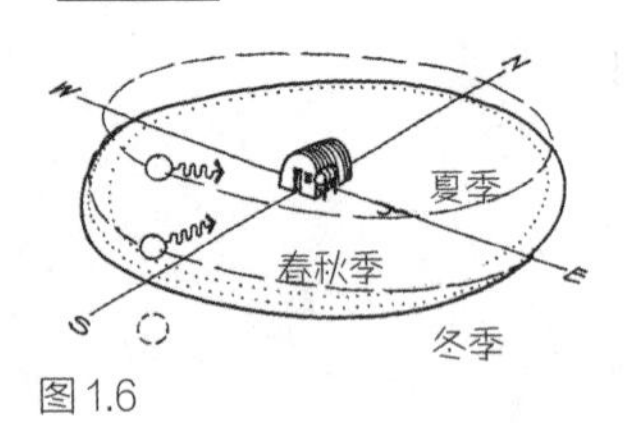

图 1.6

在南半球，太阳出现在天空的北边，季节正好与北半球相反；北半球白昼时间较短、太阳照射微弱的时候，南半球则拥有较长的白昼，太阳的照射也较为强烈。从赤道到南极的季节性变化与北半球的情况类似。

太阳辐射对地球的影响

许多因素会影响照射到地球表面的太阳辐射量，比如日照时长、太阳高度角以及大气情况。在这三个因素中，大气对太阳辐射的干扰最难评估。地球大气层之外，阳光强度为 1400 瓦 / 平方米。在大约 24.1 千米的高度，地球的臭氧层和新生氧层吸收了太阳光的大部分紫外线。在大气的下层，二氧化碳、水蒸气、云层、尘埃和污染物以各种各样的方式反射、分散并吸收太阳辐射。在这个过程中波长较短的太阳辐射受到的影响最大，最终形成白天蔚蓝的天空。大约一半的太阳辐射能量被“洁净”空气剥离，这些能量中的大部分被大气反射回宇宙空间，但仍有相当数量的太阳辐射以漫射光的形式再次从大气层辐射到地球表面，进而少量增加了地球表面的太阳辐射量。云层几乎无时不覆盖着地球表面的一半，阻隔了大量的太阳辐射，但仍有少量阳光以散射的方式透过云层，到达地球表面。

考虑这些复杂的因素，在纬度 45° 的地区，假定云层的覆盖率为 50%，则每年每平方米所接收到的太阳直接辐射大约为 750 千瓦时，加上大约 200 千瓦时的太阳散射，每年太阳辐射的总量约为 950 千瓦时。每平方米的土地接收的太阳辐射量大约是这个数字的 11 倍。

太阳几乎不直接给大气层带来热量，但地面及地面上的物体因吸收太阳直接射入大气层的少量辐射而升温，同时将部分热量散发到周围空气中。单位面积地面升温的速度取决于几个因素，首先是接收的太阳辐射量。假设大气条件相同，由于太阳高度角的不同，离赤道较近的地区接收的太阳辐射远多于远离赤道的地区。其次，地表的坡度对太阳光照射的强度也有重要影响，南向山坡地区接收阳光多于平坦地区，而陡峭的北向山坡很可能接收不到阳光照射。

影响地球表面升温速度的另一个因素是地面对太阳辐射的反射。总辐射量中的 20% 被反射，剩下的 80% 被地表吸收。在这 80% 被吸收的太阳辐射中，一部分蓄存于土壤中，使其升温，一部分消耗于土壤蒸发出来的水分之中，还有一部分通过较长的红外线波长从土壤中辐射到天空或其他表面温度较低的物体中，如树梢、栅栏、建筑等。这些 80％的剩余热量使地表上方的空气变暖。

夜晚的天空辐射

地球在白天接收大量的太阳辐射，在夜间，辐射开始逆向流动，地球处于黑夜的一面开始以 4000 ~ 8000 纳米波长的红外线向外释放能量（地球的红外线波长大于太阳的红外线波长）。在多云、潮湿的夜晚，大气层中的水汽对由地面辐射而来的红外线具有很强的吸收能力，因而阻挡了这种能量的外流。但在晴朗、干燥的夜晚，温度较高的地面迅速向寒冷的夜空中释放热量，产生强烈的降温效应；地面、汽车和房屋等温度较低的表面降低周边空气的温度，空气中的水分通常在这些地方凝结成露水。

如果大气层保持稳定状态，在地表附近会形成一个冷空气层，称为“逆温”。这层冷空气中的水汽在地面附近形成雾，海平面的温度远高于冰点时，地面位置的水分可能凝结成霜。夜晚，风将地面和夜空的冷暖空气混合在一起，从而形成霜、露，难以形成雾。在水体上部，由于水的热容较大，加上水的混合对流作用，夜间水面上的空气温度下降不如陆地剧烈。

天气

如果世界各地的大气条件相似，那么全球各地夜间的热量损失均应相同。但在白天，世界各地获取的热量各不相同。一年之中，热带地区，处于温暖季节的半球要比极地地区和处于寒冷季节的半球获得更多的热量。热带至南北纬 40° 之间的地区，全年平均获得的热量多于通过辐射损失的热量，因此全年热平衡量为正值。在纬度高于40° 的地区，热平衡量为负值，这就为全球范围“大气发动机”的运行创造了条件：通过空气（特别是其中的水蒸气）将热量从热带带到极地。空气在热带地面上受热后膨胀上升，从赤道向地球两端的高纬度地区流动，并在此过程中逐渐降温。降温后空气下降，并从南北两侧的高纬度地区向赤道回流；同时，地球自西向东的自转使这些气流向西偏转而形成信风。在极地地区，气流运动情况与之类似，但相对较弱，气流向东偏转而形成信风（图 1.7）。

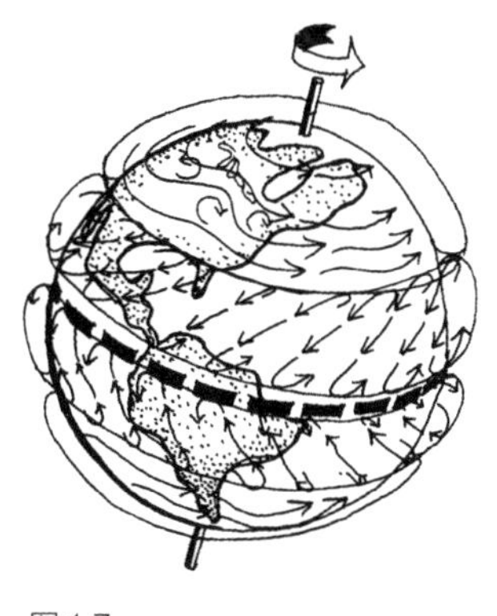

图 1.7

太阳的热量不断将海洋和陆地上空的水分蒸发到空气中。这些温湿气流主要通过两种方式上升至空中，一是以对流的形式，二是沿斜坡上升的风。空气上升时，大气压力逐渐减小，空气体积逐渐膨胀。空气在膨胀的同时不断冷却，直至凝结，水蒸气在凝结过程中向空气释放的热量抵消了部分因膨胀而产生的冷却效应。随着空气的持续上升，温度下降的速率将减弱，空气中的水分持续冷凝而形成水滴和冰晶云。此类云层通常包含大量水分，一块堆积云大约重达 10 万吨。

降雨

降雨具体的形成机制目前尚不明确，但冰晶或雨滴的形成通常与两方面因素有关：水蒸气温度进一步下降，以及空气中存在细小的粉尘，致使空气凝结。暖湿气流在沿山坡上升的过程中，温度迅速下降，导致山脉的迎风面降水较多，背风面较少，因为下降气流中已没有多余的水分（图 1.8）。雨水和融化的雪水在地球表面形成小溪和河流，并最终汇入大海，其在流动过程中，水分又被蒸发到空气中，开始新的循环。

在温带地区，大量来自热带的温湿空气在向北移动的过程中，遭遇来自极地的干冷空气。低气压的暖锋与高气

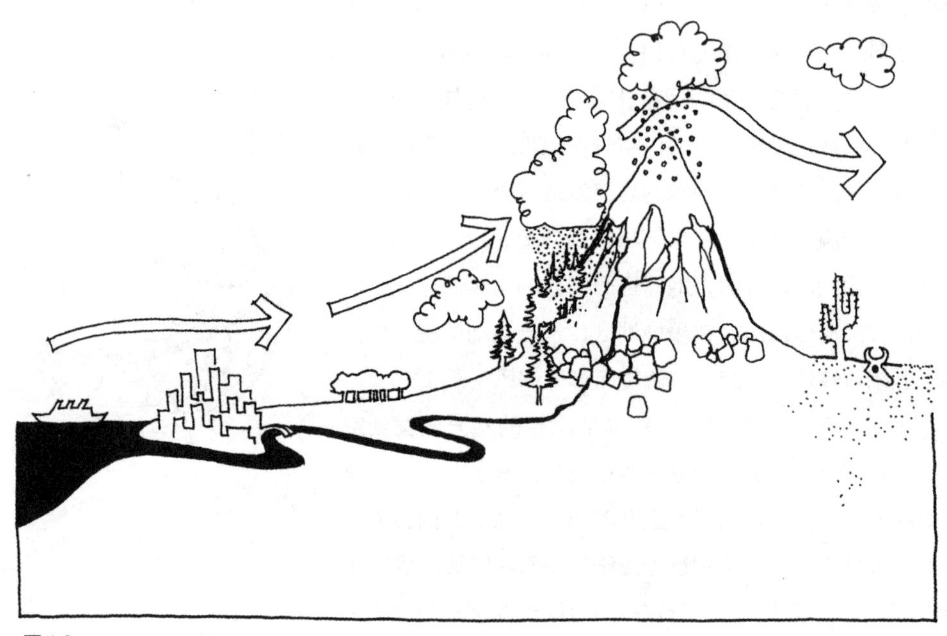

图 1.8

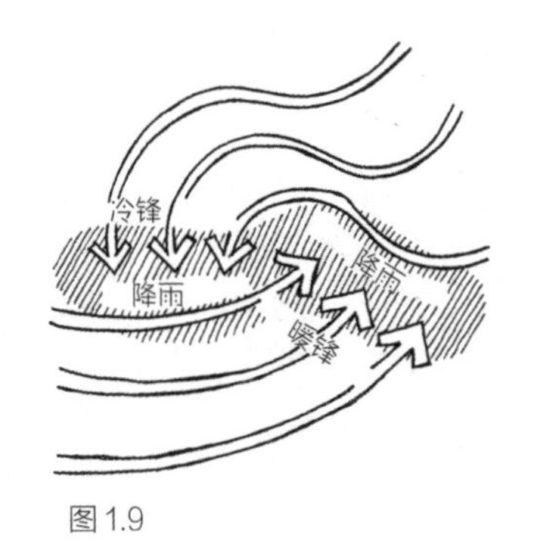

图 1.9

压的冷锋相互碰撞，增强了局部风速，冷热空气交锋时产生降雨（图 1.9）。中纬度地区的天气状况主要受这种锋面体系的影响，并且比热带地区的气候更不稳定、更难预测，因为后者的气候主要受太阳引起的大气环流的影响。

风在地球气候的形成中发挥着重要作用，使地球上水分和热量分布得更加均匀。高空中风速较快，并且十分平稳，但在接近地面时，风受到丘陵、高山、树林、建筑以及各种空气对流的影响。平均风速在近地面障碍物的影响下持续降低，因此气流将变得更突然，风速和风向也更难以捉摸。

“大气发动机”将大量太阳能转换成风和降水，尽管这种能量的转换效率仅为 3%，但“大气发动机”的能量运行是以万亿马力来衡量的。可惜这种巨大的能量很难被直接利用：风通常是分散的，在风力最强的极地和高海拔地区难以捕捉；对于降雨，只有降落在山谷中的很小一部分才能被收集起来，用于发电，绝大部分降落在海洋或其他无法安装水利设施的区域，很难被利用。

水体和陆地对气候的影响

水体和陆地都是良好的蓄热介质，其中水的蓄热效率更高。因此与内陆相比，大体量的水体对周围气温的调节能力更强。这种效果，在主导风从水面吹到陆地时尤为明显。例如，美国和加拿大的西海岸终年吹来自太平洋沿岸的西风，而东海岸主要受到来自大陆的西风影响，因此西海岸的气候比东海岸更加温和，冬天更暖和，夏天更凉爽。水也可以长距离输送热量，如大西洋暖流将热带的热量向北输送，为西欧带来了温暖的气候。伦敦由于受到大西洋暖流的影响，即使在冬天也很少出现结冰的天气；美国中部内陆地区的明尼阿波利斯，虽然纬度低于伦敦，但冬季奇冷无比，雪下得很大。因此纬度本身并不是一个精确的气候指标。

微气候

在某个建筑区域内，可能会有更多的天气变量发挥作用。太阳在建筑基地上空的运动轨迹由纬度来决定，基本上是确定的; 但太阳辐射的效果也会受到其他因素的影响，包括地势的坡度及方向、地面吸收红外线的能力、是否有植被遮挡、太阳能量在地面建筑及特殊地形中的反射和再辐射等。建筑基地内的空气温度还受到海拔、与水体之间的距离、主导风向以及植被遮挡等因素的影响。基地内的泉水、瀑布和树木将大量水分释放到空气中，增加空气湿度，并降低气温。森林、树木、建筑或山丘等障碍物也影响基地内风力的大小。耕种过的土地和深色的人行道吸收更多的热量，使温度高于周边环境，进而增加了对周边的热辐射，导致小范围的热空气上升。此外，局部对流受到地形的影响：刮风时，山谷受到的影响小于山顶；而在寒冷的夜晚，大量冷空气汇集在山谷低洼处，温暖的空气则会攀升至山顶。城市与农村的同局部气候也不同。城市中车辆和建筑排放的热量释放到户外，增加了室外空气温度，通常，城市的气温比周边农村高 3℃ ~ 6℃。大城市中的建筑和交通工具散发的热量产生相当大的上升对流气流，可能使整个地区的微气候发生变化。

太阳的“非热效应”

太阳除了具有“热效应”，如为地球提供热量、形成风和降雨等，还有非常重要的“非热效应”，例如，为人类提供可见光，为植物的光合作用提供能量，以及辐射紫外线。

阳光

阳光对建筑的照明作用我们将在后文中详细论述，在此需要说明，过于强烈的太阳直射会令人感到不适。白天，更适宜人体健康的是经过大气层散射的可见光，或在阴凉处较为柔和的漫射光。在夜间或乌云密布时，人们必须使用其他光源进行照明。

光合作用

植物的光合作用对人类极其重要，没有它，人类便无法生存。人体本身不能直接从阳光辐射中制造所需的养分，但植物能够利用太阳能，用水、二氧化碳、氮和泥土中的养分制造糖分、淀粉和蛋白质。在光合作用下，植物从空气中吸收二氧化碳并释放氧气（动物在新陈代谢过程中消耗氧气，排出二氧化碳，因而在自给自足的环境链中形成另一个链条）。人类和其他动物以植物和动物的肉作为食物，为自身提供养分，而被食用的动物，其养分也来源于植物。动物的粪便中包含了植物所需的氮、磷、钾、碳等物质，植物通过水和土壤吸收这些营养物质，整个食物的生产过程又通过其他自我维持的链条实现了永续发展（图 1.10）。即便死去的植物和动物也有其自身的价值。它们的尸体被其他动物或微生物分解成基本的化学元素，重新成为土壤的一部分，并被其他植物利用，开始新的生命周期。

图 1.10

此外，光合作用可以产生有用的非食物性产品，如木材、制造棉布和纸张的纤维，以及花卉、景观树、灌木、攀缘植物等装饰性植物。光合作用还可以产生人们所需的燃料，如煤炭、石油和天然气等，这些燃料都是千百万年之前大面积腐烂的植物在巨大的地热和压力下形成的。除了地热能、原子能和潮汐能，人类利用的能源均来自太阳，不仅包括直射阳光，还包括风能、水能、植物能以及化石燃料等。

太阳光中的紫外线在光合作用中非常重要，除此之外，还有其他作用。紫外线可以杀死不少微生物，净化空气，消灭表面病菌，也可以通过照射人的皮肤产生人体所需的维生素 D。然而，紫外线也有副作用，会灼伤人的皮肤，长期暴露于强烈紫外线环境中的人，患皮肤癌的概率更高。此外，紫外线会使织物中的纤维褪色，多种塑料分解，油漆、房顶、木料及其他有机建筑材料老化。因此人们才需要保护能抵挡紫外线入侵的高空臭氧层。

户外环境的其他方面

地球的地质与人们的建造方式关系密切。当然，许多建筑材料本身就是矿物质，如土、石、混凝土、砖、玻璃、石膏、石棉、钢材、铝、铜等。通常，这些材料可以从施工现场或周边地区直接获取。下层土、地下水位、表层土和现场的岩石对建造采用的开挖方式、基础处理方式以及景观设计等产生一定的影响。基地的地形——山丘、山谷或坡地有助于确定下雨时如何排水，土壤侵蚀出现在什么地方，哪里可以通铁路或公路，而不必让车辆行驶在过于陡峭的路面上。此外，哪里应该在刮风时遮盖，哪里需要阳光照射，哪里的植物能健康生长，以及建筑的选址和施工方式等，这些因素都非常复杂，对建筑师和工程师来说，既有积极的一面，又有消极的一面。

某些生物在建筑基地内具有十分重要的作用。微生物普遍以细菌、霉菌和真菌的形式存在，将死去的动植物分解成土壤养分。草皮、野草、花、灌木和树木等植物在涵养水分、防止土壤流失、遮阴以及调整风向等方面起着重要作用。此外，昆虫也会影响建筑设计：所有叮人以及可能污染食物的昆虫必须从室内清除。对于白蚁等破坏建筑的昆虫，我们应采取有效的防护措施。爬行类动物、鸟类和哺乳类动物也会影响建筑规划工作。人们只希望在室内听到小鸟的叫声，而不愿意小鸟直接飞进来。家鼠、野鼠、浣熊、狐狸、鹿、松鼠、蜥蜴以及邻居家的狗等，都可能令人生厌，但关在自家畜舍里的牛、羊、马，以及自家养的狗、猫或小仓鼠就很受欢迎。

新建筑通常受周围已有建筑的影响。这些建筑可能遮挡基地内某些区域的阳光，以不可预见的方式影响风向，干扰自然的排水方式，影响基地内的视线和谈话的私密性（图 1.11）。以往建造者留下的建筑或建筑残余，以及车道、停车场、人行道、花园、水井、化粪池系统、地下设施等都需要进行清理。以前或临近建筑的业主对土地的破坏性利用导致基地产生了许多问题，如杂草丛生、土壤侵蚀。

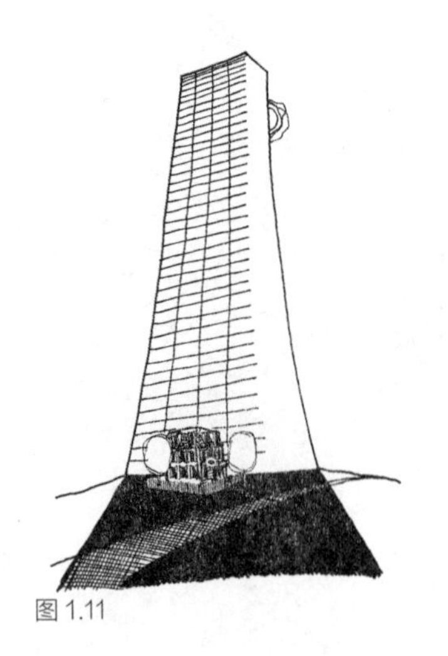
图 1.11

现如今，环境问题愈发严重，如烟、气体、灰尘或化学微粒等造成的空气污染，交通、工业加工、歌舞厅或隔壁家庭发出的噪声，以及被污水或化学品污染的地表水和地下水等。设计师必须时常面对这些损伤、破坏，甚至侵入建筑的“不速之客”。这些情况通常发生在建筑完工之前，对建筑及其居住者有极大的危害。

无论如何，以上只是建筑必须面对的户外环境，人们可以对其进行选择或改造，以满足居住需求。东升西落的太阳、更替的四季、可预见的气候状况、独特的地理环境、各种动植物、过去和未来人类合理或不合理的建筑行为，这些因素共同影响着建筑的户外环境。从事建筑设计的人们必须扪心自问：某个环境的目标受众是谁？他们有哪些需求？这些需求与环境能否协调一致？

拓展阅读

David I. Blumenstock. *The Ocean of Air.* New Brunswick, N. J., Rutgers University Press, 1959.

T. F. Gaskell and Martin Morris. *World Climate: The Weather, the Environment and Man.* London, Thames and Hudson, 1979.

2
人类环境

环境质量的优劣可以通过该环境对身处其中的人所产生的影响来评判。无论从生理上还是从情感上来说，人都是一种不容易被了解的生物。因此对人类所处环境质量的评判也非常复杂，即便一个很简单的问题，如“这个地方足够暖和吗？”不同的人有不同的答案。对同一个人来说，不同季节所穿衣服的多少、太阳辐射产生的温度、空气相对湿度和气流变化都可能影响他对“暖和”的定义。令人惊讶的是，体内温度变化不大的动物可以轻松适应这种大跨度的温度。因此如果想评估环境质量，必须先了解身体的运行机制，看看其是如何工作的。

从最基本的机械性能来看，人体是一台“热力发动机”，其燃料来自食物，以蛋白质、碳水化合物和脂肪的形式存在。人体借助各种化学物质、细菌和酶的作用，通过消化过程，将摄取的营养物质分解并转化成能被吸收的物质。随后，这些被人体吸收的营养物质被送到血液中，通过血液输送到细胞中。废弃物和有害物质在消化过程中被过滤、储存起来，以供定期排泄。尿液主要由溶解在水中的含氮废物组成。粪便主要是水，还包括一些未被消化的纤维、矿物质，以及在新陈代谢过程中不能利用的颗粒。

我们需要定期为身体供应水，以促进体内的化学反应，运输反应产物，并帮助身体降温。此外，我们也需要空气，因为在化学反应的关键阶段——燃烧从食物中获得的“燃料”，以保证“热力发动机”的正常运转，氧气是这个阶段所需的反应剂。人们将空气吸进肺里，也将其中一部分氧气吸入血液，在呼出空气之前，在肺中将燃烧后的二氧化碳、水等与空气进行混合，然后呼出。每次呼吸时，占空气总量不足 1/5 的氧气在肺中被二氧化碳替代。人们需要连续的外部空气供应，使身体避免通过重复呼吸同样的空气而造成的缺氧或二氧化碳对身体的麻醉（图 2.1）。

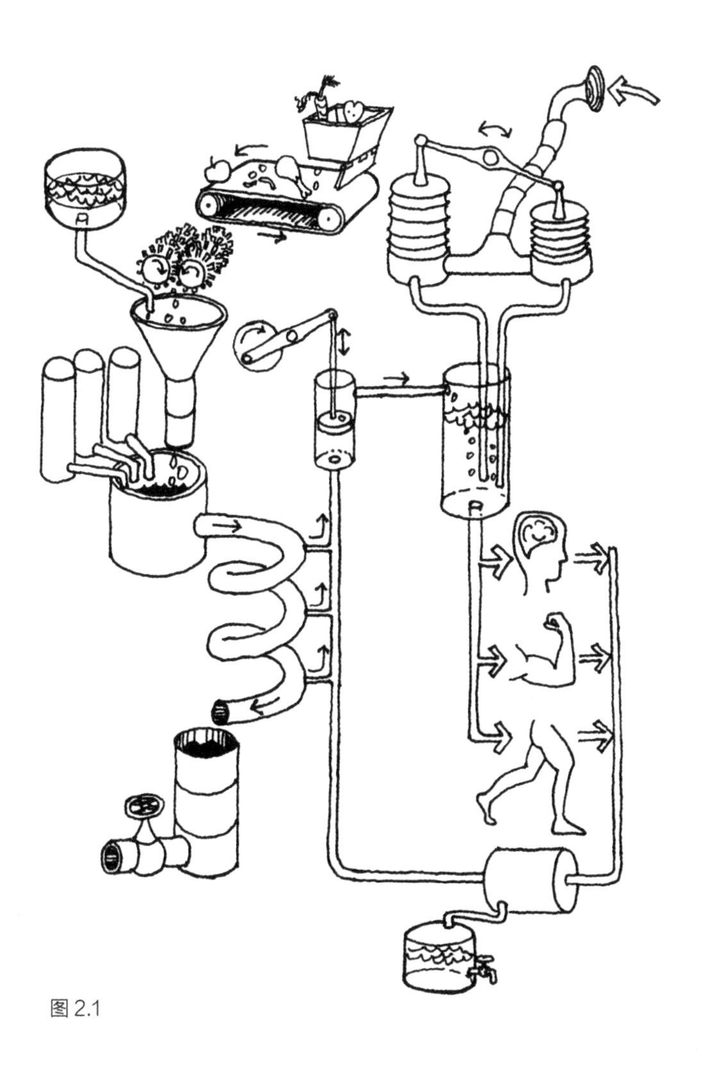

图 2.1

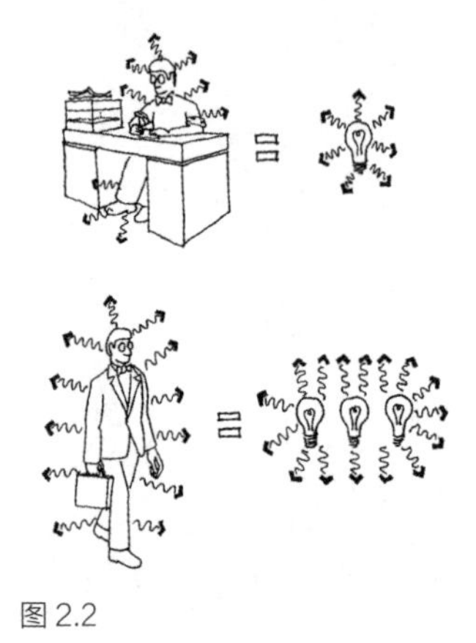

图 2.2

如何给身体降温

人体“发动机”的正常运行温度为 37℃。为了避免新陈代谢失常，人体温度必须保持在一个误差非常小的范围内。身体在将食物能量转化成机械能量的过程中，效率只有 1/5。为了确保体内温度保持稳定，人体必须释放 4 倍的额外热量。一个成年人在办公桌前工作时，释放的额外热量大约相当于一个 100 瓦的灯泡。同一个人走路时产生的多余热量是其坐在桌边的 2 ~ 3 倍；做剧烈运动时，人体释放的热量是坐着时的6 ~ 10倍(图2.2)。这要求人体通过微妙的生理机能实现必要的降温。

人体通过加热吸进来的空气、蒸发肺部和呼吸道里的水分、皮肤表面的对流和辐射散热，以及皮肤上少量水气的散发而持续降温（ 图 2.3 ），通过皮下毛细血管的收缩或扩张来控制皮肤表面的温度和热量损耗的速度。血管扩张时，体表附近的血液流量增加，皮肤温度升高，从而快速向周围散发热量。血液是一种良好的热导体，增加的血液流量部分取代靠近人身体表面导热性较差的热导体——脂肪组织，因此皮下组织向周围释放的直接热量损耗就会增加。这种敏感的机制称为“血管舒缩系统”，能在范围相当广的温度条件下调节人体热量损耗的速度。

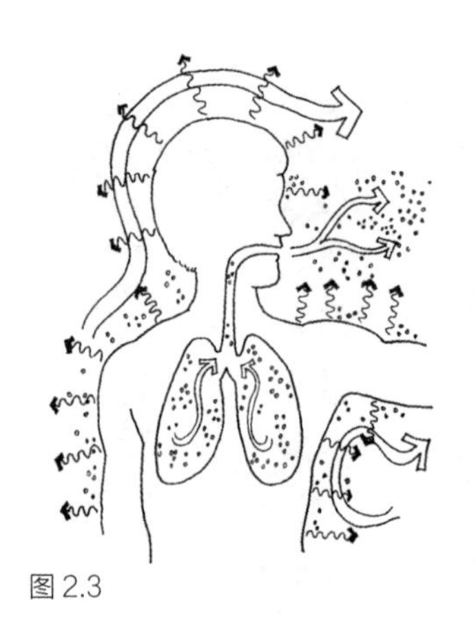

图 2.3

如果呼吸、皮肤扩张、皮肤散热和皮层对流降温的效率不足以满足人体散热的要求，人就会出汗。汗水从毛孔中渗出，然后蒸发到大气中，这种蒸发所需的潜在热量主要由人体提供。大量的热量以这种方式散发出来，出汗在大多数情况下足以满足人体所需的额外降温需求。其有效性主要取决于空气中水汽的含量，如果周围的空气非常干燥，汗液很快蒸发，即使在外部空气温度高于人体体温时，身体也能快速降温。但如果周围空气湿度较高，汗液的蒸发缓慢，人体为了弥补汗液蒸发降温的不足，出汗速度便会加快。这种情况可以通过加快身体周围空气流通速度的方式得到一定的缓解。流动的空气不仅能够有效蒸发汗液，还可以加速皮肤的对流热损失，特别是在空气温度低于皮肤温度的情况下（图 2.4）。如果上述降温策略均不理想，体内温度就会上升，新陈代谢功能受损，导致人中暑甚至死亡。

图 2.4

过度的身体降温

热量从人体快速散失时，后颈、头部、背部和四肢的热量损失尤为迅速。为了减少这些部位的热量流失而设计的服装和家具，有助于在寒冷时提高人体的热舒适度（图 2.5）。由于人体可以通过血液将热量从一个部位转移到另一个部位，热量过分损耗的症状有时很难解释。如果身体某个部位快速散发热量，即使穿了保暖的鞋子也不会感到暖和。正如谚语所说的："如果你的脚冷，请戴上帽子。"这种看似奇怪的保温方法在大多数情况下都很有效，头部与内部器官相比有更大的传热面，因此能向寒冷的外界散发或交换大量热量，正如小型汽车的散热器能为非常大的发动机散热一样。人体通过降低脚和手的温度来应对身体其他部位过度的热量损失，以保证重要的内脏器官处于最佳的运行温度。如果快速的热量损耗持续进行，皮肤上就会出现"鸡皮疙瘩"，汗毛竖起来以保持空气静止，将其作为皮肤的保护层来减少热量的散发。为了使新陈代谢产生的热量达到与热量损耗相匹配的水平，人会本能地通过交叉双臂、耸起肩膀、紧闭双腿来减少身体的暴露面积（图 2.6）。另一个有效的反应是运动，通过运动增加代谢产生的热量，以平衡热量散失的速度。如果这些方法均无效，人就会发抖，发抖是一种通过肌肉运动产生热量的方式。如果发抖还不能恢复热量平衡，体内温度就会下降，导致体温过低。在体温过低的早期，人可以通过吃热的食物、喝热饮料、洗热水澡或桑拿浴直接增加热量，但如果体温

图 2.5

图 2.6

持续降低，后期会导致昏迷，甚至有生命危险。

人体处于热压的作用之下并不舒适。过多地出汗令人感觉不舒服和烦躁不安，起“鸡皮疙瘩”和发抖也如此。长时间过热或过冷会令人感到疲劳，从而降低对疾病的抵抗力。因此，满足人体舒适度的热环境应是：人基本上能以一种合适的速度散发多余的热量，而无须调动剧烈的热量控制机制，如出汗、蜷缩、颤抖。

人类生活的其他需求

除了食物、水、新鲜空气和舒适的热环境，人类生活还有其他方面的环境要求，其中最重要的是良好的卫生条件（图 2.7）。人体是一个生物有机体，容易受到细菌、病毒和真菌的侵袭，皮肤、呼吸系统和消化道为这些微生物提供了适宜的生存繁殖环境。人类生活最基本的卫生要求包括：食物和饮用水不受有毒微生物的侵害；及时清除并处理排泄物和剩余食物，以免疾病的发生；足够的通风将细菌和多余的水汽带走；足够的阳光使环境干燥，同时灭菌；建筑内不能存在带病毒的啮齿类动物和昆虫；配备清洗食物、皮肤、头发和衣物的设施等。

卫生条件不佳可能造成严重的后果：通风不足会导致肺结核和其他呼吸道疾病；受污染的食物和水会传播肝炎；害虫传播的病菌给人体带来各种疾病，如黄热病、疟疾、昏睡病、脑炎、瘟疫以及各种寄生虫感染。

图 2.7

眼睛和耳朵是人体最重要的感觉器官，有其自身的环境要求。即便短时间直视太阳、长时间注视阳光直射下的雪地或浅色沙滩，人的眼睛也可能受到损伤。在黑暗的背景下看非常明亮的物体，可能损伤视力，造成眼睛不适。在照度不足的情况下，人看东西会很困难且不准确；在照明条件微弱的情况下，眼睛需要做出相应的调整以观察物体，调节机制可能非常缓慢，需要好几分钟。眼睛之所以有这种功能，可能是为了人能够在黎明或黄昏时看见东西。

耳朵也有类似的特征：如果声音太大，耳朵可能受到损伤，特别是当耳朵长期处于噪声之下时。音量过低或背景噪声太大，掩盖了人们想听的声音时，听觉是很弱的。另外，眼睛和耳朵有明显的区别：闭上眼睛几乎可以“屏蔽”所有的视觉刺激，但很难让耳朵停止工作（图 2.8）。在非常明亮的环境中，人可以通过各种方式放松眼睛，但无法在嘈杂的环境中放松自己，除非找到一处安静的地方。

图 2.8

人体需要空间去行动、工作、玩耍，或仅仅为了维持肌肉的张力、骨架的运动，以及通过活动保持心肺功能的正常运转。即使在休息时，为了缓解身体压力，放松身体各个部分，身体也需要来回翻转。

人体是柔软的，需要各种保护，以免受到伤害。脚下需要平整的表面，以免在活动时损伤踝骨或被绊倒；需要适当比例的楼梯，以防上下楼时跌落；需要护栏，以防从边缘坠落；坚硬或尖锐的物体必须远离身体活动时所到的空间；火和非常热的物体必须远离皮肤。人体还要免受坠落物、爆炸物、有毒物质、腐蚀性化学物质、有害辐射及电击的侵害，以免造成严重的人身伤亡。

人类文明的环境要求

至此，我们已经把人体视为一台在某种条件下才能正常运行的机器。然而，人体不仅仅是一个物理机制，人的很多特性是通过社会活动产生的，即与他人的交流，通过这些交流来创造、生产、学习、放松、玩耍和享受生活。

在最基本的层面上，每个人都需要一个睡觉的地方、一套保证个人卫生的基本设施，有水源、食物来源以及准备食材、烹饪食物的设施。大多数人作为家庭的一分子，生活在一个并不孤立的地方。家是养育子女的地方，在家精心准备食物和吃饭是享受生活并获取营养的重要过程。

家也是家庭成员开展重要活动的场所，如追求爱好、学习、工作、修理物品以及管理财务等。家还是休闲娱乐、款待朋友的地方，或者说进行人际交往的场所。家也是人们摆放帽子、衣服、鞋子、衣柜、碗碟、书本和其他个人财产的地方。这意味着家应当是一个安全、保险和熟悉的地方，摆满了人们生活中使用的各种物品。在某些时候家应当是封闭和私密的，而在另一些时候又是开敞和外向型的，这均由居住者而定（图 2.9）。

图 2.9

人们走出家门，去往各处。人们需要工作场所——车间、仓库、市场、办公室、车库、实验室等，进行现代产品的设计、生产、运输和销售。工作场所必须提供生活必需品，以满足人们的基本需求；此外，还要满足工作的特别要求。人们还需要各种聚会场所，如健身、玩耍、娱乐的地方，还有观看表演、展览、开展政府事务和教育学习等地方，此类建筑可以同时容纳很多人，并满足人们的不同需求（图 2.10）。

图 2.10

在一个正常运转的社会中，移动出行必不可少。人们为了上班、上学以及享受城市或乡村的各种设施，需要到处走动，因此必须提供供人们移动出行的基础设施。首先是房门，接着是连接各个公寓或房间的走廊、楼梯和电梯；然后是连接建筑与户外的出入口；接下来是人行道、街道、公路，以及运输旅客和货物的长途运输系统（图 2.11）。应明确道路的具体功能，如畅通的人行道和机动车道、便捷的换乘站，以及方便人们到达目的的寻路信息等。

人类对高质量环境的要求纷繁复杂，而且十分苛刻，包括可以确定的生理需求和社会需求，以及难以定义的心理需求。总之，过于理想的环境在自然界中并不存在。户外环境变化太大、太频繁、太极端，通常具有破坏性和不稳定性，不利于人类的生活和文明的进步。在人类发展的过程中，人们不仅学会了在天然地形和自然景观中寻找庇护所，更学会了建造建筑。相对于天然的庇护所，这些人工建造的建筑为人类提供了更持久、更舒适的栖身之地。

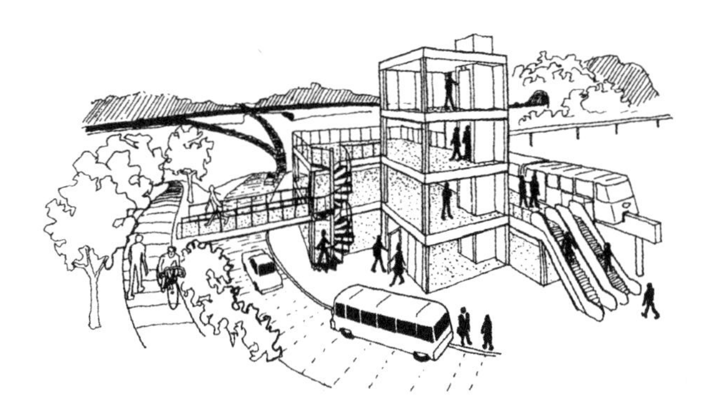

图 2.11

拓展阅读

B. Givoni. *Man, Climate, and Architecture.* New York, Elsevier, 1969, PP. 19—95.

3 庇护所

从本质上来讲，庇护所并非人类发明的，而是人们本能寻求的东西。在这一点上，人类与其他动物没有区别，因为世界很少与人类的生理和社会需求相适应。在炎热的夏天，人们会在树下或阴凉的瀑布旁野餐；在寒冷的冬日，人们本能地躲在背风的地形后面，尤其是阳光充足的地方。经验丰富的户外旅行者，一年四季，晚上铺睡袋时总要避免选在低洼处或山谷中，因为这些地方晚上比较阴冷、潮湿。动物也如此，通常选择在地势较高的地方睡卧，并尽量在朝东的斜坡上，易于被早晨的阳光唤醒。

在农耕社会，寻求庇护所时应明智地利用天然地形。人们为提高庇护所的品质在选择建筑基址时，往往考虑太阳朝向、主导风向、清洁水源，以及良好的排水系统、适宜的地形特征，用来遮阴或偏转风向的树木和植被。在北方，面向南方地势较高的地方往往用来种植最重要的作物。农民根据自身经验知道，秋天最早的霜冻和春天最后的霜冻都发生在地势最低的地方，南坡的植物比平原或北坡的植物能够得到更多光照（图 3.1）。农村小镇通常坐落在河流或泉水旁偏南的斜坡上。

图 3.1

人工建造的庇护场所起初特别重视对地形的巧妙运用，如种植树木来遮阴或种植灌木丛来防风。简单地堆砌一道独立的东西向岩石墙，通过垂直墙体及其热容量，在热天可以在其北面创造一片阴凉的区域；在寒冷的冬季，则可以在南边创建出温暖而少风的地带（图 3.2）。墙体在白天吸收太阳的热量，并在太阳下山之后逐渐释放出来，延长了庇护所的宜居时间。

图 3.2

在日益复杂的环境干预阶段，铺上石头或木地板可以为居住者提供更干燥的地面，单向倾斜的屋顶可避免房子积雪或积水（图 3.3）。东西向的墙壁能提高房子的防风能力，且不会对冬日的阳光射入产生较大的影响。晚上，如果在住所的门口生火，可以通过直接或墙壁反射的热量温暖人体，并通过墙体的石头吸收小部分热量，以便火熄灭时调节庇护所内的温度（图 3.4）。此外，人们很容易想到进一步改善庇护所的环境：如在天黑或多云天气使用纤维织物或毛皮封闭庇护所开敞的一面，将炉火移入室内等（图 3.5）。很多原始建筑都是以相同的方式不断演变的，这些演变方式进一步发展、交融，最终催生了现代建筑技术。

图 3.3

当然，今天的建筑比原始庇护所复杂得多。人类的祖先对住所的每一次改造，起初都是一种创新，不久之后就变成了标准做法，继而成为可以勉强接受的最低标准，最终被一步步的改进所取代。上一代人眼中最舒适、功能最强大的房子，在下一两代人看来可能就“不及格”了。人

图 3.4

图 3.5

图 3.6

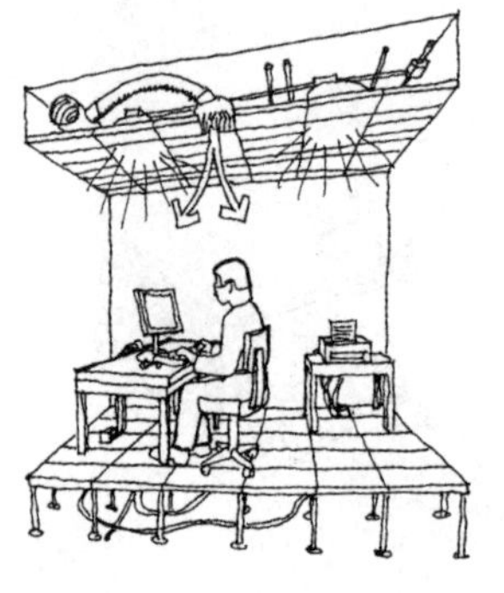
图 3.7

们对建筑的期望越来越高，从某种意义上说，现代建筑已不再是严格意义上的庇护所，它们能提供水源、清除垃圾，并配有机械设备和电子娱乐设施。事实上，现代建筑已成为全面、综合的生命支持机制。

现如今，人们期望建筑具备的许多功能在过去是针对其他设备的。服装和庇护所的功能在很大程度上可以互相转换，但随着时间的推移，人们对服装的要求减少了，而对庇护所的要求增多了。过去要求家具具备的某些功能，如封闭储存各类家用物品，现在被壁橱和橱柜等建筑构件所取代。水槽、浴缸、厨灶和自动洗碗机等可移动设备已成为厨房必不可少的组成部分。办公室中曾经使用便携式的油灯照明，必须定期装满油（图 3.6）；今天的照明装置则由与建筑成一体的固定装置提供，建筑直接为这些装置提供能源（图 3.7）。

建筑的功能

人们对建筑功能的要求远超字典中对“建筑”的定义，此外，人们对建筑功能的要求不断增加。如果把人们对建筑功能的要求列一个清单，基于建筑对生活的重要性，应包括以下功能：

（1）为人类的新陈代谢提供最直接的必需品。

① 清新的空气。

② 供饮用、洗涤食物或冲刷废物的清洁水。

③ 某类建筑中的烹饪和就餐设施。

④ 废物（包括粪便、污水、剩饭、剩菜和生活垃圾）的清除和再利用。

（2）为人类的热舒适提供必要的条件。

① 控制平均辐射温度。

② 控制室内空气温度。

③ 控制人体可以直接碰触的室内表面的热力学特性。

④ 控制空气湿度和水蒸气的流动。

⑤ 控制空气流通。

（3）为非温度感官舒适度、效率和私密性提供必要的条件。

① 理想的视觉条件。

② 保证视觉私密性。

③ 理想的听觉条件。

④ 保证听觉私密性。

（4）控制各种生物的进出，从病毒到大象大小不等，也包括人类。

（5）以较集中的方式将电力分配到方便的地方，为各种光源、工具和装置提供电能。

（6）提供与外界联系和沟通的最新渠道，包括窗户、电话、信箱、电脑、电视、卫星天线等。

（7）通过地板、墙壁、楼梯、书架、工作台、凳子等有用的表面，为人们的生产和生活提供的便利条件，并确保安全、舒适。

（8）为建筑中的人、财产和设备提供稳定的结构支撑，并对外界的风、雪、地震等提供结构抗力。

（9）保护建筑自身的结构、表面、内部机械和电气系统，以及其他建筑设备，免受降雨或其他水分的浸湿。

（10）适应因地基沉降、热胀冷缩，以及建筑材料含水率变化引起的正常变形，而不损坏主体结构。

（11）为建筑中的人、财产和建筑自身提供合理的保护，免受火灾所造成的损害。

（12）建造建筑时造价不要太高，方便施工。

（13）以既经济又实用的方式运行、维持和改进。

这份清单或多或少地源于人们在恶劣的户外环境中根据自身需求提出的一些期望。从第（8）条到最后，人们的期望就有所不同了，在很大程度上源于建筑本身的需求，与人类需求的关系就显得不太大了。例如，结构梁与人自身的需求并没有直接的联系。它只是一种支撑表面（地板和屋顶）的次要装置，但对建筑的使用者来说非常重要。变形和火灾均因建筑的存在而产生，只有解决建筑自身的问题，才能消除对居住者的威胁。

下文将介绍满足这些建筑功能的具体方式，将按照清单的顺序逐一展开，但有几个例外，例如，“控制空气流动”这一章讨论了所有与空气流动有关的建筑功能，“防水”这一章包括了所有与建筑防水功能有关的资料；由于与控制生物进出功能有关的内容非常复杂，故将其分散在多个章节中。

尽管人们对建筑功能有着复杂的期望，但绝大多数都可以由经验丰富、知识渊博的设计者来实现。即使在大型建筑中，建筑设备也能像自然、简易的庇护所那样，采用简单且直接的方式来解决问题。

建筑的工作原理

4 建筑的功能

为了了解建筑是如何运行的，我们可以对其进行分解剖析，研究其基本功能。但建筑的每个部分都具有多种功能，几乎没有孤立存在的。有些建筑构件同时具有 10 种甚至更多功能，而这些功能之间彼此关联，相互依赖。例如，如果在学校建筑中将钢栓连接的石膏板所形成的框架作为隔墙代替砖墙，可能影响建筑的热力学和声学特性、教室采光的质量、各种线路和管道的安装、墙壁表面的性能、结构支撑的荷载、建筑的防火能力，并且应考虑谁来建造和怎样进行建筑养护等问题。通过砖墙到石膏板墙的改变，教学楼的某些功能得以改善，而另一些则会降低。

建筑有其自身的一套运行机制，这是一种内在关联且十分微妙的内部平衡机制，这个机制并非孤立地起作用，而是作为紧密联系的整体。图 4.1 说明了人们期望的建筑功能是如何相互关联的。设计师不能期望改变一种建筑功能而不影响其他功能，因此这种分解有忽视和无法兼顾各建筑功能之间天然联系的可能，也可能对建筑的工作原理得出过于简单的观点。最后一章，我们将讨论怎样减少这些危险，以及建筑常用构件基本功能的结合。在此之前，我们阅读下文内容时，应注意事物之间的关联性。例如，对于一座大型建筑，各种功能相互作用会产生哪些影响？颜色的深浅、良好的光照、完全用木材建造，抑或建在风口，对建筑有什么影响？可采用哪些方法实现建筑供暖、

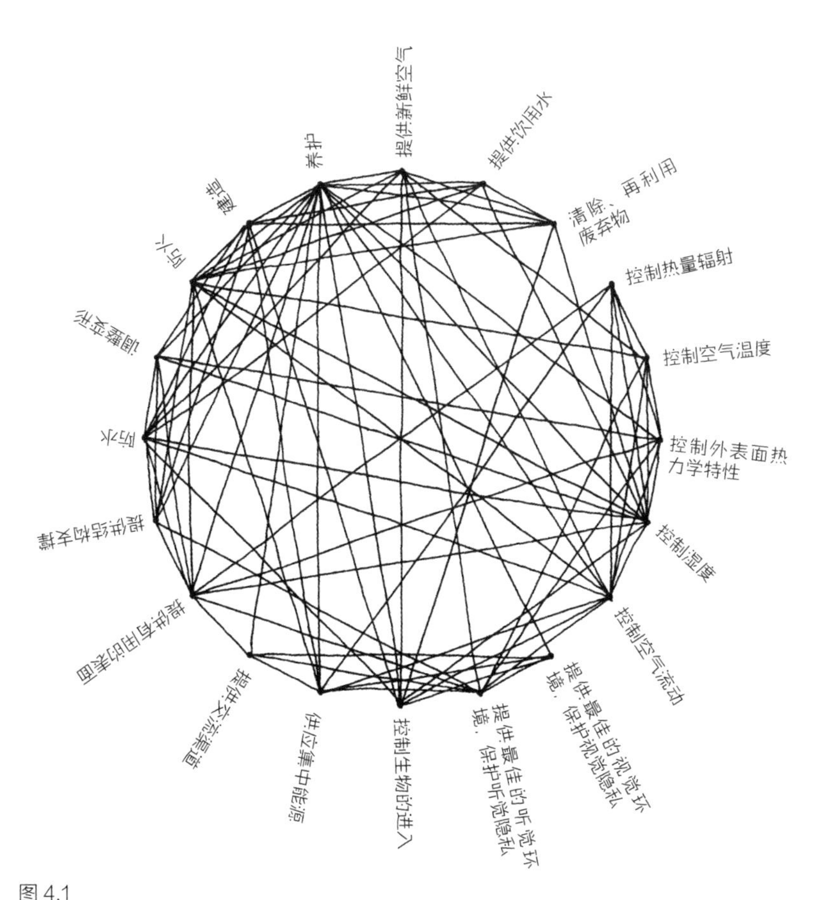

图 4.1

制冷或照明？这些问题将在下面各章节中一一解答，随着答案的揭晓，各种建筑潜在的宏观功能模式也将清晰地呈现出来。

5 水的供给

建筑或居住区附近应有充足的水源，用于饮用、烹调、洗涤、工业生产和农业灌溉。该系统由三个基本部分构成：水源、净化水的方法，以及将水输送至建筑内使用点所采用的方式。

水源

在原始的自然环境中，人们从池塘、溪流或河流中取水，盛入小容器中。如果水里不含有害物质，便可以直接饮用，或在使用前携带较短的距离。如果水中含有细菌或其他微生物，人们很快学会将水煮沸，从而杀死细菌，并制成茶或咖啡。

地表水是咸水或不可饮用的，原始人通常利用建筑的屋顶和其他集水区收集雨水，或在地下蓄水池中采集，用水泵抽水。

为了使城市获得足够的饮用水，人们尝试利用常压蒸馏过程来收集和封存雨水或融化的雪水。大城市的供水系统可以将整个山谷作为集水区，并将其拦截，形成蓄水库。人们严格管理集水区和水库的使用情况，以减少水污染；通常以重力作为动力，通过大型输水管道将水从水库输送到市区。

在远离城市、人烟稀少的山区，人们通常从河流中抽取不干净的水或挖掘水井抽取地下水。过去，井是用手挖的，挖掘者用石头或砖砌成竖井内衬，以防塌陷，这是一个又脏又危险的职业。今天，人们用重型卡车拖带钻井设备，为了找到含水层，甚至可以钻过坚硬的花岗岩，到达地下几百米的深度。

水的处理

山区水库中的水或井水比较适合饮用，通常只需要简单处理或根本无须处理。河水和其他来源的水需要处理各种污染物，用砂过滤或用沉降池去除颗粒物质。对水进行曝气，有助于消除气态污染物，加速有机物的分解。化学沉淀用于去除铁和铅化合物等污染物。若想去除硫化氢、氡或其他溶解气体，必须采用特殊的过滤器；如果有必要，将一定量的氯气溶解到水中，以杀死水中的微生物。

将水输送到使用点

通过加压，水通过圆柱形的水管进入建筑。城市供水系统通常采用重力加压的方式，通过水库或水塔将水提升到建筑所处的水位之上。水通过埋在街道下方的管网被输送到城市或城镇的建筑中。消防栓直接与这些管道相连，有时连接到自身的地下供水网络（图 5.1）。

管道承包商或市政工作人员将这些管道直接连接到各家各户或单独的建筑（图 5.2）。在每栋楼的总管道上安装一个地下控制阀门，通常位于路边或人行道上，以便在紧急情况或没有交纳费用的情况下，方便当地管理人将其关闭。在建筑中，水的流量通常用水表测量，并根据水的使用量定期收费。为了方便起见，水费包括供水费用和污水处理的服务费。

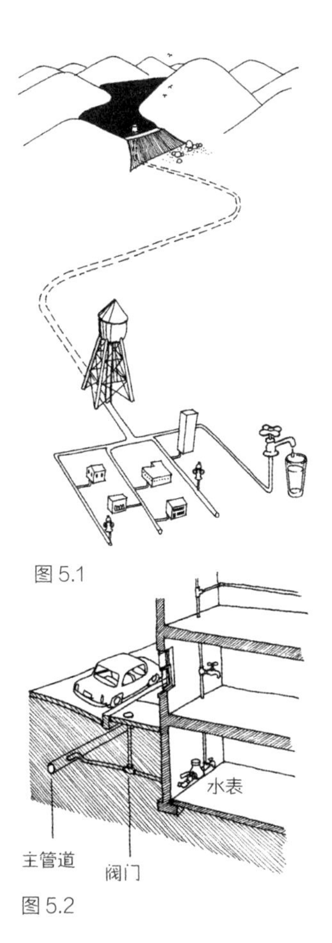

图 5.1

图 5.2

私人供水系统

在农村和许多小型社区，建造建筑时必须开发自己的供水水源。个别幸运的地方有可靠的泉水，人们可以从中抽取干净的水，但在大多数建筑基地上，只能收集雨水或挖井取水。

在地下水位过深、无法利用水井的地区，雨水系统仍是最令人满意的水源。虽然可以在场地内没有建筑的地方建造专门的雨水收集区，但通过建筑房顶来收集雨水通常更实用。水槽和落水管将水引到蓄水池中，储存起来，再使用泵或人工从蓄水池取水（图 5.3）。根据当地的天气状况、集水区的面积以及储水量的不同，这个系统可以提供足够的水，供全年使用。水的清洁度应予以高度重视，特别是树叶、鸟粪落在集水区时，会导致蓄水池中滋生藻类和细菌。

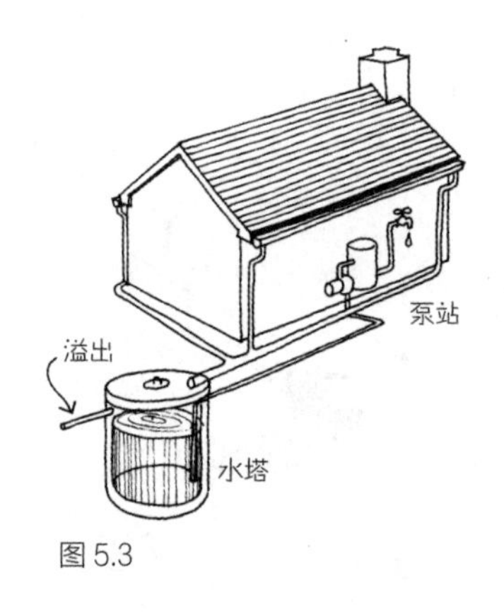

图 5.3

水井是通过挖掘或钻探以达到地下多孔含水层的洞。无论从质量还是数量上来说，水井作为水源通常比雨水系统更可靠。有时人们往地下开挖几米就能找到水，这些水可能是从附近渗入地下的，因此很容易受到附近排污系统的污染，包括建筑自身、牲畜棚、厕所或附近垃圾场。深井中往往有发源于十几到上百千米之外的地表水，狭长的水平径流通道具有过滤作用，使水脱离细菌，但可能富含已溶解的矿物质。大多数矿物质并不影响水的饮用和使用，但某些钙盐可能导致水管结垢并堵塞输水管道，或与家用肥皂结合后形成不能溶解的浮渣。富含钙离子的水即人们通常说的“硬水”，口感很好，即便生水也很少在管道上结垢。硬水被加热时，其化学活性变得更活跃，并快速结合在热水器或热水管的内表面，形成坚硬的沉积物。因此为建筑供应硬水时，应当在热水器的管道上安装一个软水器，这是一种可以促进离子转换的圆柱形装置，用可溶解的钠离子来取代制造麻烦的钙离子。使用化学方式软化过的水不会在输水管道上结垢，清洁度与不含矿物质的雨水相似。

在普通的井里，水位位于地面以下一定距离。自流井是在海拔较高且具有水流压力的地层开凿的水井，这种地层很常见，水流的压力通常不足以将水充满整个水井（图5.4）。无论何种类型的井，必须安装一个水泵来抬升水位，迫使水通过建筑的给水管。如果井内的水位在地面以下约7.5米，地面上的泵可以在管道内制造真空，通过大气压力将水抽到地面。如果水位较深，则需要比大气压力更强的压力，必须将水泵全部安装在水底，迫使水进入管道。最常见的是潜水泵——有一个完全密封的马达，可以在井底工作多年，无须维护。电线也要从地面深入井里，并接到马达上，为水泵供电，电线有时需要几百米长（图5.5）。

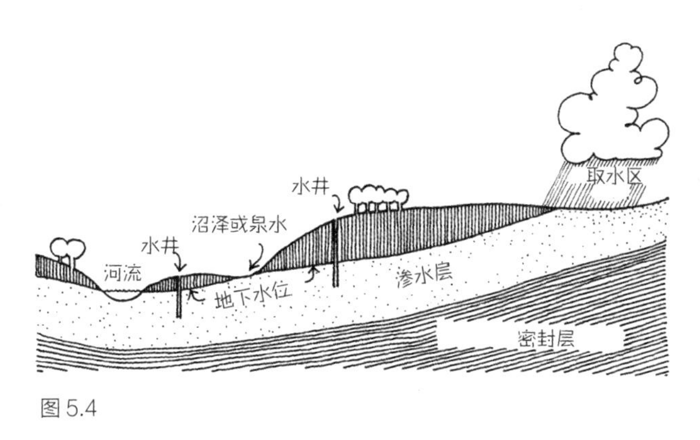

图5.4

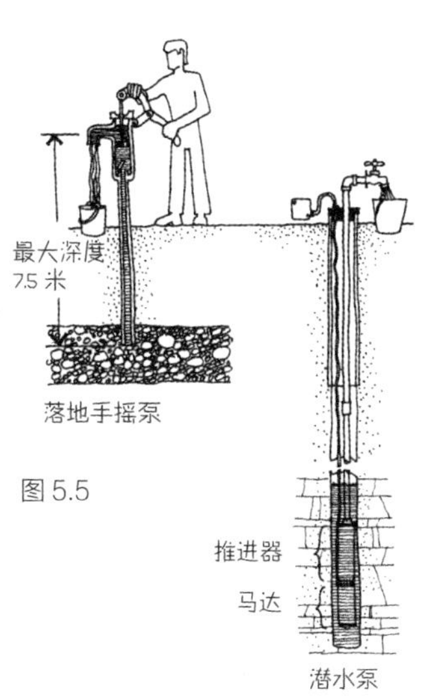

图5.5

建筑内水的分布

水需要压力才能通过输水管道。如前所述，市政系统通常将水泵入高架水箱来获得这种压力，而大多数私人供水系统将水泵入小型储水箱来获得压力。在小型储水箱中，水箱顶部有一定量的压缩空气，以保持压力（图5.6）。压力小于预先设定的最小值时，水泵自动启动并将水送到水箱中，直至达到预先设定的最大压力值。无论水泵是否在运行，总能在水箱底部获得由空气压力驱动的水。

如果需要过滤或氯化处理，则要在压力罐上安装适当

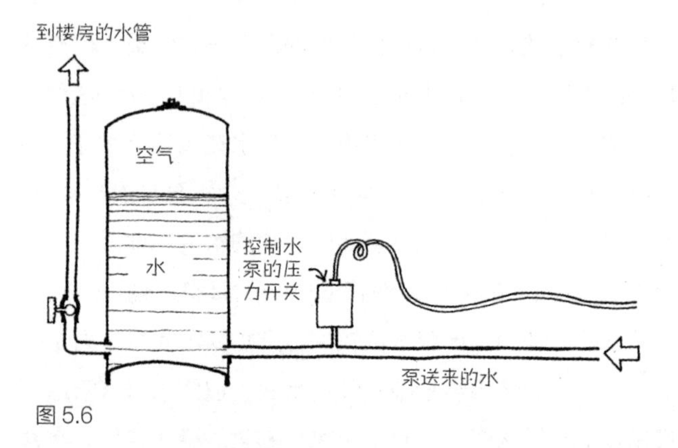

图 5.6

的装置。如果不需要特别处理，冷水就通过压力罐或街道下方铺设的供水管道从水池直接输送到建筑的各个出水口和输水装置（图 5.7）。通常还要安装一个平行的管道网络系统，以便输送隔热水箱中加热的水，方便人们洗东西。管道的尺寸取决于最大供水量必须满足的流速。在供水网络中，有的管道像大树一样粗，当我们往下继续查看远离水源、靠近使用点的位置时，管道越来越细。供水管道是

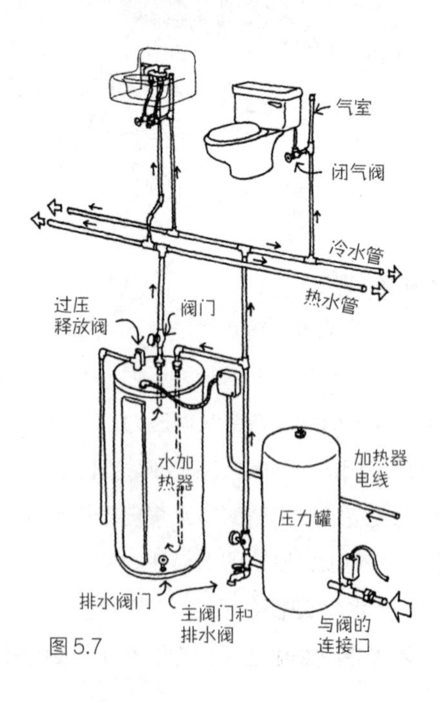

图 5.7

用铜和硬质塑料制成的，管道内壁比较光滑，摩擦力很小，能防止表面结垢。镀锌钢管在过去很受欢迎，成本比铜低，但很容易结垢，现在已很少使用了。铅管被用于供水管道，但后来人们发现它会产生有毒的铅基化合物而污染水质，现在已不再使用。

在每个固定装置前的供水管道上安装阀门，以便在维修个别装置时局部关闭热水或冷水，而不影响楼房其他部位的用水。每个阀门上部应设置一个垂直封闭的气室，气室内的空气起到缓冲作用，关闭水龙头时，管道中的水流立即减速到零；如果没有这个气室，关闭水龙头时会听到“砰”的声音（“水锤”噪声）。水锤在管道中产生的瞬间高压会损坏管道系统。

热水会在管道里迅速冷却。在小型建筑中，居住者只需打开水龙头，冷水流完之后，热水就会流出。大型建筑的热水管道系统从热水器到使用装置有非常长的管道，这非常浪费水、燃料和时间。在大型建筑中，每台固定装置附近有一根回水管连接到热水器，水通过对流或小型水泵提供循环的动力，在供水管、回水管中循环，不断回流至热水器进行加热（图 5.8）。虽然水在管道中被冷却，但热水总能在一两秒中到达水龙头。另一种阻止水在管道中冷却的方法是不设置集中的热水器，而在使用点或其附近加设一个小型加热器。

饮用的冷水一般通过一次性中央冷却器和类似热水系统的供应和回水管道的单独网络来提供。近年来，小型冷却器因经济实惠而颇受欢迎。

供水管道必须进行隔热处理。无论热水还是冷水，缩短水从水龙头里流出的时间，既能省水，也可以节能。热水管道和冷水管道应使用蒸气缓凝剂护套来密封，以防天气潮湿时在管道上形成凝聚物。

在高层建筑中，市政水压常常不足以将水输送到较高

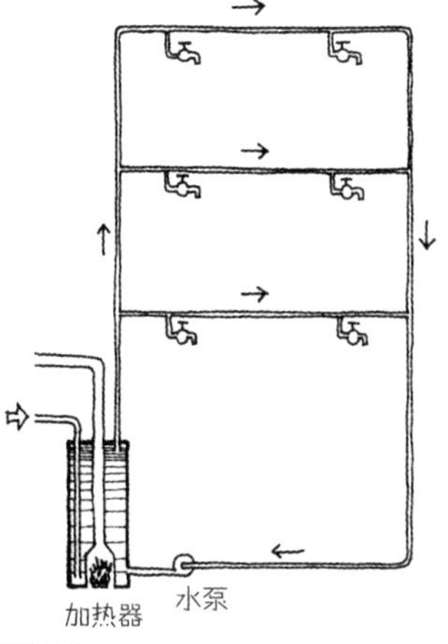

图 5.8

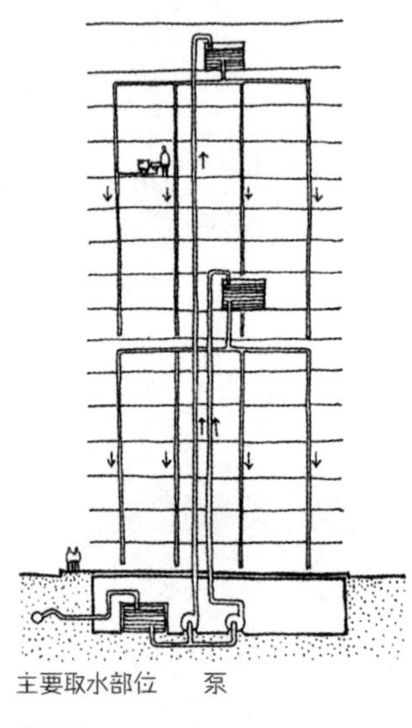

图 5.9

的楼层，必须通过水泵加压将水输送到建筑的上部。有时，这些水泵直接将水输送到固定装置上；有时，水泵将水提升到高层建筑更高处的一个或多个水箱中，水通过重力作用直接送往下面楼层的供水管道网络（图 5.9）。

卫生设备

洗脸池、水池和浴缸的设计旨在用水和洗涤时储存水，并在使用后将其排出。为了保证清洁和耐用性，它们必须由坚硬、光滑的材料制成，如陶瓷或不锈钢，能够经受多年的反复擦洗。

抽水马桶和小便池是为冲走人体的排泄物而设计的，由光滑、坚硬的釉面瓷材料制成，确保冲刷后不会积累细菌或产生刮痕。供水管道过于细小时，如在室内，其无法直接提供快速和足够量的冲刷，为在 U 形管内产生虹吸，因此每个装置的背面都设置了缓慢积水的水箱。在公共建筑中，由于冲水比较频繁，上水慢的水箱无法满足要求，必须安装较大的供水管道，直接冲洗抽水马桶，并使用特殊阀门来调节冲刷强度和持续时间。

避免交叉连接

供水管道中的水压有时会降低。发生这种情况可能是因为主水管道、水泵关闭，或正在进行维修，或车辆撞毁了消防栓，或消防车正使用水对大型建筑救火。水压下降时，管道、主管道中的水从建筑中排出，从而在管道中产生吸力。如果有人将带喷嘴的软管放在固定存水装置（水池）的容器底部，或进水口低于固定存水装置（水池）的水位，那么保存下来的水将被吸回到供水管道中。这种在供应管道和潜在污染源之间的连接称为“交叉连接”，交叉连接是十分危险的，可能导致饮用水被污染。

在大多数管道装置的设计中，装置开口盛水部分的水平面（如浴室水槽中的洗涤用水或盛水的抽水马桶），无法达到供应水的出口位置。浴室水槽有一个溢流口，可以在多余的水流至水龙头末端之前将其排出。带水箱的抽水马桶可能堵塞，导致水从周边溢出。来自建筑供水网络的进水口则安全地设置于抽水马桶的水箱中水位之上，这种装置不会产生交叉连接，但一些供水装置无法采用这种设计。公共建筑中的抽水马桶或小便器配有直接连接到其边缘的供水管，连接到室外水龙头软管的末端，可以放置在蓄水池或装满水的污水桶中。在容易产生交叉连接的装置中，应当在供应管路中安装真空断路器（图 5.10）。水压降低时，真空断路器允许空气进入管线并破坏虹吸作用，以防污水被吸入系统。公共厕所固定装置上常见的镀铬冲洗阀都包含一个真空断路器，户外水龙头、蓄水池管道、灌溉管道和其他此类装置也应安装真空断路器。

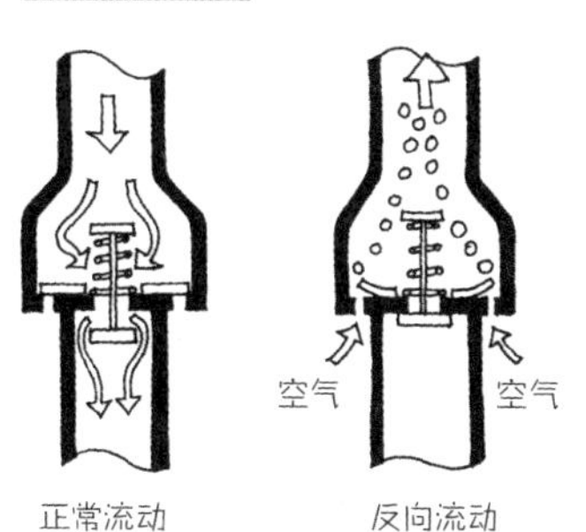

图 5.10

为水管提供空间

供水管道占用一定的空间。小型木结构建筑在地板和墙壁之间有足够的空间来容纳供水管道，但拥有大量固定装置建筑的墙壁无法容纳所有管道，因此必须将容纳垂直和水平特殊管道的空间作为建筑设计的一部分。这种空间通常建有检修门，以便偶尔更换和维修管道，并不破坏建筑结构（图 5.11）。

在寒冷的气候条件下，必须避免供水管道冻结，以防水结冰膨胀后造成管道破裂。水管和服务管道应埋在冬季土壤冻结线下。无论水管槽还是里面有水管的墙壁均不应设在建筑外围，否则管道会被冻结甚至冻裂。如果不得不安装在建筑外围，应当把所有隔热层设置在管道外面的墙内，确保管道的温度不低于建筑内的温度。如果水在管道中停留的时间较长，将管道隔离仍无法避免水出现冻结，这是因为管道的表面积相对于其含水的体积是非常大的。

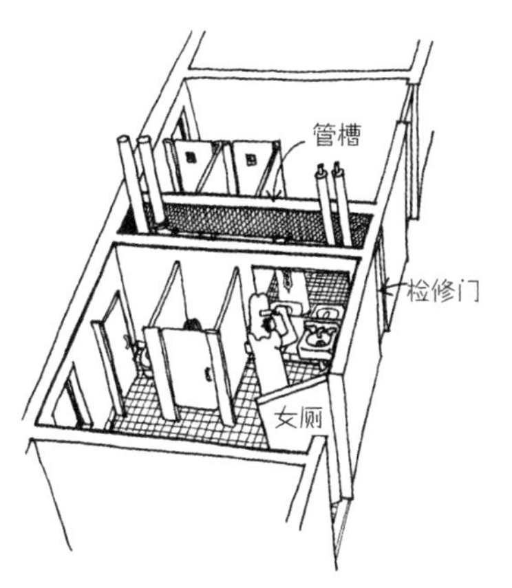

图 5.11

即使所有表面都覆盖着隔热层，管道里的水也会因大面积裸露的表面而迅速冷却。

瓶装水和自来水

在北美，大部分市政用水和井水的纯度很高，口感良好。尽管如此，广告仍然超越真理取得了巨大胜利，许多人被“忽悠”，认为瓶装水（售价较高）优于自来水。然而，水被装在小小的容器里运往世界各地，严重浪费了资源和能源，特别是来自国外、颇具异国情调的瓶装水，因其时尚感使消费者感觉良好，但在大多数情况下，瓶装水并不比自来水有更好的口感或更高的纯度。

拓展阅读

Benjamin Stein and John Reynolds.*Mechanical and Electrical Equipment for Buildings* (9th ed.). New York, Wiley, 2000, PP.531—667.

6
废物利用

大自然在一个闭合的系统中循环运作。对某种生物来说无用的东西，对其他生物而言可能是食物。在这个错综复杂的网络中，除了少量来自太阳的可再生能源，一切都不会被浪费。在野外，昆虫和微生物以更高级动物的粪便和尸体为食，然后将这些废物分解成可以被植物吸收的土壤养分；死去的植物以类似的方法被分解，并作为植物性食物。在土壤、空气和水中，各种过程在连续不断地进行，以确保大自然一直在“生产”有价值的物质。

在农业社会，农民是这个过程的积极参与者。他们将动物和植物的废物混合在一起，然后堆肥，让蚯蚓和细菌将其转化为肥沃的土壤。植物在阳光充足、雨水充沛的土壤中生长，然后为人类和动物提供食物，并为做饭和取暖提供燃料。动物不仅为人类提供食物，还提供衣物。燃烧过的燃料灰烬和动物粪便重新回到土里，补充土壤养分，在生态系统的循环往复中，土地得以保持良好的肥力。

一些小城镇也维持着这种与土地的关系。食物残渣和人体排泄物被小心地收集起来，由专门的人员运送到城镇郊区，在那里农民将其与植物垃圾混合堆肥，然后将堆肥加入土壤，用于粮食生产（图 6.1）。如果采取恰当的堆肥措施，这些肥料进入土地时不含有害细菌，不会诱发疾病，便能保证居民的健康和农作物的丰收。

图 6.1

不幸的是，始终采取恰当的堆肥措施是比较困难的。

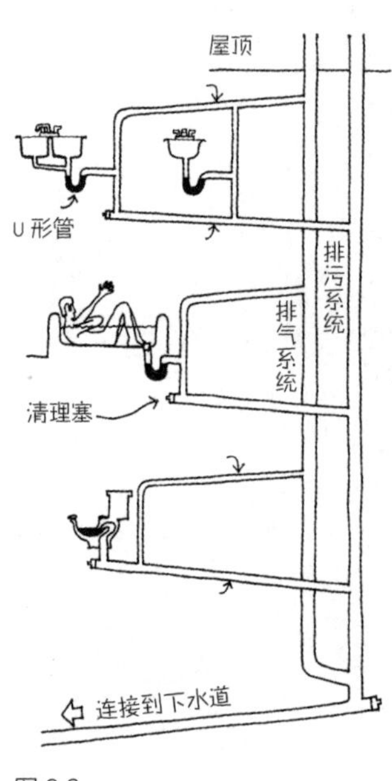

图 6.2

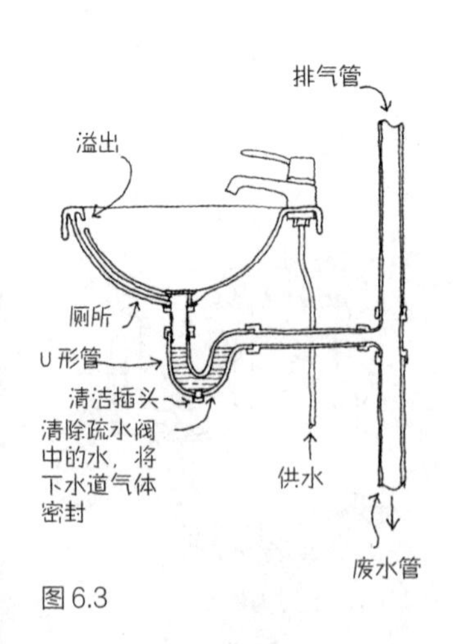

图 6.3

对粪便的不当处理在过去造成了灾难性的瘟疫和黑死病。大多数城市并不堆肥废物，因为人们不依靠附近的农场来供养，废物不得不被运送到相当远的地方来进行农业循环利用。人们把城市用水的一半用于冲洗楼房中的垃圾和粪便，将这一半的水与用于洗涤或其他用途的另一半的水混合在一起。这样做非常方便，建筑中既没有疾病传播，也不产生气味，但出现了一个新的问题：市政当局克服各种困难，以高昂的费用引入了清洁、无菌的水源，但污水处理的问题却非常棘手。

建筑中的污水处理系统

建筑必须释放其液体废物，作为自身代谢过程的一部分。研究污水处理问题以及如何建立更完善的废物循环系统是非常有意义的。

液体废物通过由重力排水的废水管网（图 6.2），从洗脸池、厕所、浴缸、淋浴间、小便池和地漏排出。为了维持重力流量，与用于加压供水管的小直径相比，废水管网需要较大直径的管道。废水管必须以下坡的形式运行，网络各个部分应始终保持正常的大气压力，以免在某些部分积累更高的压力，从而阻碍流动。此外，由于废水管道处理各种类型的悬浮固体废物，容易堵塞，因此应当在间隔很近的地方预留进入管道清洁的出口，以便及时清理管道。

洗脸池、水池或浴缸等固定装置需要通过盛满水的U形管，以防废水管道中的废物分解所产生的气味和气体流回装置并进入建筑（图 6.3）。如果U形管中的废水通过下水管虹吸，或管道中的气压上升，U形管中的水可能会被破坏。基于此，可以在每个下水管的下游一小段上设置排气管。通风口允许空气进入废水管，以打破潜在的虹吸作用，并将分解气体（如甲烷或硫化氢）释放到大气中。

因此建筑废水管的完整网络包含两种树状结构：一种收集污水并向下引导；另一种是倒置结构，使空气进入树枝状结构的顶端。从固定装置到出口，树状管道逐渐壮大，并在每个阶段为更多的固定装置提供服务。

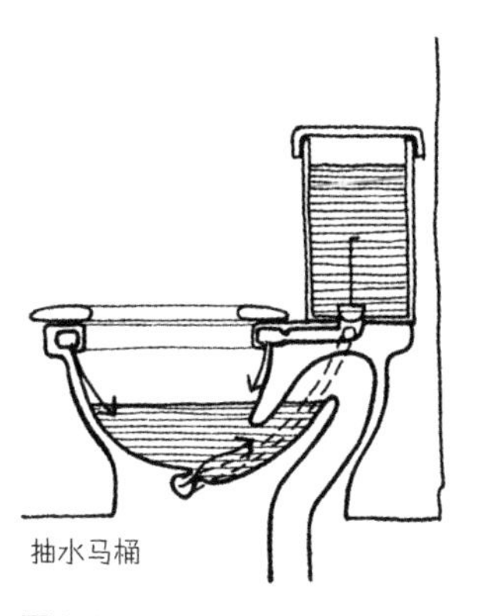

图 6.4

抽水马桶像一个大型 U 形管，在冲洗过程中被动地迅速虹吸，以便运输固体废物。冲洗后，马桶重新注入清水，以保持密封，防止下水道气体进入（图 6.4）。与其他 U 形管一样，必须在附近排气，防止发生意外虹吸的情况。

新式抽水马桶的用水量不足老式抽水马桶的一半，美国许多地区只允许在新建水网系统中使用此类马桶。还有更多的节水选择：依靠机械密封而非集水器密封的马桶，用水量是普通马桶的 5%，使用再循环化学品的马桶更加节水。还有一些马桶不产生任何污水。有一类马桶在使用后，用气体火焰或电子元件焚烧排泄物，仅留下一点灰；另一类是户外厕所的改良版，良好的通风设计使其在房屋内没有异味，不断减少粪便。此类装置有助于小范围内修复营养链中断裂的部分。

市政污水处理系统

现在，大多数城镇都设有污水处理厂，对污水进行初级处理。污水处理厂将污水在罐中保存一段时间，污泥沉淀至底部，水箱顶部的液体被氯化以杀死细菌，然后倾倒到当地水道中。然后将污泥泵入另一个罐，使其在厌氧条件下发酵数周，以便杀死污泥中的大部分致病细菌，并沉淀出矿物质，最后这种被“消化”的污泥排入水道（图 6.5）。

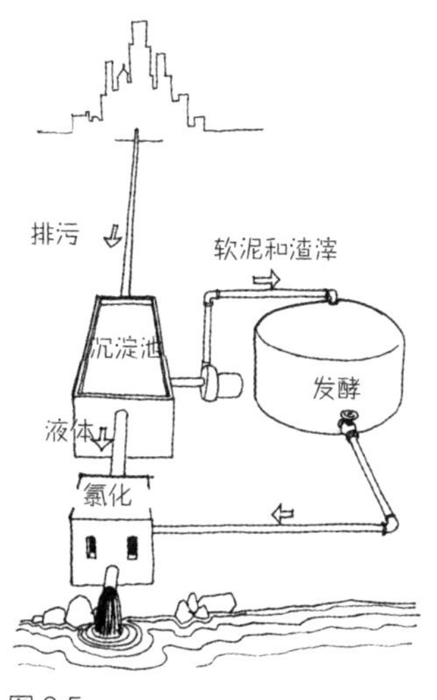

图 6.5

通过这个过程，土壤养分融入水果、蔬菜、谷物、奶制品和肉类进入城市，并以污水的形式排出城市；不再回到土壤中，而是沉积在水道中。水与土壤不同，土壤需要营养，并将这些养分还原成食物，水则无法完成循环。相反，水的营养含量增加会加速水草和藻类的生长，很快，水因植物生长被堵塞，阳光再也无法穿透水面。大量的植物死亡、腐烂，植物衰变腐烂的过程大量消耗溶解在水中的氧气。鱼类在缺氧的环境中容易窒息，水体也开始死亡。几十年后，水体遍布死去的植物，最终变成沼泽或草地，到那时，没有人记得曾经有人在这里游泳、划船和钓鱼。与此同时，生产粮食的农田逐渐耗尽营养，农场生产力下降，农田里的植物缺乏人体必需的营养素，因此必须在土壤中施用人造肥料，以替代被浪费的天然肥料；被浪费的天然肥料却在破坏着湖泊和河流。

许多市政污水处理厂正在改善处理工艺，通过有氧消化以及各种化学处理和过滤来生产某些情况下适合饮用的流出物。在一些城市，清洁的污水被泵入地下，以补充枯竭的含水地层。通常，营养物质仍存在于河流或海洋中。有的城市采取措施来回收和利用这些营养物质；有的城市风干经处理的污泥，并将其作为农业肥料。但大多数污水中含有无法通过处理过程过滤的毒物：镉和汞等重金属以及各种有机化合物。这导致人们严重质疑将污泥作为肥料的可行性。其他城市将污水处理厂的污水进行生物修复，通过生物滞留池进行处理，选择以水中养分为食的植物，并吸收重金属和其他毒物。在一些地方，经处理的污水被用来给树木施肥。

现场污水处理系统

大城市下水道范围之外的建筑必须处置并排放自己的污水。过去，使用污水池——多孔的石头或砖块地下容器，使污水渗入周围土壤。污水池并不令人满意，因其无法去除污水中的致病微生物，在相当短的时间内用固体堵塞周围土壤，之后污水很可能溢流到地表上，并回流到建筑内的固定装置中。更合适的“继承者”是不渗透型化粪池（图 6.6）。化粪池的构造方式使其能够长期保存污水，厌氧分解，并分离成澄清、相对无害的液体和少量沉淀在底部的固体矿物质。污水流出化粪池后进入渗漏场，那里有渗漏管道或渗漏池，污水由此渗入土壤（图 6.7）。渗漏池底部的污泥必须每隔几年抽出一次，运输到偏远的处理厂，进行无害化处理。

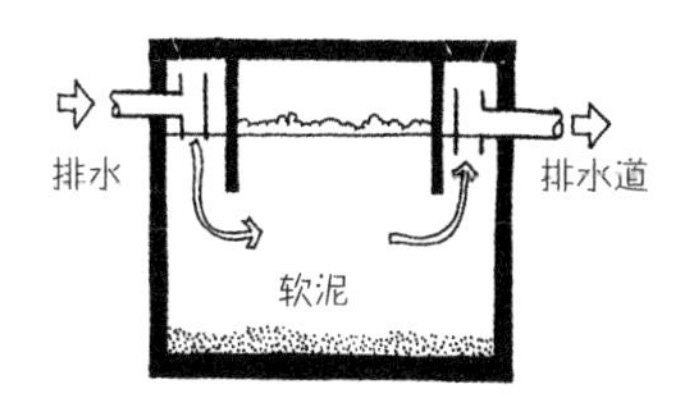

图 6.6

化粪池和渗漏场可能发生故障并污染水或土壤，这可能由以下几个原因所致：化粪池相对于其所服务的建筑来说太小了。渗漏场中的泥土不够多孔或系统安装在靠近井、水体或陡坡的地方。为了防止此类情况的发生，大多数城市都有严格的规定，在安装污水处理系统时，必须进行土壤测试，并采用达标的设计和施工技术。对于潜在的建筑工地，如果无法建造化粪系统，该场地则不允许建造建筑。如果土壤不透水、场地太小，无法容纳足够大的渗漏场，或地下水的水位过高而与污水混合并被污染，那么有可能发生不允许建造建筑这种情况。

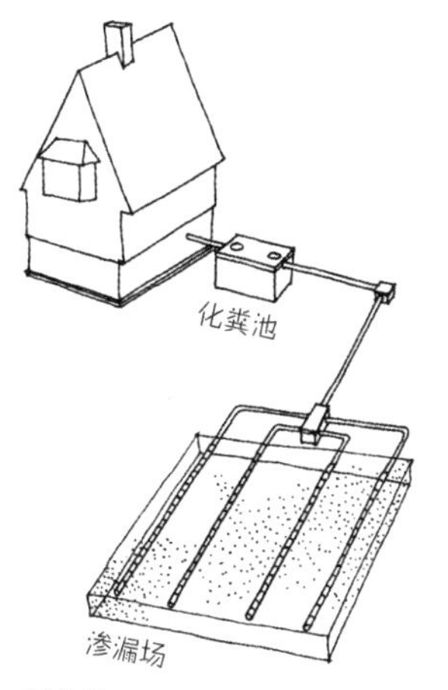

图 6.7

为了改善小型污水处理系统，每年有新装置投入使用，其中一些旨在改善污水的分解过程，通过曝气污水等措施，促进生物分解作用不断深入。其他改善过滤过程的方法是将污水更均匀地分布在田地中，或在渗漏场地预留出口，以便检查和清理。

随着水变成更加宝贵的资源，更多的建筑正在将废弃的洗涤水与从厕所排出的废物区分开来。在建筑内进行最低限度的过滤后，洗涤水可以用来冲洗厕所或浇灌草坪、花园。温暖废水中的大部分热量可通过热交换器进行回收，以便在净水进入热水器之前对其预热，或为建筑供热。

粪便等废弃物的厌氧分解所产生的天然副产品——沼气是一种有价值的气体。沼气是从生活污水中开发出来的，普通家庭无须建造专门的沼气池，但对于大型农场和污水处理厂的经营者来说，沼气的可利用性要大得多。目前，许多市政处理厂利用沼气供暖、照明与发电，有的农民有自己的沼气发电装置。

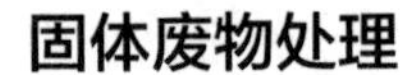

固体废物处理

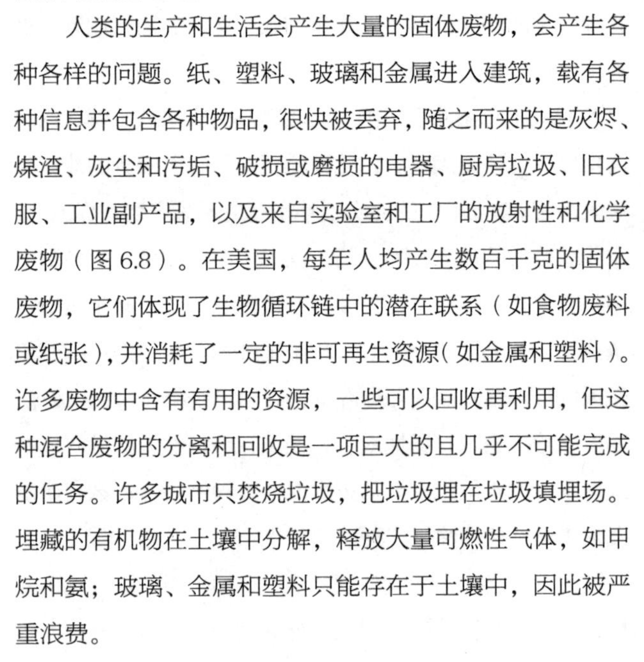

人类的生产和生活会产生大量的固体废物，会产生各种各样的问题。纸、塑料、玻璃和金属进入建筑，载有各种信息并包含各种物品，很快被丢弃，随之而来的是灰烬、煤渣、灰尘和污垢、破损或磨损的电器、厨房垃圾、旧衣服、工业副产品，以及来自实验室和工厂的放射性和化学废物（图 6.8）。在美国，每年人均产生数百千克的固体废物，它们体现了生物循环链中的潜在联系（如食物废料或纸张），并消耗了一定的非可再生资源（如金属和塑料）。许多废物中含有有用的资源，一些可以回收再利用，但这种混合废物的分离和回收是一项巨大的且几乎不可能完成的任务。许多城市只焚烧垃圾，把垃圾埋在垃圾填埋场。埋藏的有机物在土壤中分解，释放大量可燃性气体，如甲烷和氨；玻璃、金属和塑料只能存在于土壤中，因此被严重浪费。

图 6.8

美国大多数城市已经没有合适的垃圾填埋场了，法律法规的种种限制使填埋场越来越不受人们欢迎。废物被带到大型焚烧厂，大大减少了被填埋的废物量。装置必须经过精心设计、建造和运行，以免造成空气污染。大部分被遗弃的垃圾填埋场变成了小山，上面覆盖着厚厚的土壤，通过通风管道排出分解的气体。在某些情况下，有用的可燃性气体通过管网收集起来，为市政建筑供暖。这些地区经常被改造为公园或高尔夫球场。

越来越多的市政机构开展了“资源循环利用”项目，以回收废纸、玻璃和塑料等可被重新加工成新产品的废物。通常，建筑所有者对可回收材料进行分类，并将其从不可回收的废物中分离出来，以降低对复杂的中央分类工厂的需求。这意味着每个房屋或建筑需要配备独立且标记清晰的储存容器，用于存放垃圾、纸张、玻璃和各种塑料。建筑的固体废物处理系统不再是角落里的一两个垃圾桶，而是经过精心规划和建造的系统。得益于相关项目的实施，必须焚烧的固体废物量减少了 1/2 ~ 2/3。有的城市利用垃圾燃烧的热量为发电厂或中央供暖设施提供燃料；有的城市通过机械化分选或高温分解来自动回收有价值的垃圾；有的城市甚至在旧垃圾堆中使用钻井机来挖掘一定数量的沼气。

建筑中的废物和垃圾通常由人工收集，然后送到垃圾场，之后定期被市政和私人卡车运走。个别建筑有垃圾焚烧系统，人们将废弃物顺斜坡扔下，由底部的气体或燃油装置进行焚烧。在这种情况下，只需将灰尘运走即可。由于个别焚烧炉不完全焚烧导致空气污染，许多地区严禁使用焚烧炉。垃圾粉碎机可以将食物残渣碾碎，并将其冲入污水系统，市政或私人安装的污水处理装置均应确保体积足够大，以处理额外的水和固体材料。有的建筑安装有大型真空管系统，将废物吸到中央焚烧厂后进行焚烧，或压缩成捆，以便卡车运输，费力的人工运输已基本过时。

拓展阅读

Benjamin Stein and John Reynolds. *Mechanical and Electrical Equipment for Buildings* （*9th ed.*） . New York, Wiley, 2000, PP. 669—745.

7
舒适的温度

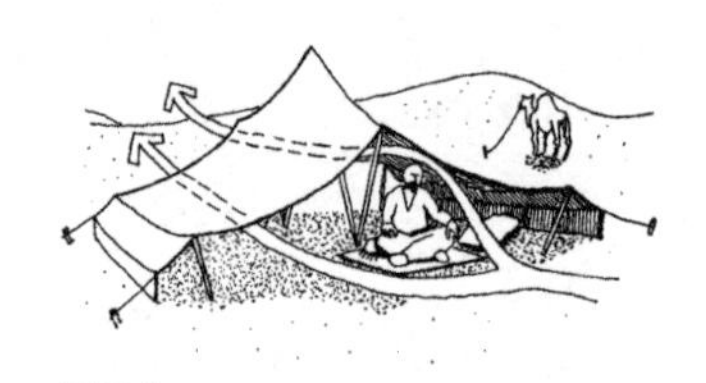
图 7.1

前文讨论了人体为达到热平衡所采用的生理机制，但这些机制无法应对生活中的极端温度。为了确保热舒适度，我们必须依靠衣服和建筑。

衣服和建筑的相似之处在于，它们都使用被动装置来控制热量、空气和湿气的自然流动，以增加穿衣者或居住者的舒适度（图 7.1）。两者不同之处在于：第一，建筑围成的体积比衣服大得多，建筑不仅能容纳居住者的身体，还包括人占有或移动的空间；其次，建筑通常可以采用主动或被动方式，通过控制能量释放来创造更有利的室内温度，从而提高热舒适度。

通常，建筑中的自动控制热舒适的系统称为“供暖系统”或“制冷系统”。然而，除了极少数情况，供暖系统不会产生进入人体的整体净热流，仅调节室内环境的热舒适度，以便将热量从身体损失的速度降至舒适水平。“冷却”或“空调”系统加快了炎热天气中身体热量损失的速度。为了方便起见，后文将继续讨论建筑中的供暖系统和制冷系统，但应注意的是，供暖系统和制冷系统的设计都是为了控制人体的冷却速度。

表 7.1 指明了通常用于调节热舒适度的方法，主要包括两种：让身体快速冷却和让身体冷却减缓。每种方法又分为被动方式（不需要人的参与）和主动方式（人工释放能量）。

前两列表示人体活动和衣服的作用，其余几列列出了在建筑中或围绕建筑为调节热舒适度所采用的方法。后文将更加全面地阐释这些方法，但应注意以下五个因素：热辐射、空气温度、湿度、空气流动以及身体接触表面的特性。这些因素在创造人体热舒适度的过程中具有重要作用（图 7.2）。

图 7.2

在建筑中，这五个因素是相互依存的。地板因太阳照射而升温时，也温暖了上方的空气，向人体辐射热量并向站在地板上的人传导热量（图 7.3）。温暖的空气高于周围的空气时，会产生对流循环，随着温度的升高，空气的相对湿度会降低。因此地板被阳光加热，可以影响所有与热舒适度有关的因素。普通的热空气供暖系统给空气加热，降低了相对湿度，将热空气吹到居住者身上，温暖了房间表面。在某种程度上，改变其中一种因素而不影响其他因素是不可能的。

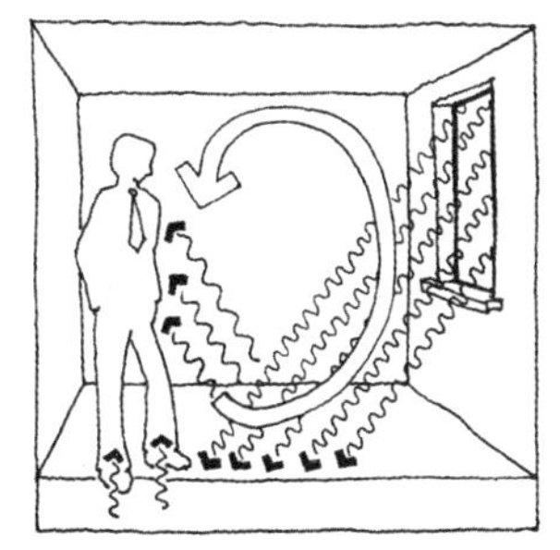

图 7.3

除了相互依存，各种热舒适度调节方法之间还可以互换。通过表 7.1 可以看出，存在两种互换性的可能，一种是表中的纵栏内容。例如，在温度相对较低的房间，人也能感觉非常舒适，只要火炉向人体辐射大量热量（图 7.4）。如果湿度较低、有微风吹动，只穿轻薄的衣服，并避免太阳直晒，30℃ ~ 32℃的温度也很舒适（图 7.5）。这种互换性是有限度的，但范围非常宽泛，可以调整一个参数来补偿其他参数，而不影响舒适度。

图 7.4

第二种互换性是图中的水平栏内容，即改变相同热舒适度参数的主动和被动方式。穿过房间的微风可以代替电风扇（图 7.6）；在混凝土地板上铺一层厚厚的地毯，不必使用热水温暖地板（图 7.7）。用被动方式代替主动方式，可以减少建筑的燃料消耗。长期以来还有助于降低成本（安装和维护被动和主动设备的成本）。

图 7.5

表 7.1 自动调节热舒适度的方法

方式		项目						
		人体活动	衣服	辐射	空气温度	湿度	空气流动	表面接触
让身体快速冷却的方法	被动	将身体伸展至最大表面	敞开或脱掉衣服，用水浸湿衣服	把身体与热物体隔开，使身体接触冷的物体	不让阳光增加空间热量，使用热物体冷却空气，将水蒸发到空气中	通过水在冷表面上的凝结来减少水分	允许风或对流气体通过	将身体贴在冷或密的表面，让身体远离温暖或隔热物体
	主动	减少体力活动	用液体冷却宽大的衣服	采用机械冷却建筑表面	采用机械制冷空气	采用机械减少湿度	扇扇子，使空气流动	洗冷水澡或游泳，吃冷的食物或喝冷饮，机械冷却地板或座位
让身体冷却较慢的方法	被动	将身体收缩至最小面积	扣上衣服或增加衣服，将湿衣服晾干	使身体接近热的物体，用金属表面反射体温	让太阳温暖空间，用热物体将存储的热量释放到空气中	让太阳将水蒸发到空气中	遮住身体，避风	将身体紧贴温暖的物体或绝缘表面
	主动	增加体力活动，与朋友靠在一起	使用电热毯、电褥子	采用机械温暖建筑表面，生火	温暖空气	将水煮沸，使其进入空气	降低电扇的转动速度	洗热水澡，用热水瓶，给地板或座位加热，吃热的食物或喝热饮

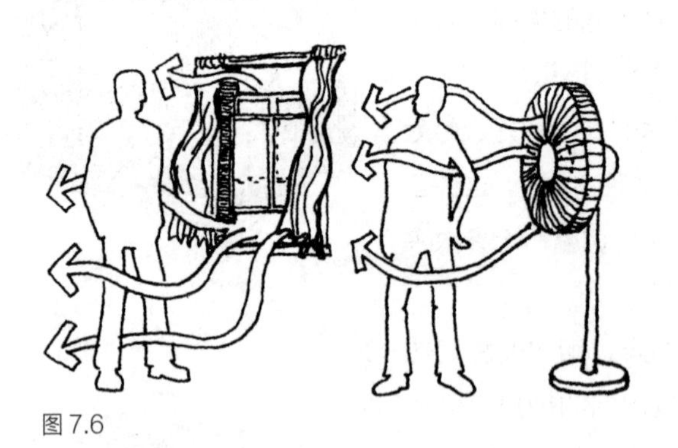
图 7.6

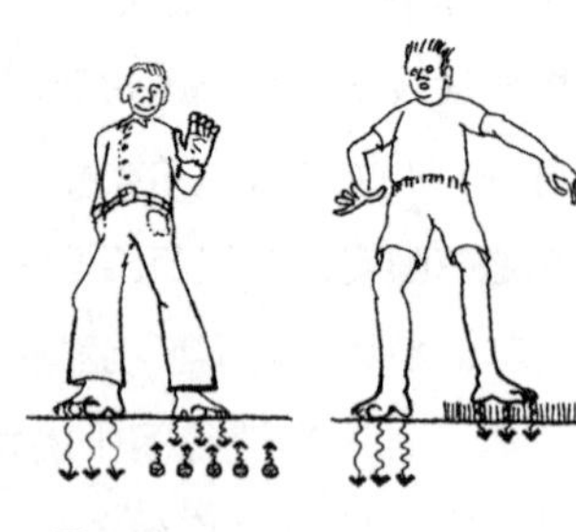
图 7.7

人的新陈代谢率、出汗特点、皮下脂肪和皮肤表面积与体积的比例，以及着装量等重要热量因素存在较大的差异。此外，在一天中的不同时间段，穿同样衣服的人对热量也有不同的要求。例如，在锻炼强度较大、消化食物较多或睡觉时，人对热量的需求是不同的。基于此，房间中的人对热环境是否感到舒适也持不同意见。一般来说，最好的办法是满足大多数人的需求，让其他人通过更换衣服来补偿。如果人们需要长时间待在某个地方，如飞机上、剧场、办公室或工作车间，应确保每个人至少可以控制一个影响热量的因素，如单独的通风口、可开启的窗户或小型电暖气等。在其他情况下，特别是在家里，人可以离炉火稍远一些，或其他人离窗户很远时，自己坐得近一些。如果设计师留意这些细节，就会发现很多需要调整的地方。

拓展阅读

Victor Olgyay. *Design with Climate*. Princeton, N. J. , Princeton University Press，1973，PP. 14—23.

8

建筑构件的热力学特性

建筑施工中所使用的材料在热量流动方面拥有独特的物理性质。设计工作中一项很重要的内容是选择合适的材料，并将其组合起来，让建筑外墙更好地调节气候，以减小供暖或空调系统的能耗，从而为居住者营造舒适的环境。

必须清楚地区分传热的三个基本机制。辐射是以电磁波的形式，通过空间或空气从较热的物体传播到较冷物体的热传播方式（图8.1）。例如，人站在阳光下或火边时，皮肤因辐射而变热，人感到温暖；人站在冰冷的墙边或露天夜空下，则感觉寒冷。传导是热量通过固体材料来完成的热量传播方式（图8.2）。例如，皮肤紧贴温暖的或冰冷的物体时，热量从皮肤传导出去，如手拿烫手的马铃薯或冰淇淋时。对流是指热量通过流动的水流或空气来完成热量传播的方式（图8.3）。例如，皮肤暴露在温暖或凉爽的空气中，对其进行对流加热或冷却。普通厨房炉灶可以利用上述三种传热方式：锅主要通过辐射来烹饪食物，烤箱主要通过对流来加热食物，而燃烧器主要通过锅的金属传导来获取热量。

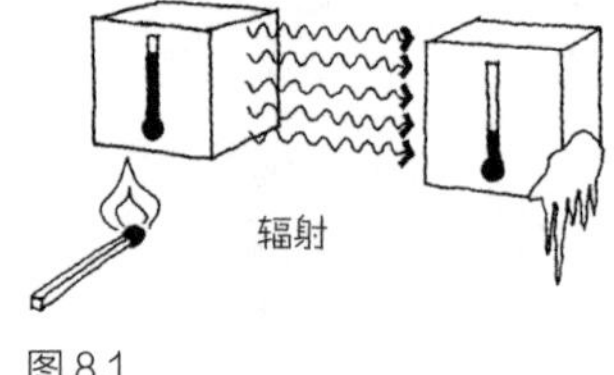

图8.1

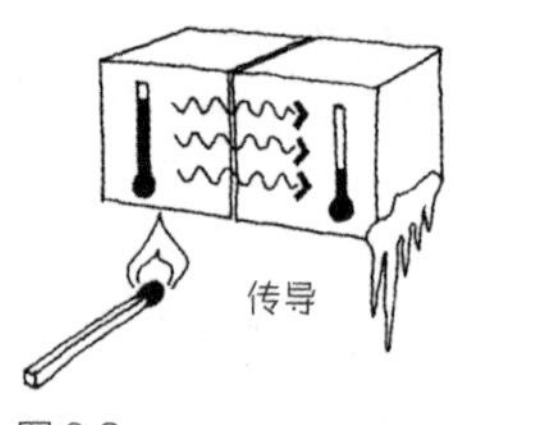

图8.2

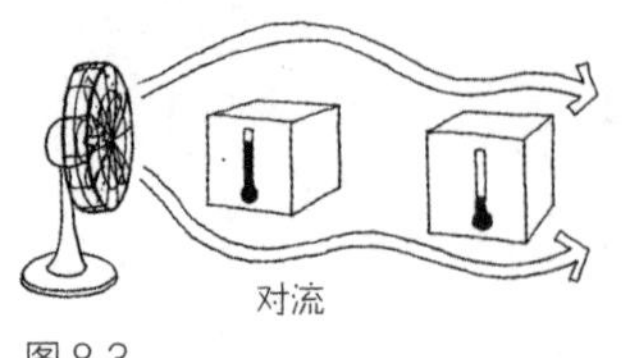

图8.3

辐射

物体以电磁辐射的形式向外散发热量，同时从周围接收热量。温度很高的热源（如太阳）辐射出的大部分热量是可见光，地球上的热源远不如太阳那样热，主要以红外线进行辐射。红外线是光谱中的不可见光，特征与可见光完全相同。任何两个物体都可以通过对光线透明的介质（空气或真空）而“看到”对方，交换辐射能。这两个物体的“视线”接触被阻隔时，如在两者之间插入不透明的物体（如一张纸），这种交换就会停止。

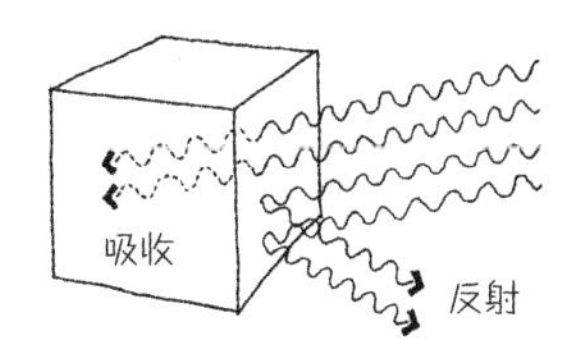

图 8.4

建筑材料的辐射特性对设计师来说是至关重要的。反射率是指被材料弹回的辐射占总辐射的比例，不改变材料的温度。吸收率是指进入材料的辐射占总辐射的比例，能够提高材料的温度（图 8.4）。给定材料的反射率和吸收率之和始终为 1。辐射是衡量材料向外辐射热量的能力标准，在给定的波长下，辐射量在数值上等于吸收量（图 8.5）。

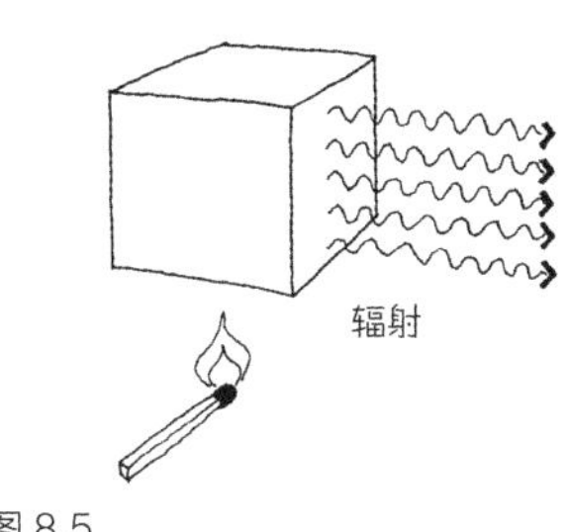

图 8.5

电磁波长的范围非常大，建筑通常必须处理光谱中两个截然不同的热辐射。从数千度光源发射的太阳辐射由相对短的波长组成，来自地球热源的热辐射，如被太阳晒热的地板、温暖的建筑表面和人体皮肤的辐射，波长较长。常见的建筑材料对这两个波长范围的反应完全不同，这些差异解释了几个有趣的热现象。从表 8.1 中可以看到白色建筑反射了 80％的太阳热辐射，仅反射太阳加热的草坪和路面 10％的热辐射，几乎与涂成黑色的建筑相同。如果建筑具有明亮的金属外观，可以更好地防止太阳热量的陆地再辐射，这种抛光金属对长辐射波的低性能放射在建筑施工中特别有用，在墙壁或屋顶上将明亮的金属箔作为隔热体，前提是将其安装在一定的空间里，因为这种材料只能通过透明的气体或真空以红外线的形式发出。夹在其他结构层之间的金属箔无法反射辐射，只能直接导热。金属箔是非常好的导热材料，只有当金属箔在一侧或双侧有相邻的空间时才具有极高的隔热价值。

表8.1 常见材料的辐射性能

材料	辐射			
	太阳辐射		地球辐射	
	吸收率	反射率	吸收率	反射率
亮铝材	0.05	0.95	0.05	0.95
镀钢管	0.25	0.75	0.28	0.75
白漆	0.20	0.80	0.90	0.10
白色粉刷	0.12	0.88	0.90	0.10
浅绿色漆	0.40	0.60	0.90	0.10
深绿色漆	0.70	0.30	0.90	0.10
黑色漆	0.85	0.15	0.90	0.10
混凝土	0.60	0.40	0.90	0.10

导体

材料对热传导的阻值是隔热性的量度标准。在稳定的室内和室外温度下，建筑通过墙壁任何部分温度的升高或降低的速度与室内或室外的温差成正比，与墙壁本身的总体热阻值成反比。应最大限度地提高墙壁、天花板和地板的热阻值，既保证人体的舒适度，又节约能源。固体材料具有不同的热阻值（表8.2），金属的热阻值较低，石材的热阻值中等偏低，木材的热阻值较高。

表8.2 不同材料的热阻值

材料	热阻值（$m^2 \cdot °C/W$）
25毫米厚铝	0.00013
25毫米厚松木	0.23
100毫米厚砖	0.14
200毫米厚混凝土	0.16
90毫米厚玻璃纤维	1.96
150毫米厚玻璃纤维	3.38
25毫米厚聚酯泡沫塑料	1.06
单层玻璃	0.16
双层玻璃	0.32
三层玻璃	0.50
绝缘好的墙壁	2.1 ~ 3.4

通常，建筑中最常用的热流电阻器是空气。如果在木质结构房屋的空墙中加入空气层，使其不能自由流动，例如，将其封闭在一团绞缠在一起的玻璃纤维或矿物纤维中，热阻值非常高。纤维由密度较高的材料纺织而成，对热量流动具有很强的抗阻性，会对空气循环造成阻力，使空气保持静止，是很好的隔热材料。如果同样的空气可以在墙内自由流动，可建立一种对流模式，可以将热量从温暖的表面转移到较冷的表面（图 8.6）。

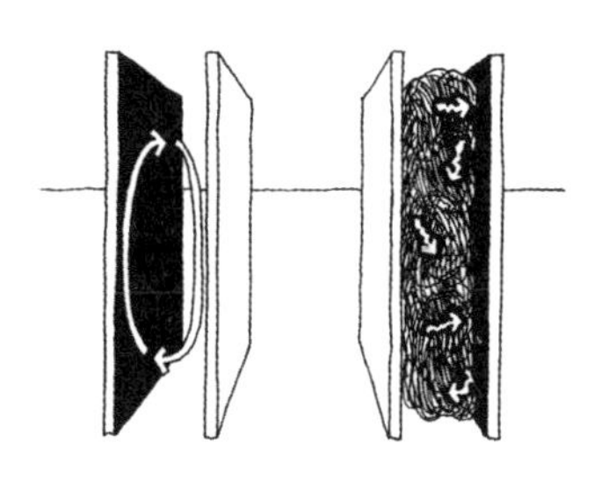

图 8.6

由于玻璃对热量的热阻值很低，因此大多数窗户都采用双层或三层玻璃制成，空气被夹在玻璃片之间的薄层中。玻璃外观上没有明显的变化，但耐热性却大大提高了，但仍达不到很好的绝缘效果。为了提高双层玻璃的热阻值，制造商尝试增加玻璃层之间的空气厚度。他们发现，即便厚度增加到 25 毫米左右，热阻值也只是稍微增加，而随着厚度的进一步增加，热阻值将不再增加。如果空气厚度很小，玻璃表面和空气的摩擦阻止了将热量从此块玻璃传到彼块玻璃的对流，但空气层很薄，使其不具有很高的热阻值。在空气层厚度较厚的情况下，理论上可以提供更大的热阻值，但实际上，空气在相应的玻璃块之间有足够的流动空间。如果空气层是中等厚度，则能保持最大的热阻值（图 8.7）。如果用热量能力较低的气体取代玻璃层之间的空气，或在空间里填入玻璃纤维，热阻值将增加。但玻璃纤维会影响窗户的透光性，无法应用在需要观景的地方，这迫使设计师在热阻值和光线传输之间采用折中方案。

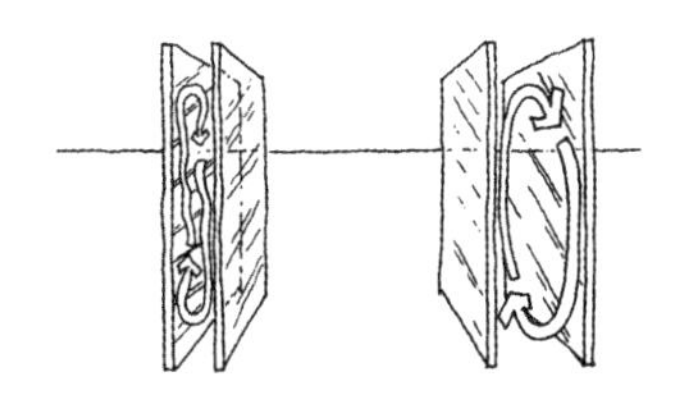

图 8.7

开放空间的热阻值受到两侧表面辐射的影响。穿过空间的大部分热量直接从一个表面辐射到另一个表面，与空气本身的对流传递无关。如果表面的散热量很高且以较长的波长散热，效果与其他建筑材料一样。因此如果在空间内或任一侧加一层明亮的非氧化金属箔（通常为铝），可以消除大部分辐射传递。在双层玻璃中，可以在面对空气一面的玻璃上涂金属涂层，以减少玻璃的散热。这些低散热性的涂层能够降低整个构件的热传导性，加涂层的双层玻璃在减少热量传输方面与未加涂层的三层玻璃同样有效。

冬季热量流动

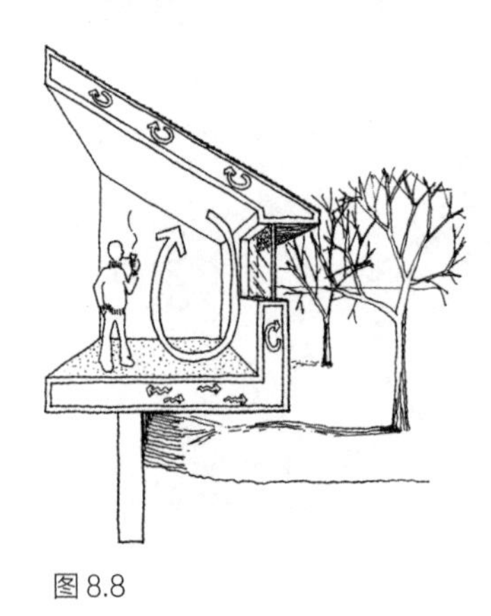

图 8.8

空间隔热的有效性或以空气作为绝缘材料的建筑的隔热效果，主要依赖于设施的位置和热量流动的方向。在墙壁和窗户上热流是水平的，受空气垂直对流循环的驱使。在房顶，天气寒冷时，热量向上流动，房顶内的温暖空气立即上升到冷的表面，并散发热量，这是一个相对高效的过程（图 8.8）。但在热天，通过房顶的热量流动被逆转，被上层热表面温暖的空气一般保持紧贴本层，而非向下面的较冷表面流动，热量通过房顶的热传递相对较慢（图 8.9）。如果在地板、墙壁和房顶中提供相同的构件，冬季热量的对流转换在房顶是最快的，在地板上最慢，而在墙壁上是中等速度。辐射传热与方向无关，反射的箔片能消除通过房顶或墙壁向外辐射大约 1/2 的热量，或通过地板向下辐射 2/3 的热量。如今，越来越多的建筑使用反射板，以减少夏天被太阳照射的房顶向室内输送热量。

夏季热量流动

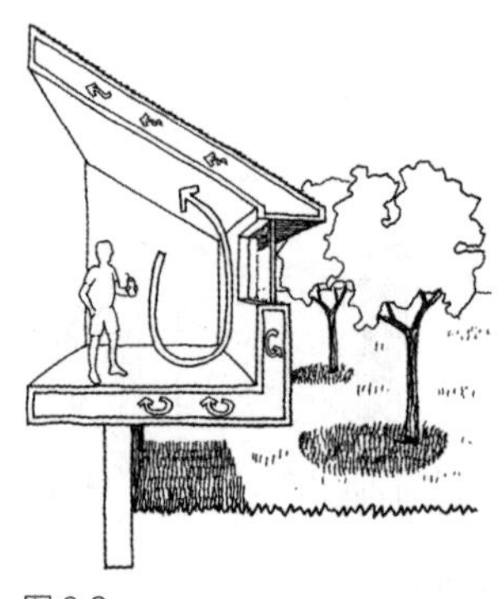

图 8.9

空气在建筑的内表面和外表面起到微小却十分重要的隔热作用。每个表面通过和空气的摩擦保留了一层薄薄的空气，作为“隔热面膜”。表面越粗糙、膜越厚，绝缘值就越高（表 8.3）。毛皮的表面非常粗糙，可以吸收相当厚的空气，隔热性得到广泛认可。表面薄膜对空气流动影响较大，外层膜可能多被大风损毁，这便是防风建筑可以节约燃料的原因。墙壁和房顶在热量通过表面时并没有均匀的热阻值，热量流失主要通过传热更迅速的构件或结构连接来完成。这对木结构建筑并不构成严重的威胁，因为木头是非常好的热绝缘体，但金属和石头建筑常常充满热量的“桥梁”，即“冷桥”现象。这些桥梁易导致隔热良好的构件损失大量热量（图 8.10）。

表 8.3 表面空气膜的热阻值

项目	热阻值 （$m^2 \cdot °C/W$）
内墙面	0.12
外墙面（夏季风作用）	0.05
外墙面（冬季风作用）	0.03

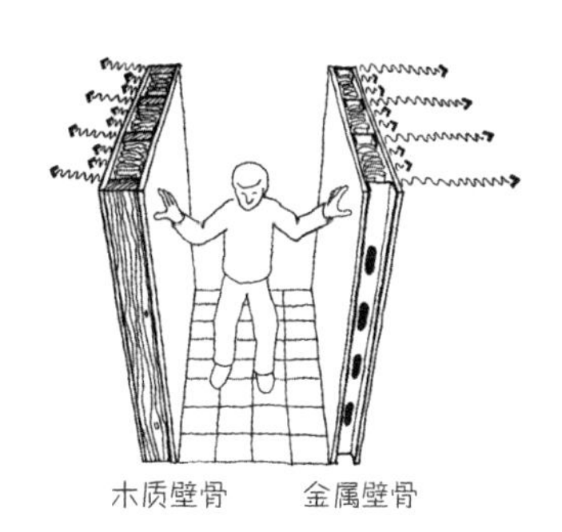

图 8.10

一些设计师和建筑师正尝试建造双层建筑或双层密封建筑，这些建筑有两层独立的外墙和屋顶绝缘层，就像在一栋建筑内再建一个建筑（图 8.11）。在某些情况下，层间空间在天冷时被加热，在天热时进行通风或冷却。此类建筑的热舒适度令人满意，但经济性有待商榷。建筑成本几乎翻了一番，楼面面积也大得多。如果将每一面墙的厚度加上一半来形成一个双包裹，建筑面积增加 90%，成本相应上涨。用于加热或冷却层之间空间的能量可以更有效地加热或冷却建筑的使用空间，节省运营开支。在配有双层窗户的大型建筑中，窗户清洗的成本翻了一番，这些数据说明，在设计和建造双层或双层密封建筑之前应充分调研。

热容量

热容量即储存热量的能力，是建筑材料的重要特性。热容量与材料质量成正比，密度较大的材料具有较高的热容量，蓬松的材料和小块材料具有较小的热容量。热容量通过测量单位体积或单位质量温度提高 1 度所需的热量来计算。在常温条件下，水比其他材料的热容量要高（除个别在正常温度下结冰并融化的物质），泥土、砖、石头、石膏、金属和混凝土也具有较高的热容量（表 8.4），纤维与热绝缘材料的热容量较低。

表 8.4 不同材料的热容量

材料	热容量	
	每单位质量 [kJ/（kg·°c）]	每单位体积 [kJ/（m³·°c）]
水	4.19	4160
钢材	0.50	3960
石头	0.88	2415
混凝土	0.88	2080
砖	0.84	1680
黏土	0.84	1350
木材	1.89	940
矿棉	0.84	27

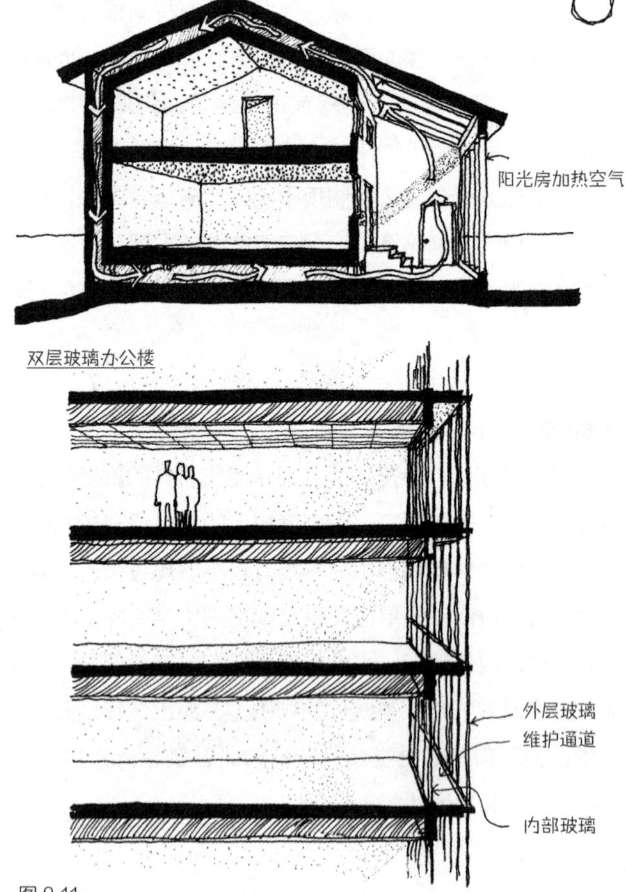

图 8.11

为了了解热容量对建筑性能的影响，应做一种假设。例如，实验室中有三个同等且隔热很好的测试房间，每个都与其本身用来加热空气的暖气系统相连接。在第一个测试房间放 1000 块砖，每块砖摆放的位置与其他砖之间有足够的空间。在第二个测试房间，将 1000 块砖按立方体的形状紧密摆放。在第三个测试房间摆放 1000 块木头，大小与砖块类似，摆放的形状与第一个房间相同。把三个房间放在空气中几天，确保空气与每个房间内的物品达到温度平衡。之后，对三个房间的温度进行统一调整——比实验室温度高 30 度，然后关闭三个房间，连接三个供热系统。用记录仪绘制一张反映每个测试房间燃料消耗与时间关系的图表。

对从测试房间到空气实验室的偶然热量损耗图进行校正后，得出图 8.12 所示的结果。在温度升高前几度时，为这三个测试房间的燃料消耗几乎相等。然后，第三个测试房间的燃料消耗开始下降，因为温度调节装置所需的热量越来越少。在相对较短的时间内，温度调节装置不再需要热量，这意味着空气和木块均达到温度调节装置设置的温度。同时，第一个房间由于砖块摆放得比较松散，仍需

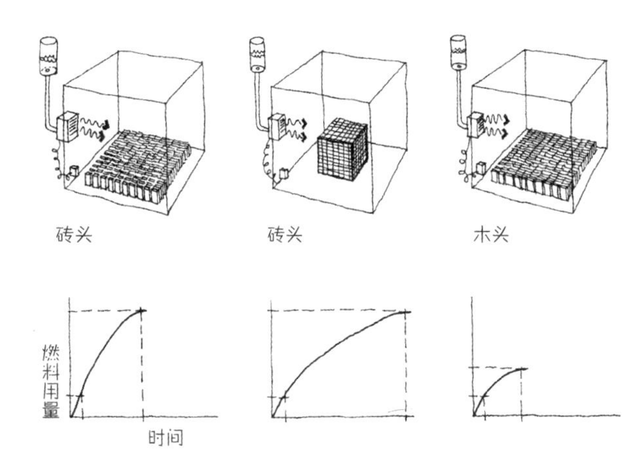

图 8.12

热量，而且温度在较高的水平稳定下来之前，消耗的燃料和时间比第三个房间要多。第二个房间由于砖块摆放得比较紧凑，燃料消耗速度比第一个房间慢，其他两个房间达到平衡之后仍需消耗燃料。过了很长时间，在消耗与摆满松散砖块的房间里等量的燃料之后，这个房间也达到了平衡。

数据表明，单位体积热容量约为砖一半的木块需要大约一半的热量，砖块由于热容量较高，加热到同样温度需要更多热量，热量多少与砖块的摆放方式无关。松散摆放的砖块比紧凑摆放的砖块更多地暴露在空气中，因此吸收热量的速度相对较快。立体摆放的砖块从表面而来的热量必须一层一层地加热里面的砖块，位于中心的砖块想达到房间的温度，需等到所有砖层加热完毕。

将这个实验付诸实践时，设想在冬季有三个相同且隔热良好的建筑。第一个建筑的砖隔断很薄；第二个建筑的隔断包含相同数量的砖头，集中在未使用的火炉旁，且位于建筑中心；第三个建筑采用木料隔断。如果三栋建筑都

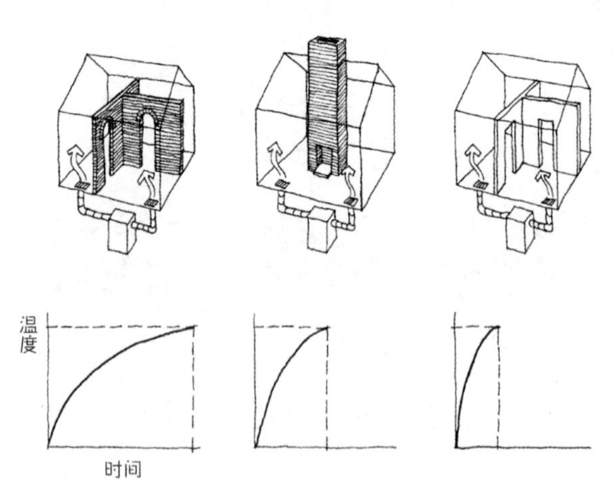

图 8.13

生起火炉，第三栋楼的温度很快升高；第一栋的温度升高很慢；第二栋的温度升高位于两者之间（图 8.13）。

如果热量在相同的时间间隔内进入这三栋建筑，例如，在天气晴朗时透进窗户的阳光，使用木料隔断的建筑内部气温波动较大，而另外两个则波动较小（图 8.14）。

在大型壁炉内生火时，火焰的部分热量直接辐射并对流到建筑内部，但大部分热量用来加热壁炉和烟囱的砖石结构。火熄灭后，热量缓慢释放。一些热量从烟囱上升到户外，而一些渗透进烟囱和壁炉的墙壁，并通过壁炉传向建筑内部。通过这种方式，壁炉可以均匀地传递火焰的热流量。基于类似原因，一些燃炉由石头或陶瓷建成，砖石或水可用于积聚太阳能收集器的热量，以便在夜间或阴天释放。也可以在用电量不是很大时，通过电阻元件收集热量，以便在一天的其他时间给房子供热。

建筑外墙由一层厚厚的高热容量材料（如土坯、石头、砖或混凝土）构成，并且在室内外温差稳定的情况下（图 8.15），墙壁通过被加热的一面传递热量的速度较慢，因

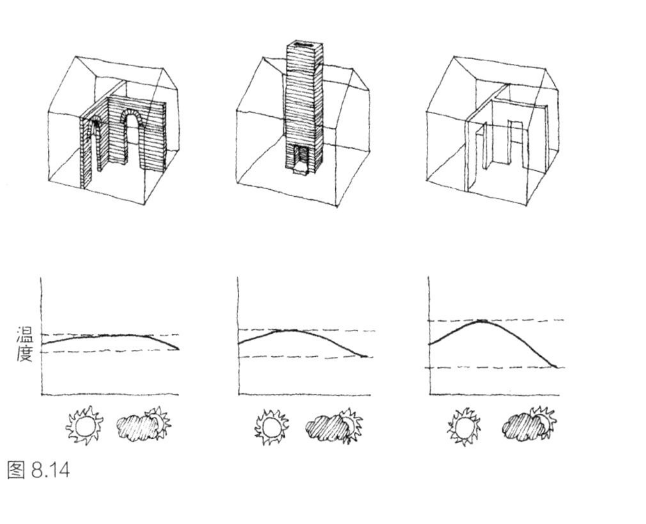

图 8.14

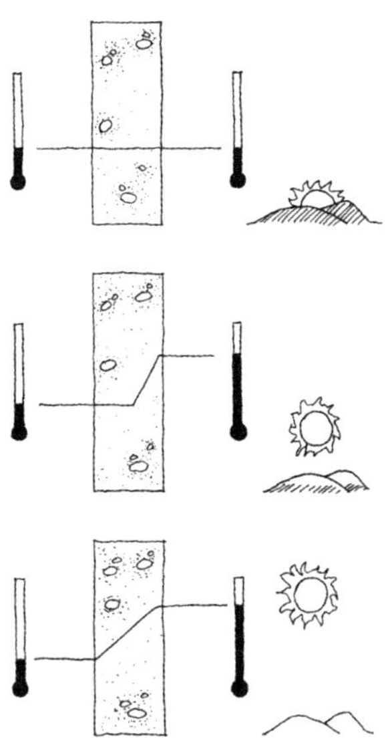

图 8.15

图 8.16

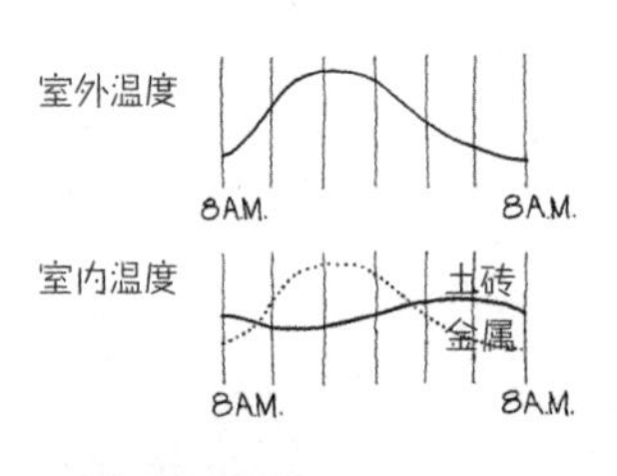

图 8.17

为热量逐渐被内部的每一层吸收，最终达到稳定状态。其中墙壁较冷侧的温度接近同一侧的空气温度，温暖的一面接近温暖一侧的温度，墙体的温度呈现逐渐倾斜的梯度。在达到稳定状态之前，墙壁从一面向另一面传送热量的速度比预测的墙壁热阻稍慢。达到稳定条件之后，墙壁以预测的速度传递热量。热容量较高的材料具有较低的热阻，因此与绝缘良好的墙壁相比，该墙壁的传热速度已经非常快了。

如果墙壁一侧的空气温度发生剧烈变化，墙壁的作用是减少或延缓另一侧墙体的温度波动（图 8.16），例如，沙漠地区普遍使用的泥土和石头建筑。白天室外很热，热量沿墙壁或屋顶慢慢向室内渗透。在大部分热量穿过厚厚的建筑墙壁到达内部之前，太阳落山了。地面的辐射导致室外特别冷，低于室外建筑温暖的表皮。白天在墙壁和屋顶积聚的大部分热量缓慢流回冷却的外表面，而非继续向内移动。建筑内部白天比周围凉爽，晚上比周围暖和，这正是居住者所需的舒适模式。墙壁和房顶的最佳吸热厚度经过人们数千年的摸索已日臻成熟。在许多地区，提高热效能的方法是将建筑外表面粉刷成白色，白色墙壁可以反射大部分太阳的红外辐射，从被其晒热的建筑表面向夜空散发出长波红外线。窗户很小，白天最热和夜晚最冷时必须紧闭，以免对流传热作用于墙壁和屋顶。

在许多沙漠地区，当代实用建筑由低容量屋顶构成，屋顶由薄的波纹金属片或水泥石棉制成。这些建筑的热性能与大型建筑的热性能完全不同（图 8.17）。轻质屋顶在阳光下几乎瞬间加热，大部分热量被传导出去，并重新辐射到建筑内部，迅速将其温度升高到难以忍受的水平。晚上，屋顶迅速向天空散热，通过对流和辐射来冷却内部空间，屋里的人感到异常寒冷。如果材料选择不佳，可以在屋顶增加一层厚厚的绝缘层或高容量的材料来改善热效应。此外，最好在屋顶下方预留通风空间，以便太阳热量快速流动，并散发到室外空气中。

高热阻材料通常可以与高热容量材料相结合，使建筑内部达到所需的热量。在砖石墙壁外增加一层隔热层，有助于厚重、温暖的建筑更有效地发挥作用。隔热材料降低了石头暴露在外的温度波动幅度，使室内温度更稳定（图 8.18、图 8.19）。在石墙内侧施加相同数量的隔热材料，所发挥的作用非常有限。在这种配置中，结构整体仍完全暴露于太阳下，室外温度波动不止，内侧的隔热材料几乎被浪费。外侧隔热为保护建筑提供了额外的帮助，特别是屋顶结构，免受极端热胀冷缩带来的应力。

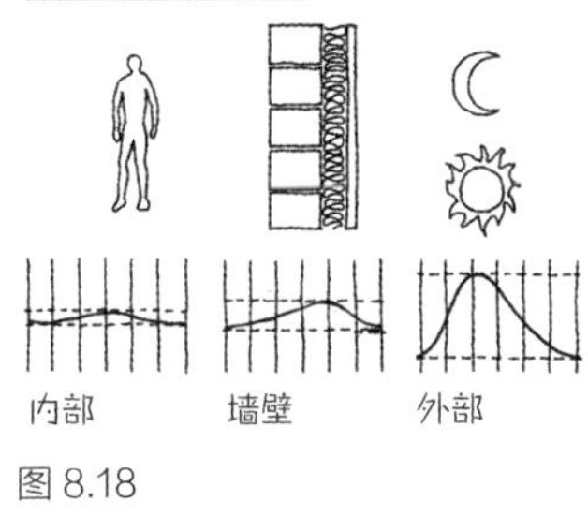

图 8.18

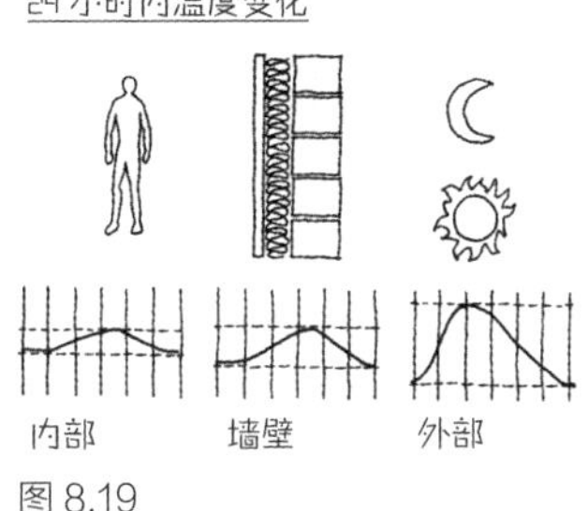

图 8.19

即使在温带地区，隔热良好的外墙提供的额外热容量有助于消除冬天室外空气温度波动的影响。这些波动由于窗户热量损失、壁炉中的火、烹饪、烘烤以及热电厂事故等因素引起。在夏季，增加的热容量有助于缓和白天的高温。另外，位于湿热气候地区的建筑，由于晚上温度很高，最好使用热容量较小的隔热材料。这些建筑应确保能够反射太阳辐射并快速对冷却风和空气温度下降做出反应。在这种气候条件下，土著房屋通常建在木桩上，屋顶上覆盖一层薄薄的茅草，墙壁是用木头或芦苇制成的且有缝隙的屏风。

在寒冷地区，周末滑雪小屋在冬天偶尔派上用场，建筑材料的热容量应低一些，热阻值应高一些，以便人们进去时快速暖和起来，离开后迅速冷却，不浪费储存在室内的热量。因此在设计位于滑雪圣地的教堂或周末度假小屋时，应采用隔热性能较好的木框架结构。

在所有的气候条件下，高隔热性是建筑外墙结构的理想属性，特别是房顶，因其需要吸收大量太阳能，并防止热量流失。较高的热容量也必不可少，尤其是在需要平衡周期性日常温度变化的情况下。室内热环境对热容量、热

图 8.20

阻、太阳辐射的增加和损失、通风的增加和损失以及建筑内部热量散发的影响十分复杂，尤其是在这些因素随时间而变化时。即使没有详细的数字分析，优秀的设计师也能在建筑材料和设计上做出正确的选择。

由于土壤的高热容量，与地面接触的建筑表面，如地下室的墙壁或堆放土壤的墙壁，全年保持在恒定的温度范围内（图 8.20）。在夏季，地下表面保持凉爽；在冬季，也不会像室外温度那样寒冷。正因如此，建筑的埋地部分一般在夏天较为凉爽，在冬天更容易暖和起来。为了获得这些优势，地下建筑表面必须与热阻值绝缘，热阻值应接近建筑地上部分的外墙。如果条件允许，应当将水平的泡沫塑料保温层埋在土壤之下，以减少对建筑附近地面的霜冻渗透。

得益于热优势，近年来，从小型住宅到大型办公室再到实验室综合体，地下建筑被设计和建造成各种规模。许多建筑都是庇护性质的，在某种意义上，并非真正的地下建筑，只是建在地下低矮的地方。对于地下建筑，必须解决的问题是防止地下水进入建筑。

水蒸气

建筑材料和水蒸气的相互作用对建筑的热性能至关重要。水蒸气是一种无色无味的气体，散布于空气中，含量各不相同。空气越温暖，包含的水蒸气就越多，但在给定温度下，空气中的水蒸气几乎无法饱和。定义空气中水蒸气含量最简便的方法是采用相对湿度，这个百分比数字表示空气中实际含有的蒸汽量除以给定温度下的饱和含量。相对湿度为 60％表明，空气中水蒸气的含量为特定温度条件下饱和值的 60%。向空气中增加水蒸气，有助于在封闭空间中提高相对湿度。可以通过煮沸水以释放蒸汽，或在室内种植大量绿植。如果相对湿度达到 100％，如健身淋浴房或游泳场，空气无法再容纳水蒸气，一些水蒸气会凝结成雾状。

提高相对湿度的另一种方法是降低房间温度而不允许空气溢出。随着温度的降低，空气中水蒸气的质量保持不变，但承载水蒸气的空气减少了，因此相对湿度升高。如果温度下降得足够低，就会达到露点，即空气中含有100% 的水蒸气。如果温度继续降低，低于露点，部分气态水蒸气将变成液体，以雾滴的形式出现。温度继续降低将导致更多的水蒸气凝结，使空气在新的温度条件下达到100％的相对湿度。露点不是单一的固定温度，每一团空气有自己的露点，露点由空气中含水蒸气的比例决定。空气越干燥，露点越低；空气越潮湿，露点越高。

建筑内的空气常因接触寒冷的表面而使自身温度降至露点以下。在潮湿的夏季，经常看到冷饮瓶、冷水管、马桶后的冷水箱或在温度很低的地下室墙壁等表面上形成水珠。管道表面和水槽中的冷凝水滴落会导致水污染、发霉和建筑的腐烂。在冬季，空气冷却至露点以下最明显的表现是室内水蒸气在窗户表面凝结。虽然窗户表面的结霜和雾气很好看，但在窗框上聚集成液态，易导致窗框生锈或腐烂。

水蒸气在建筑隔热组件（如外墙）上凝结时，会对建筑造成严重的损害。在冬季，墙体内部的空气温暖、潮湿，外部暴露在寒冷、干燥的空气中（图 8.21）。在湿热的夏季，室内通过降温和除湿，上述情况能够得到改善。

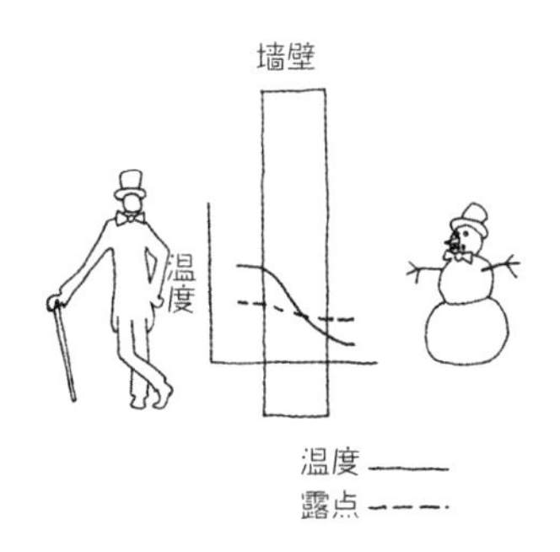

图 8.21

空气中的水蒸气会产生压力，即蒸气压。水蒸气含量越高，蒸气压越大。蒸气压迫使水蒸气由压力大的区域向压力小的区域迁移，最终达到平衡。在墙壁仅有一侧空气潮湿的情况下，水蒸气穿透墙壁向干燥的一面流动，这是墙壁两侧的蒸气压造成的。如果墙壁有漏气之处，气流会夹带水蒸气，其含量比产生蒸气压的情况还要大。大多数

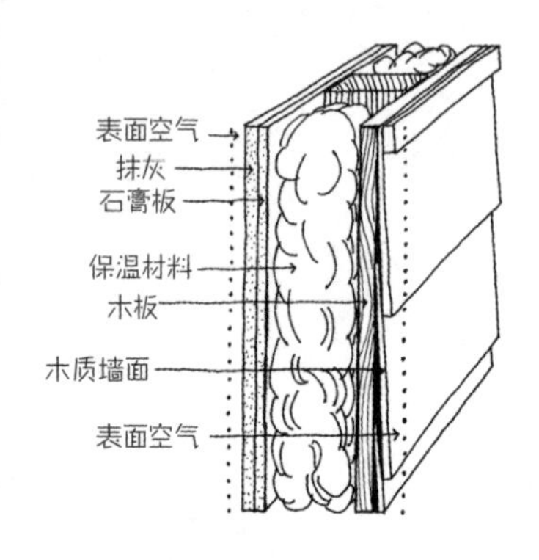

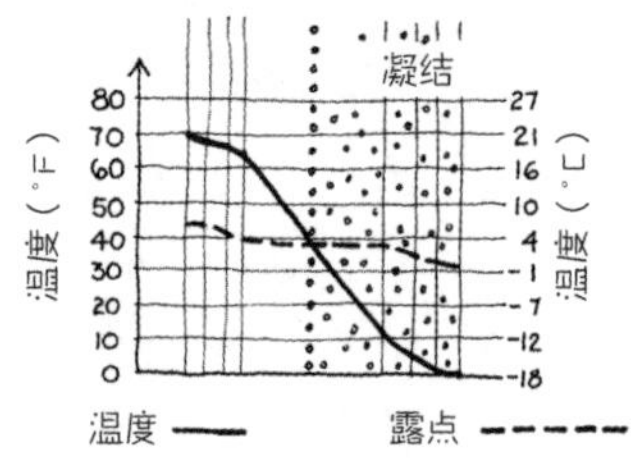

图 8.22

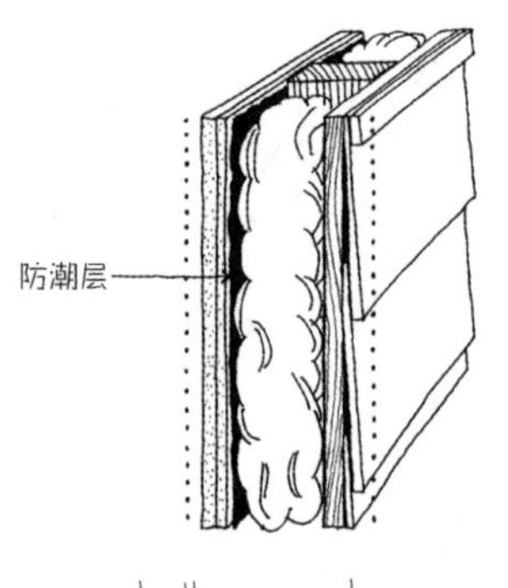

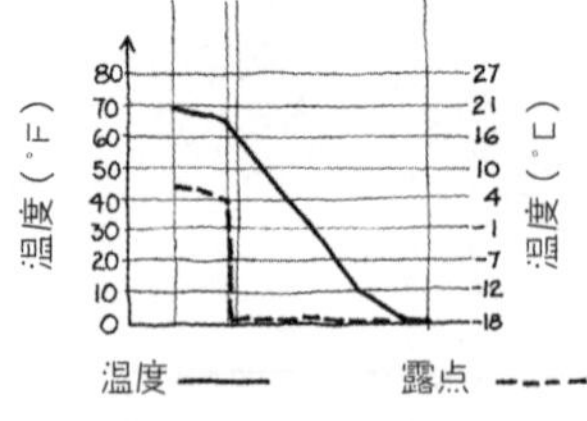

图 8.23

普通建筑材料对水蒸气的渗透流动只具有轻微或中等程度的阻力，相当数量的水蒸气则在压力损失很小或中等水平的情况下，从墙壁潮湿的一面移至干燥的一面。由于这些损失，空气的露点温度逐渐降低。

与此同时，墙壁内部的温度从温暖的表面向寒冷的表面逐渐下降（图 8.22）。温暖的墙壁表面受到隔热空气层的保护，比另一面的空气温度稍低。通过建筑的各个层面，温度下降的速度并不一致，这取决于材料的热阻值，直到墙壁较冷的一侧又被空气膜所覆盖，并且比空气稍微温暖一些。

墙壁温度降至该位置露点温度之下时，水蒸气在墙壁内凝结，进而破坏墙壁内部结构。空气中的水蒸气凝结成水滴，蒸气压稍微下降，水蒸气一直从周围蒸气压高的区域向凝结的区域补充。由此形成持续的冷凝现象，除非墙壁两侧的压力差或两侧的温度差降至足以使冷凝停止的状态。因墙壁漏气而侵入的水蒸气可导致相同的问题，结果是墙壁被完全浸湿，隔热材料浸泡在水中或在其吸收水分的压力下发生塌陷。在这种情况下，隔热材料完全失效。墙壁快速传热，建筑需要更多的燃料来补充室内的热量损失。墙体结构的腐坏是墙体内水蒸气凝结的副作用，更严重的是，这些问题大多发生在墙体内部，直到造成建筑结构性破坏才会被人们发现。

当迁移的水蒸气遇到不透气的表面时（如刷有油漆的外墙面），蒸气压引起“起泡”现象，即油漆涂层在墙体表面鼓起。厨房与卫生间的外部墙体表面油漆剥落，是因为内侧蒸气压高于外侧蒸气压所造成的。

为了避免发生这些问题，最好的补救办法是设置水蒸气阻滞层（防潮层或隔气层），这些材料由连续不间断的不透气聚乙烯塑料或金属箔片构成。为了在房屋施工过程中取得良好的效果，应当在保温侧安装完成后，在天花板结构内侧设置防潮层，接缝处用胶带或乳胶密封。防潮层防止水蒸气进入壁腔，使墙壁内的露点远低于周边空气温度（图 8.23），以防水蒸气在墙体内部凝结。出现此类问题的旧建筑，通常不适合在墙壁内设置防潮层，最好的办法是堵塞墙上的空气漏洞，或在高温侧刷油漆（使用特别的防潮涂料）。

滴水后的冷水管道应做好保温隔热处理，并用塑料或金属封闭，以阻隔水蒸气的侵入。水管外部包裹的保温构造温度远高于露点温度，以有效阻止水蒸气进入隔热层并在其内部冷凝。

厕所中的水箱应设置泡沫塑料封闭衬套，衬套将水箱外表面的温度升高至露点以上。陶瓷水箱可作为防潮层。

气密性良好的窗户应安装第二层玻璃，形成空气间隔热层，将温度升高至露点以上。第二层玻璃可以使用防风窗玻璃，也可以是双层玻璃组件的一部分。

防潮层一般设置在建筑的高温侧。寒冷地区的建筑，防潮层通常设置在建筑内侧，而热带气候条件下人工制冷的建筑，防潮层则设置在建筑外侧。气候温和地区的建筑，室内外既不冷也不热，不必设置防潮层。

卷材房顶在冬季经常出现水蒸气问题。屋顶直接与冷空气接触，卷材一般用在屋顶上层，以保证建筑免受雨雪侵袭（图 8.24）。卷材是一种非常有效的防水材料，但屋顶上层并非建筑的高温侧，如果屋顶下层温度较高的一侧未设置防潮层，那么房顶上的卷材会因室内蒸气压的作用而开裂，屋顶的保温层和结构层容易积水。如果在高温侧单独铺设一层防潮材料，那么施工过程中的雨水或混凝土湿作业中残留的水分就会被困在两层防潮材料之间，从而导致水蒸气的留滞。过去，人们对这个问题常常无计可施，但随着硬质防水泡沫保温材料的广泛使用，倒置屋顶构造成为可能（图 8.25）。防水卷材

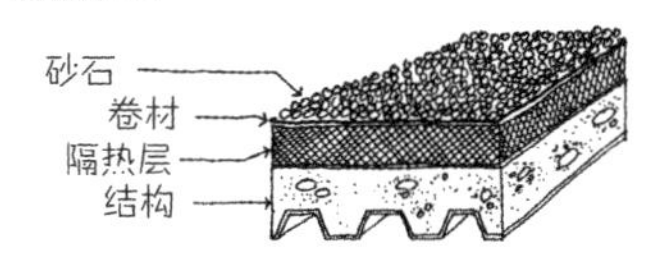

图 8.24

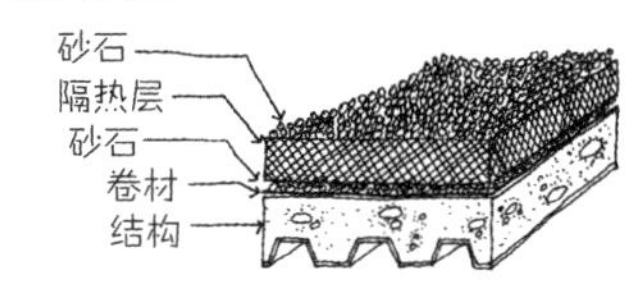

图 8.25

直接铺设在屋顶板上层，然后将硬质泡沫板贴在卷材上，最后在最上层铺设砾石，使其免受太阳直射。在倒置屋顶构造中，卷材接近温暖的一侧，免受剧烈蒸气压的侵扰，使温度远高于露点。这样做还可以保护卷材免受外界高温或太阳光线对盖膜的破坏。

气密性

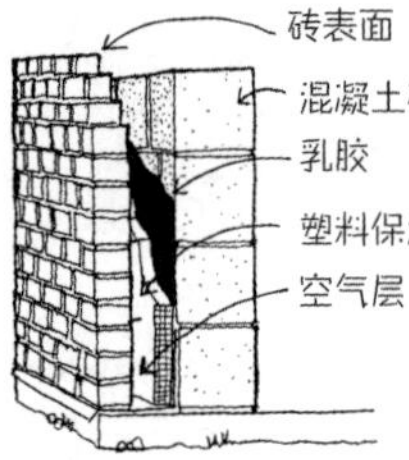

图 8.26

在屋顶和墙体的空气渗透中，热量损失通过以下两种方式发生：一是室内外冷热空气的交换，二是水蒸气在温度较低的区域冷凝。因此大多数建筑规范要求墙体和屋顶设置气密层。不同的建筑采用不同的气密层构造措施。在砖墙结构中，通常在墙体空腔内的砖表面刷一层乳胶（图 8.26）。在框架结构建筑的墙体中，通常在墙面装饰材料内部粘贴连续的薄片材料。确保正常运行，气密层不能使气流通过，因其安装在墙体的低温侧，水蒸气必然侵入墙体。因此某些隔气层材料针对这一特性进行特殊的设计，确保隔气层附着在墙体的高温侧，并起到防潮层的作用。

温度感受

我们有必要讨论一下建筑构件另一个重要的热力学特征——人们触摸各种建筑材料时的温度感受。这一特性在选择天花板和墙体外表面材料时意义不大，因为人们很少触摸它们。但在人们选择地板、桌椅、沙发及床上用品等材料时，热舒适度是一个非常重要的因素。大多数人依靠直觉和主观感受来选择材料。例如，在寒冷的冬天，人们在公园里寻找座椅时会选择花岗岩石凳还是木凳？刚洗完热水澡，希望一步踏到瓷砖上还是防滑垫上？儿童游戏室应使用水泥地板还是木质地板？

触感温暖的材料，如木材、地毯、室内装饰品、床上用品等都是低热容、高热阻的材料。由于热传导作用迅速使其表面温度很快能达到与人体皮肤相近的温度，因此人们觉得这种材料比较温暖。而高热容、低热阻的材料令人感到寒冷，触摸金属、石头、石膏、水泥或砖头等表面时，面积较大、温度较低的材料迅速从人体表面吸收热量。最典型的例子是身处 22℃的房间和 22℃浴室的差别，在房间里人们感到温暖、舒适，而在浴室里人们感到寒冷、不适。空气导热很慢，热容较低，水则正好相反。人在 22℃的空气中，热量损失缓慢，而在 22℃的水中，热量会快速流失。同理，人们光脚站在 22℃铺有地毯的地板上感到非常舒适，但对于混凝土地板，必须使用电暖炉、热水管或太阳辐射将其加热到更高的温度。

拓展阅读

B. Givoni. *Man, Climate and Architecture.* New York, Elsevier, 1969, PP. 96—155.

9

控制热辐射

建筑在确保热舒适度方面的重要作用是控制热量从人体到外界或外界到人体的辐射。建筑必须保护人体免受过量太阳光或被阳光晒热物体所产生的强烈热辐射，同时保证人体的热量不会过多地辐射到寒冷的室外环境中。人体与建筑内表面不断地发生热量交换，建筑表面的温度应具有可调节性，以确保人体感到舒适。为了保证居住空间拥有令人舒适的温度，应对热辐射进行主动调节。

辐射强度与距离辐射源的距离

热辐射包含以红外波长存在的电磁能量，特性与可见光非常相似。一个热源点，如白炽灯向附近的物体散发热量，散热速度与灯丝和物体之间距离的平方成反比（图 9.1，太阳向地球传递热量也遵循这个规律）。将手贴近灯体，会感到很高的红外热量；把手移开一些，几乎感觉不到热效应。

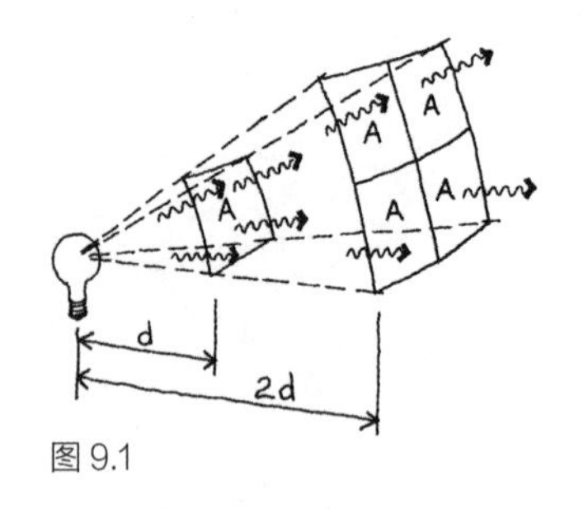

图 9.1

如果把灯泡放置在曲面反射镜前，灯丝的大部分光线被集中在有中等辐射强度的平行光束中（图 9.2）。在这个光束内，除了能量部分被空气中的尘埃或空气吸收，不考虑距离因素，辐射流的速度是恒定的。

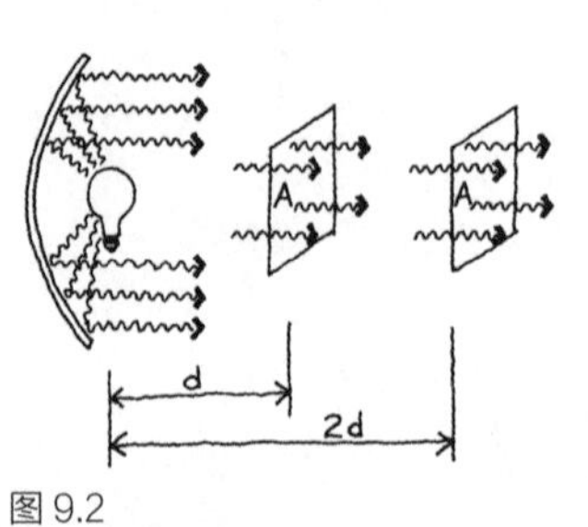

图 9.2

面积无限大的表面也向定点物体进行辐射，辐射强度与距离无关。在撒哈拉沙漠上空 150 米飞行的小鸟，受到沙子热辐射的强度与徒步旅行者自地面受到的辐射强度相同。

平均辐射温度

人被不同表面温度的物体包围。假设我们坐在有软垫的高靠背椅子上，右边是温暖的火炉，透过左边的大窗能看到冰封的湖泊（图 9.3）。椅子可作为辐射的屏障，在我们背后不产生大量的辐射交换。火焰和燃烧的煤炭温度很高，体积大于热源点、小于迅速向身体散发热量的大范围的热源面。窗户面积较大且表面寒冷，因而身体的热量向窗户散发。天花板的面积更大，表面温度低于人体，也会造成身体热量的净流失，地板和墙壁具有类似的冷却效果。在这种情况下，尚不清楚身体是在吸收还是散发热量。

图 9.3

为了评估整体的净辐射流，必须测量每个表面（火焰、窗户、天花板、墙壁和地板）的温度及其以人体为中心的球面度。表面获得的平均辐射温度是周围每个表面的平均温度，衡量尺度由每个表面对向的球体角度和散发的热量而定。在上述示例中，大约 40% 的热量被椅子阻挡，而身体只"看到"3% 的热量景象（图 9.4）。冷窗表面可能占 15%，其余则被天花板、墙壁和地板等平分。炉火是向身体辐射热量的唯一热源，与身体所成的球面角度仅占 3%，如果想克服身体周围 57% 的寒冷表面的冷却效应，炉火的表面温度必须非常高。

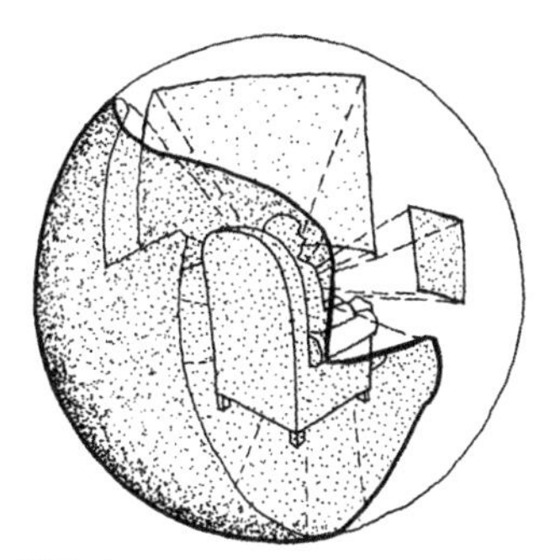

图 9.4

平均辐射温度并不能充分评定环境中辐射状况所达到的热舒适度。每个人都有过这样的体验：在寒冷的夜里，我们一边烤着篝火，一边忍受寒冷的侵袭。平均辐射温度在这个例子中比较适宜，这种评定方法不太适合衡量人体的热表面分布情况（图 9.5）。

为了防止身体某个部位得到或损失过多的热量，人体暴露在外的表面必须达到温度平衡；对流、传导和蒸发过程中产生的热量增益或损失同样应达到一定的平衡。在寒

图 9.5

冷的冬天，如果建筑没有隔热的墙壁或巨大的窗户，无论房间内是否生火炉，人仍会感觉不适，这是因为人体向建筑巨大而寒冷的表面散发过多的热量。同理，在炎热的夏季，如果人直接暴露于阳光下，即使开着空调也不会感觉舒适。如果冬季室内的平均辐射温度较高，空气温度可能稍微降低，因此需要增加建筑的封闭性，以减少热量损失，并节省供热燃料。在夏天，高热容的建筑通常对降低室内表面温度起到一定的调节作用，因此在外界温度很高时，人在室内仍感觉比较舒适，制冷的成本也会降低。

调节辐射温度

如果想提高室内特定位置的平均辐射温度，建议采取以下措施：

（1）使该位置获得阳光直射。太阳作为一种热源通常变幻无常，但却舒适、廉价。正如猫和狗在冬日明媚的阳光里晒太阳、打盹儿一样，人类利用太阳能几乎是出于本能。

（2）在墙壁、天花板或多层玻璃中安装隔热装置，或在窗户上安装隔热窗帘、百叶窗来协助建筑的供暖系统，升高建筑内表面的温度。建筑良好的隔热性能有利于提高室内热舒适性。

（3）安装反射能力较强的表面材料，将人体辐射出来的热量再返回人体。这种方法并不常用，但随着能源日益稀缺，未来将有很大的应用潜力，尤其是运用于家具设计中，值得建筑师和家具设计师共同探索。

（4）将面积较大的表面（如地板和天花板）加热到略高于人体的温度。

（5）将面积较小的表面（如气体加热瓷砖、电热炉或壁炉）加热到高于人体几百度的温度。

我们将对最后两个方案进行进一步阐述。最普遍的做法是加热地板和天花板，通常使用电阻电线加热通过多个管道循环的气体，或加热通过塑料盘管循环的水（不考虑加热墙壁的方法，因为我们经常在墙上挂东西）。过去，辐射供暖地板必须将铜管嵌入混凝土；近年来，得益于塑料管道的供暖系统，木地板也可作为辐射热源。地板供暖系统更具吸引力，通过热传导来温暖脚部，并通过对流均匀地升高室内空气温度。同时，它也有很多局限性，例如，写字台和办公桌投射的红外线阴影，影响手臂接收地暖的辐射热量（图 9.6），地暖系统的效率还受到地毯的影响。地板材料通常具有相当大的热容量，无法对室内取暖微小或突然的变化做出快速的响应。

图 9.6

吊顶系统也存在相应的问题，受天花板加热的气体往往留在室内上层，导致整体加热效率降低，并在地板上形成一层冷空气，写字台和办公桌投射的红外线阴影使这一缺陷更加明显（图 9.7）。

图 9.7

带有聚焦反射镜的小型高温红外热源，如果安装后没有投射阴影的阻挡，加热效率非常高。这种热源在无法维持高气温的地方特别有用，例如，在大型工业建筑和户外环境中，可以随时提供热量，并精确照射到需要热量的部位（图 9.8）。火炉并非高效的辐射热源，因其辐射是全方位的，热量的转化需要消耗大量燃料，这些燃料大多转化为热空气而不是热辐射。

由于红外热源与太阳辐射热量的过程相似，无论其热量来自低温源还是高温源，对裸露的皮肤来说都是非常舒适的，因此该系统特别适用于游泳馆、淋浴房、卫生间等场所。

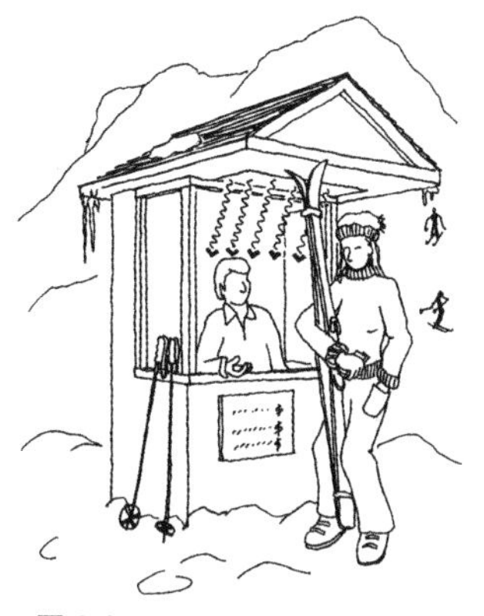
图 9.8

辐射冷却

比起升高温度，降低室内空间平均辐射温度的方法更加有限。我们可以轻易地将灯丝或气体火焰加热到比人体高上千度，甚至更高的温度，却不能让身体面向温度极低的表面来降低身体温度。因为在人体温度与绝对零度之间存在几百度的温差，建造、运营过程中的低温装置成本十分高昂。另外，极冷的表面迅速将空气中的水蒸气凝结成霜，由于霜的隔热性，极冷的表面会丧失制冷效果。夏季，即使一般的低温表面也会结霜，因此除非将湿度控制在不会结冰的水平，不对地板和天花板做降温处理。通常，人们对屋顶、墙壁和窗户进行遮阳处理，使室内全天保持凉爽。有时，还可以将建筑向夜空敞开，使人体和建筑的热表面向太空辐射热量。

采取这些措施可以控制平均辐射温度的升高或下降。在实施过程中必须利用建筑外墙，并考虑其与外部热力的相互作用。其中，最重要的是太阳和地球热辐射的流入和夜间热辐射的外流。

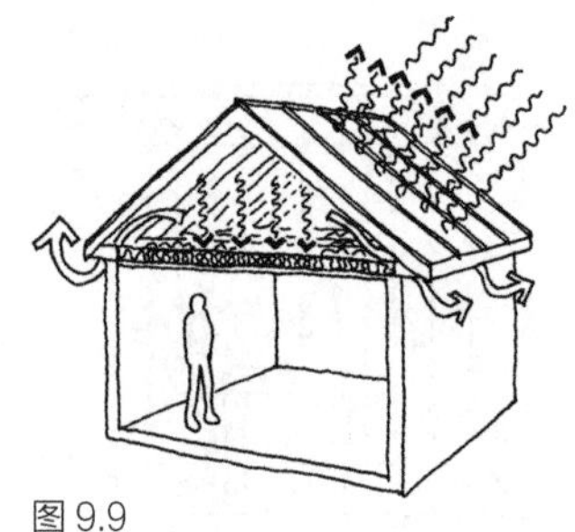

图 9.9

屋顶是抵御夏季太阳辐射过度摄入的主要构件，特别是在阳光垂直射入的热带地区。屋顶表面对调节室内温度是十分重要的。在阳光照射下，具有较高红外线反射功能的屋顶表面很少被太阳加热，而红外吸收性屋顶的表面温度可以达到极高的温度。巧妙利用屋顶结构的热阻性、热容量以及采用一些通风措施，有助于减少屋顶到天花板之间的热量传输（图 9.9）。屋顶为坡屋顶时，如果设计得当，热空气的对流通风可以带走热量（图 9.10）。

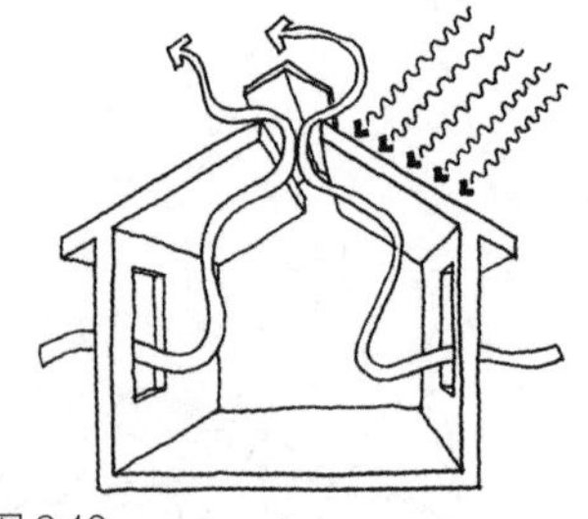

图 9.10

在热带地区，南墙和北墙接收的太阳辐射相对较小，东墙和西墙需要采用上述屋顶材料进行防护（图 9.11）。在偏北地区，屋顶、东西墙和南墙均需要进行防晒处理。对于低矮的建筑，人们倾向于种植落叶乔木和藤蔓植物来对建筑进行防晒处理，树木的叶子在冬天凋落，使冬季阳光直接照射在建筑上。房顶上方的遮阳装置可以防止南向墙面接收过多的阳光，而冬天太阳高度较低，照射至南墙的阳光不会过多地受遮阳装置的影响（图 9.12、图 9.13）。

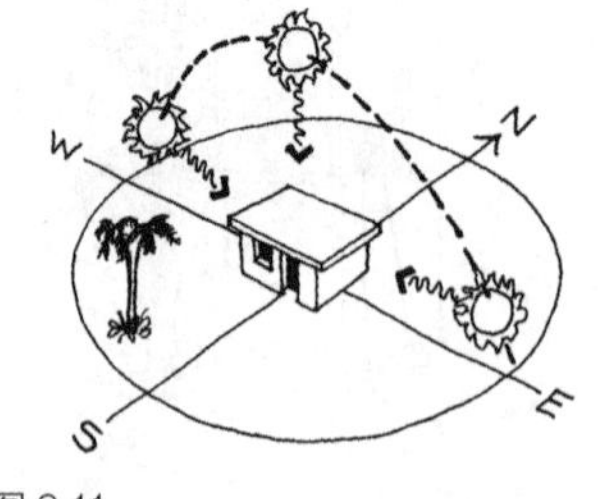

图 9.11

在冬季，屋顶和墙壁吸收的太阳辐射有利于补充室内热量，但有些设计师经常被误导，不对建筑南向墙面进行隔热处理。在多云的天气或日照时长较短的冬季，建筑一天中接收的太阳辐射相对较少；在北方，在 3/4 的时间内南向的墙面损失的热量多于吸收的热量。因此应对南向墙面进行保温、隔热处理，通过南向大窗吸收太阳辐射是非常有效的。在没有阳光照射的情况下，用百叶窗、大型窗帘或反射长波红外线的屏障对南向墙面进行封闭，以阻止热量损耗。太阳出来时，隔热良好的墙壁无法接收更多的热量，由于太阳能对其外侧进行加热，从而减少了热量的损失。

在夏季，用来减少建筑热量吸收的高反射外表面，因辐射热量的速度较低，冬季同样可以用来减少建筑的热量损失。目前仅镀光金属广泛应用于建筑，白色油漆虽然可以很好地阻止太阳辐射的摄入，但在冬季几乎不会减缓建筑内热量的损失。

在夏季，射入窗户的阳光在建筑内产生不受欢迎的加热效应，能够加热室内的表面和房间内的空气，并向居住者辐射热量。如果条件允许，最好利用树木、葡萄藤、房顶的悬挑、遮板或雨棚等构造进行遮光处理（图 9.14）。由此，建筑吸收的热量被遮阳装置再次辐射出去，并且大

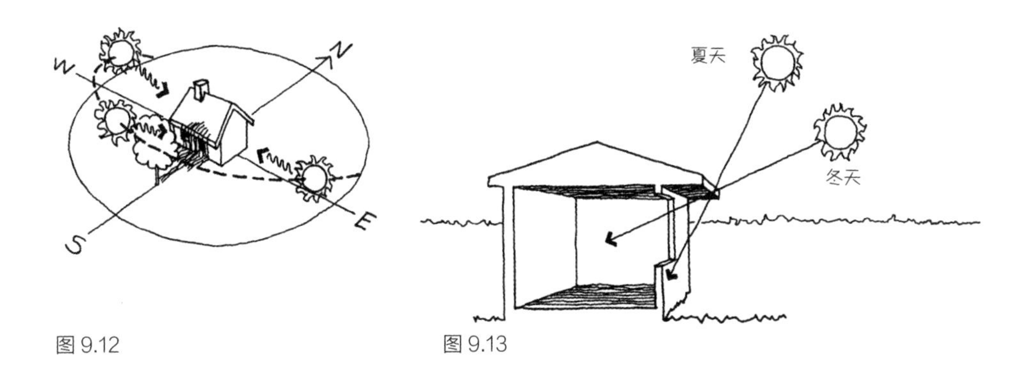

图 9.12

图 9.13

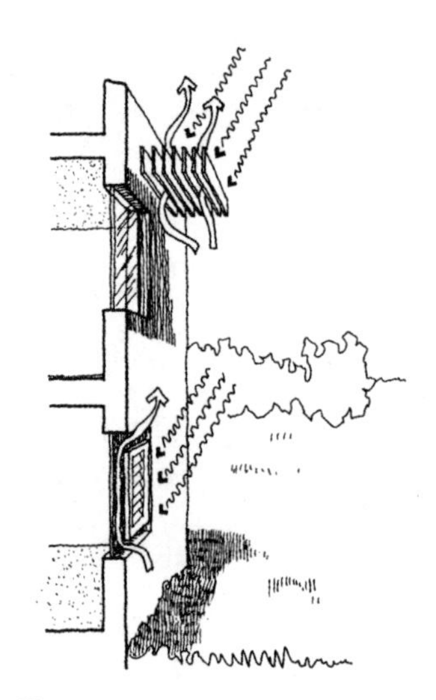
图 9.14

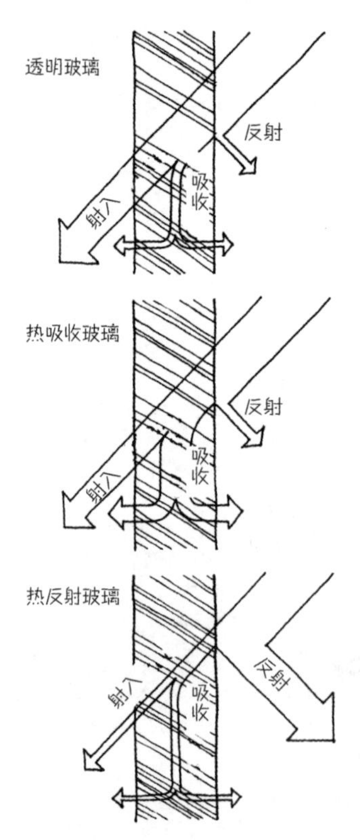

图 9.15

部分热量将对流空气带至室外。但室外的遮阳装置难以从建筑内部进行调整，且容易受到自然破坏。此外，有些设计师并不希望其出现在建筑外立面中，因此常采用卷帘、百叶窗和窗帘等遮阳装置。这些室内遮阳装置的作用主要是将吸收的太阳辐射转化为室内空气中的对流热量，同时防止太阳辐射直接照射到人体和家具上。因此室内遮阳装置在减少室内的太阳热量方面相对无效，但可以避免居住者受太阳高辐射热量的影响，并减少直射阳光下产生的视觉眩光。

普通的窗户玻璃能够输送 80% 的太阳红外辐射，但从温暖的室内表面吸收大部分长波红外热量。冬季，这些被吸收的能量大部分通过玻璃与外界空气的对流作用损失掉，可以防止室内被太阳加热的热空气流向室外。基于这个原因，温室、停在阳光下的汽车和平板太阳能集热器能在夏季聚集大量热量。

在建筑中，人们经常使用吸热玻璃和热反射玻璃来减少夏季空调的负荷。吸热玻璃通常为灰色或棕色，不像书中记载的吸收太阳能的效力那么强大。例如，玻璃吸收 60% 太阳热量，并不意味着只有 40% 的热量传送到室内，被吸收的 60% 的热量有其去处，其中一半通过对流进入室内，另一半流向室外，实际上减少的太阳辐射仅为 30%（图 9.15）。通常，这样的减少幅度已足够。效力更高的热反射玻璃可以反射大部分太阳热量，而不吸收热量，但大型反射玻璃幕墙反射大量阳光，使临近的建筑或室外温度急剧升高，并对临近街道和开放空间造成眩光污染。设计师在使用反射玻璃时必须准确判断，慎重决定。

对建筑的窗户朝向进行充分考量，可以避免诸多问题。在北半球的中纬度地区，北向窗户在一年四季向室外散发热量，冬季尤为严重；在夏季，阳光在早上直接照向东向窗户，因此东向房间可以快速获得热量，从而补充夜晚损失的热量。南向窗户在一天中的大多数时间吸收太阳热量，但由于夏季太阳高度角较高，获得的热量强度并不大。在冬季，太阳高度角降低，更多的阳光可以射入房间，使人感到温暖而舒适。在夏季的午后，西向窗户迅速吸收热量，让温暖的房间快速升温。这种效果对西向卧室尤为不利，在建筑西侧种植树木或在窗户上设置遮阳装置可以改善西晒问题。如果不使用外部遮阳装置，则应尽量避免在西向和东向开窗。

在晴朗、干燥的夜晚，建筑向外的辐射流最为剧烈，特别在与夜空直接接触的屋顶表面。屋顶材料通过夜间的辐射降温，温度明显低于周围温度。在晴朗、干燥的夏季，水在夜间通过与屋顶的接触进行冷却，然后存储在水池内，白天帮助建筑降温。在空气湿度足够低的情况下，建筑表面可以直接用水冷却，水可以吸收机械空调系统线圈内的热量。

更直接利用夜间辐射降温的方法是在炎热、干燥的气候条件下建造高热容屋顶，高热容的屋顶在夜间迅速散热。然而，最直接的做法是夏天睡在户外，世界上许多地区的平屋顶上发生过类似的事情：人们将身体的热量排放到夜空，克服空气的热效应（图 9.16）。

图 9.16

由于玻璃和大部分塑料对长波热辐射具有通透性，因此无论关闭的窗户还是用玻璃包裹的太阳能集热器向夜空辐射热量的效率都很低。开窗比关窗更为有效，通常与窗户直接接触的是树木、土地和周围的建筑，而非凉爽的天空。太阳能集热器的黑色面板直接与天空接触，除非去掉上层玻璃面板，否则降温效率仍很低。或许，在所有简易的辐射冷却装置中最有效的是在平屋顶上设置水池。水只和天空直接接触，水池表面额外的蒸发作用加强了辐射冷却的效果。

拓展阅读

J. F. van Straaten. *Thermal Performance of Buildings.* New York，Elsevier, 1967.

10 空气温度和湿度

空气温度和湿度对热舒适度起到的作用很容易理解。在寒冷的空气中，人体快速释放热量，以达到舒适状态；在温暖的空气中，热量损失的速度相对缓慢。如果空气湿度较大，皮肤向外散热很慢；如果空气湿度过小，皮肤和呼吸道表面感到干燥，会出现令人讨厌的静电。因此人们希望建筑在微小的容差范围内像调节热辐射和空气流动那样调节空气温度和湿度，以及热辐射和空气流动。

空气温度和湿度的被动调节

未采用任何机械加热和制冷系统的建筑外围护结构，也对调节室内空气温度和湿度发挥很大的作用。如果建筑设计使其免受地面返潮和雨水的侵扰，就能降低室内湿度。此外，室内湿度还取决于室内对室外不同湿度的空气的吸收、居住者产生的湿气，以及建筑外墙内空气的温度。气温升高将导致空气湿度降低。有时，空气中的水蒸气在寒冷的建筑表面凝结，如窗户玻璃、水管、地下室墙面和混凝土地板等，从而降低温度。

在没有供暖和制冷装置的建筑中，空气温度受到多种因素的影响。以下为热量进入建筑的主要途径：

•居住者的新陈代谢释放（尤其是在教室、体育馆和商店等人流量较大的场所）。

•人类活动产生的热量（如烹饪、沐浴、发动机器以

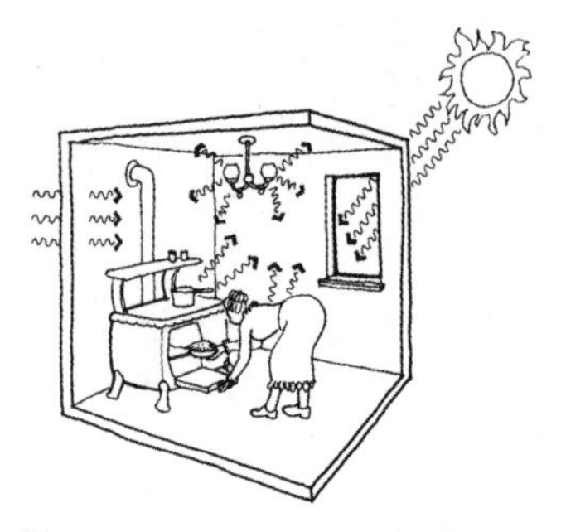
图 10.1

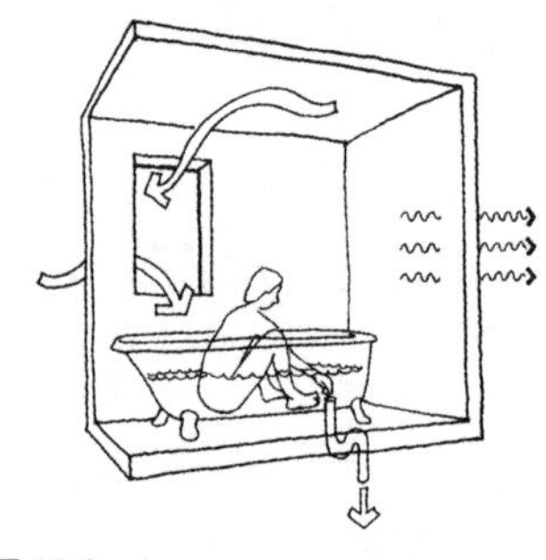
图 10.2

及照明装置都是产生热量的行为）。

•通过直接的太阳辐射，尤其是通过窗户及其他建筑开口直射的阳光。

•通过太阳热量从地面上的辐射。

•通过墙壁、窗户与屋顶进行的从外向内的热传导。

•通过门窗和通风系统进入的外部热空气（图 10.1）。

以下为建筑释放热量的主要途径：

•排气装置将热空气排放到室外。

•向外界空气进行热传导。

•向较冷的室外辐射热量，尤其是向夜空辐射热量。

•将加热的废水排至下水道（图 10.2）。

这些热源和热流的效能对建筑内部空气温度的影响主要取决于建筑外墙结构的热性能。设计师应考虑外墙的两个参数——热阻和热容，通过这两个参数，可以得出四种截然不同的热性能（图 10.3）。

（1）高热阻、高热容（将大型混凝土建筑包裹在保温材料中）。

（2）高热阻、低热容（经保温处理的木建筑）。

（3）低热阻、高热容（未经保温处理的混凝土建筑）。

（4）低热阻、低热容（未经保温处理的木建筑）。

组合（1）的建筑相较于其内部热源升温缓慢，温度达到平衡之后，如果热源发生变化，温度的波动并不明显，几乎不受外界条件的影响。组合（2）中的建筑同样受外界条件的影响较小，内部温度的升高十分迅速且变动幅度很大。组合（3）中的建筑受外界条件的影响较大，温度变化缓慢且增幅不明显。组合（4）是未经保温处理的木结构建筑，空气温度的优势与防风的室外空间相比并无明显区别，在任何时间，室内空气温度很快调节至与室外温度接近的数值。这四种组合是极其简化的模型，设计师在

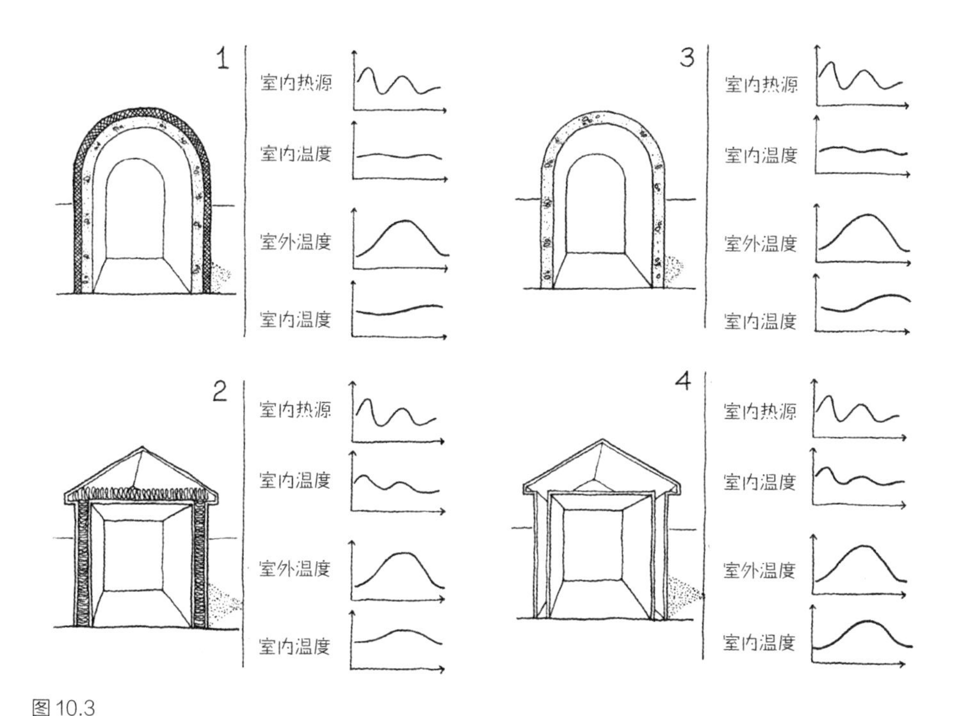

图 10.3

调节室内温度时可以考虑更多的参数，但热阻和热容是最有效的变量参数。

假设有一栋没有供暖设备且只经过基本保温处理的木质建筑，南向有一扇双层玻璃窗户，在寒冷而晴朗的冬日，外界环境对该建筑温度会产生何种影响？（图 10.4）夜晚，室外温度要低于室内温度，玻璃表面温度比室内低很多。室内空气接近这些表面时，空气频繁受冷。这时，空气沿四周墙壁下降，并损失更多热量，进而在地面形成一层低温空气。热空气在房间中部上升，以补充上层的空气，这些热空气被天花板和墙壁冷却，然后沉降至地板周围。接近天花板的温度高于接近地板的温度，房间越高，分层越明显。黎明，储存在空气中以及建筑室内材料中的热量消耗殆尽，室内温度逐渐接近室外温度。

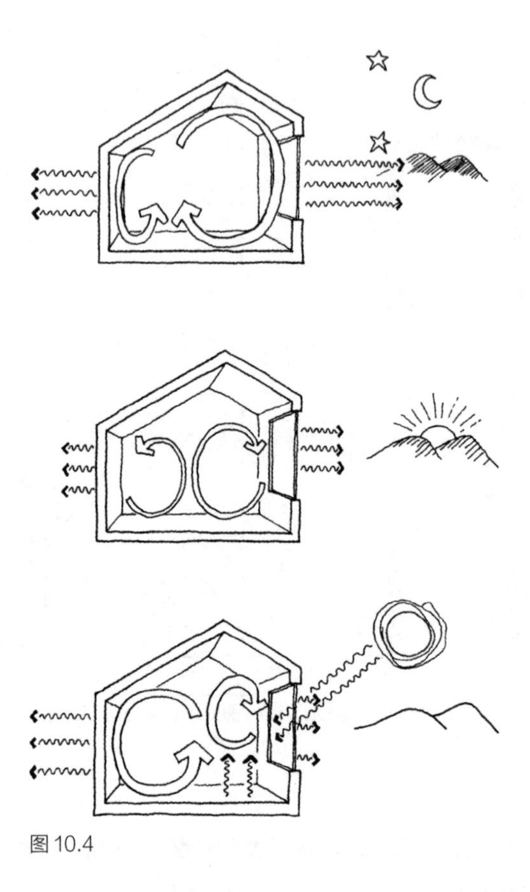

图 10.4

太阳升起后，室外气温慢慢回升，建筑东向和南向的外部表面最先受到太阳的直接照射，温度逐渐升高。这些新增热量仍通过表面对流释放到寒冷的空气中，但该过程以及室外温度的回升减缓了室内热量通过墙壁和屋顶向外传导的速度。建筑内部的热量持续、缓慢地向外界流失，同时，阳光从窗户射入，直接照射在墙壁和地板上，使其升温。这些升温的表面加热了临近的空气，室内较冷的空气下降，对其进行补充，然后被加热上升，由此形成了新的对流模式，空气在受阳光照射的表面上升，在远离太阳的墙面以及较冷的玻璃表面下降。室内温度不断上升，在午后达到顶峰。夕阳西下，室外温度下降，建筑开始向夜空辐射热量，建筑内部温度逐渐下降。

以下几种方式可以显著改善建筑外墙的热性能。首先，使用永久性的保温材料或地毯、挂毯、窗帘等，阻隔外部冷空气，以降低建筑内部的热量损失。其次，通过缩小建筑外露的表面积进一步减少热量损失，可以通过调整建筑的体积比例来实现。接近立方体或球体是较理想的方案，过度减少建筑的外露面积，则可能减少可接收太阳热量的玻璃面积。此外，将建筑紧紧夹在两栋受热建筑之间，有助于提高其热性能（图 10.5）。在窗户前悬挂厚厚的窗帘，或在没有太阳时合上百叶窗，也可以减缓热量通过玻璃向外传导的速度。加大开窗面积可以获得更多的太阳辐射，但扩大开窗面积可能导致正午时室内过热，除非建筑内部的热容量可以保证白天吸收并储存的热量在夜间释放出来。通过上述方法，在晴天，室内的温度循环有很大的不同；在阴天，室内热量来自透过窗户的云层漫射光，热能十分缓慢，因此建筑在一天中始终保持凉爽。

图 10.5

主动采暖措施

如果在简单的建筑中安装一个加热装置，会为对流循环模式添加一股强劲的上升气流。如果将装置（通常为存有热水的管道）安装在已有微弱上升气流的房间中，则会加速现有的室内空气循环，并升高空气温度（图 10.6）。由于来自窗户和墙壁表面的寒冷下降气流，供暖装置很难对地板进行加热，如果将供热装置安置在窗户下方，上升的热空气可以抵挡冷风渗透所带来的强烈的下降气流，阻止其在地板上汇集（图 10.7）。通过这种方式减慢热空气上升速度，形成更温和的循环模式，以免热空气在难以利用的天花板附近堆积。建筑外墙的隔热性能越好，空气对流越弱，在窗户下方设置供热装置就显得不那么重要了。

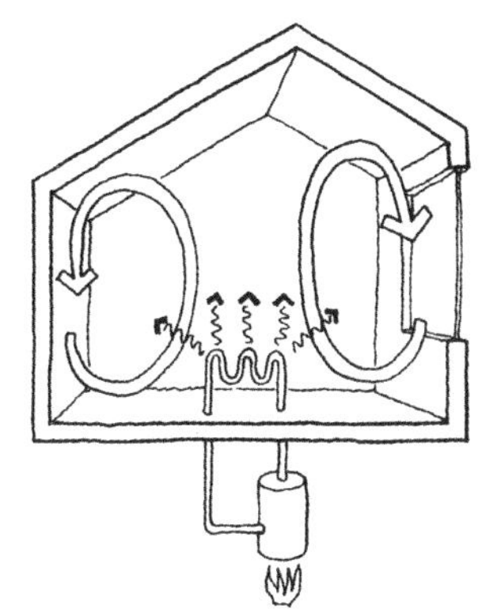

图 10.6

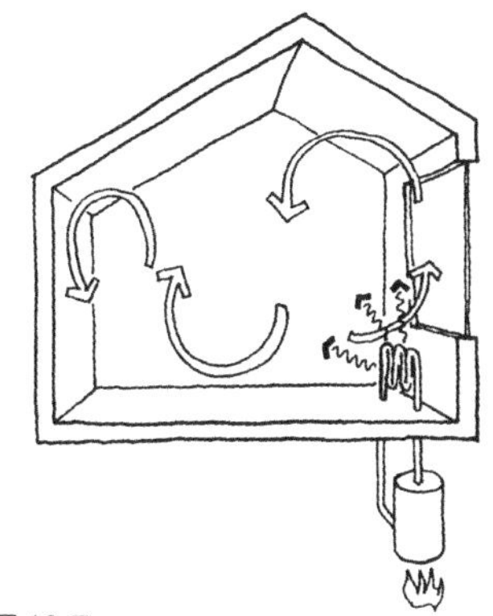

图 10.7

采暖设备的发热量与室内的热舒适度有很大关系。假如在一定的室内温度条件和天气下，室内每小时损失

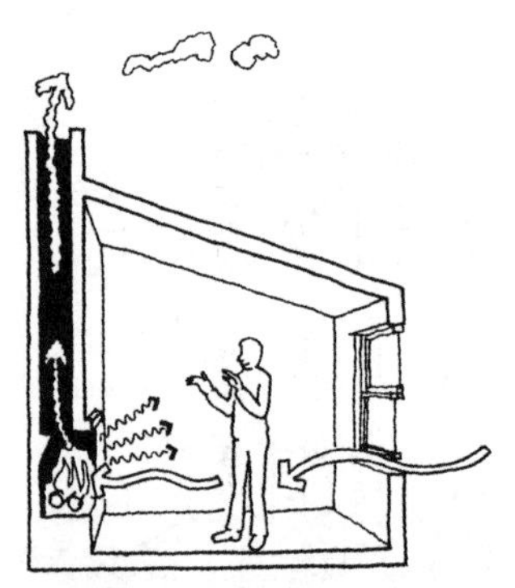
图 10.8

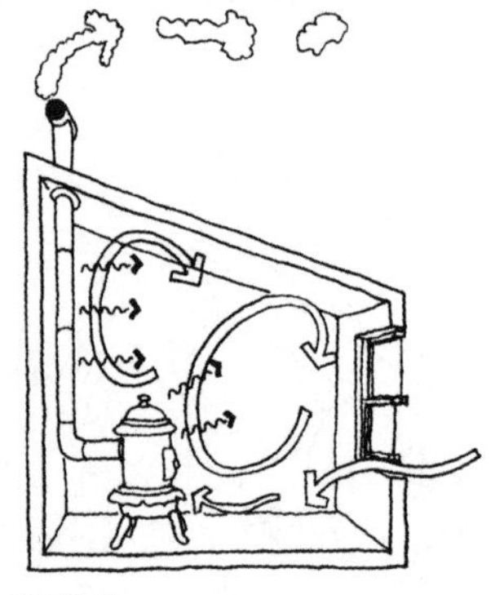
图 10.9

5000 千焦的热量，那么必须向室内补充相等的热量。如果采暖装备以每小时 10 000 千焦的速度发热，则该设备仅需运行 50% 的时间。有时采用 10 分钟开启、10 分钟关闭的间隔循环方式，在设备运行 10 分钟内，室内平均温度从略低于室内最佳温度上升至略高于室内的最佳温度，同时有效阻止寒冷气流下沉。在关闭设备 10 分钟内，室内平均温度回落，略低于室内最佳温度之后，可重新启动采暖设备。这种方式并不能有效改善居住者的热舒适度，房间中的热空气向天花板流动，而密度较大的寒冷空气汇集在地面附近，人的脚和在地上玩耍的孩子会感到非常寒冷。最佳方案是将采暖设备的发热效率调至每小时 5000 千焦，并使其持续运行，以防冷气流和不均匀的温度分布。

供热燃料

如今，人们使用各式各样的采暖设备和供暖系统，最原始、最熟悉的是用木头和煤炭生火，这种采暖方式主要通过热辐射，大部分热量被吸入烟囱的空气带走（图 10.8）。金属和陶瓷材质的封闭火炉在热辐射和对流方面效率更高，一些现代温控火炉同样具有很高的发热效率（图 10.9）。损失在烟囱中的热量相对较低，正如明火一样，除非供燃烧的空气可以直接从室外输送至火焰底部，否则通过吸入室内空气以供燃烧的方式损失大量热量。如果一个房间没有独立的燃烧供气设备，空气无法通过门窗渗入室内，明火或炉子很容易冒烟，室内会严重缺氧。

电阻加热器便于安装、易于控制，且有多个档位，所产生的辐射和对流热量可以满足各种需求，无须助燃气体，热量不会散失到室外。但它有一个致命缺点，电力成本比其他燃料要大，除非使用便宜的水力发电。煤炭曾经是中央供热系统的首选燃料，但煤炭从矿山中被开采出来，被运输到各个建筑，操作比较困难，并且在建筑内处理煤炭也十分麻烦。煤炭燃烧产生大量煤灰，必须及时清理、运走。将煤炭充分燃烧并非易事，因此在美国，煤炭作为取暖燃料已被天然气和石油取代了。

石油使用起来比煤炭燃料更便捷，燃烧也更清洁，因其可以直接从运输车辆中泵送到储油罐，然后从储油罐自动抽到燃炉内。天然气是最清洁、最易燃烧的燃料，一般通过安装在街道下面的管道直接泵送到燃炉。过去，大部分燃料气体是通过在当地净化煤炭产生的，并通过当地管道进行输送。现在，天然气比当地生产的人造气体使用得更加普遍，并且可以从千米之外的井口直接输送至用户家中。

太阳能供暖

太阳能作为一种极具吸引力的热能，成本低，无污染，可再生。太阳能也有一些缺点：到达建筑时的强度很低。冬季白昼时间短且多云，在供暖季只能在部分时间提供。对于大多数建筑，太阳能的可用性受到周围建筑、树木、地理特点以及自身朝向和地点的限制。

由于太阳辐射的强度相对较低，在太阳能系统中，建筑表面的大量面积用来采集热量。聚焦型太阳能采集器必须自动移动，以跟随太阳的运动轨迹，通常过于笨重和昂贵，无法应用在建筑中。相反，人们通常使用大面积的窗户或平板太阳能收集器来收集阳光。窗户和平板收集器虽然无法像聚焦型收集器那样高效，但能够聚集足够的热量，保证室内温度令人倍感舒适。

在北半球，如果使用太阳能供热系统，必须将太阳能收集器的方向向南调整几度，以便在冬季获取最大的热量（图 10.10）。为了避免冬天阳光充足时热量过大，并在夜间和没有太阳时储存热量，建筑外墙内必须具备储存热量的能力，可以使用石头、混凝土、水，或少量化学盐来实现。如果将这些储存热量的材料直接暴露于阳光中，该系统可以获得更高的运行效率。另外，屋顶挑檐或室外遮阳装置既可以在夏季阻挡阳光进入，又可以在冬季获得位置较低的阳光。

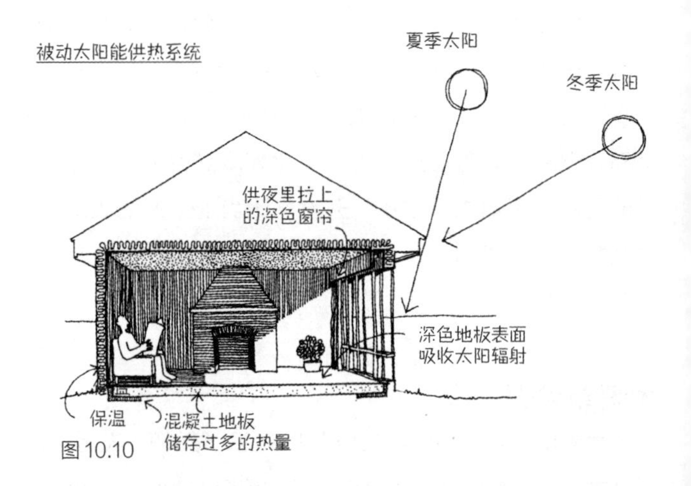

图 10.10

窗户的太阳能供热系统通常没有活动部件，所以将其归入“被动系统”。阳光直接照射到建筑占用空间的系统称为“主动系统”。主动系统有几个缺点：室内空气温度在很大的范围内波动；室内的直射阳光对于阅读或其他工作来说太亮，导致地毯、窗帘、木材等褪色和变质。

解决上述问题的方法是在建筑外部增加一个阳光间来收集太阳能（图 10.11）。太阳出来时，阳光间完全暴露于阳光下，变得异常炎热，这些余热可以通过对流或风扇引入建筑内部。阳光间内的温度高于人们生活中任何活动所需的温度，因此通常作为温室或日光浴室。阳光间内多余的热量可以储存在砖石墙壁、水池或底层岩石等蓄热体内，或通过对流或电风扇抽出。

另一种方法是在朝南的窗户内侧设置一堵特朗勃墙（以发明者命名），通常采用砖石、混凝土或装满水的容器来建造（图 10.12）。特朗勃墙可以遮挡、吸收并储存

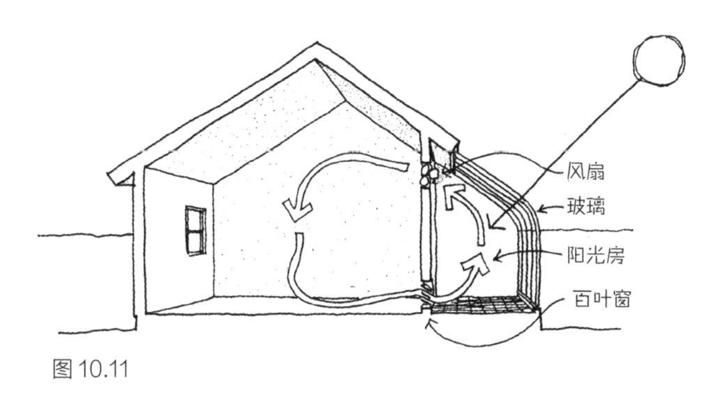

图 10.11

射入室内的太阳能，当室内的空气温度低于特朗勃墙时，热量从墙体中释放出来。

无论采用被动式太阳能供热方式增加开窗面积，还是因储热和隔热而封闭窗户，都无法严格地控制建筑内部的空气温度。在长时间阴天的环境中，这些措施不能替代传统的供热系统。如果将增设被动式太阳能供热系统的资金另作他用，可以在天花板、墙壁和地板上增加大量隔热材料、进行大面积的隔热处理，同时开一扇中等面积（最好朝南）的窗户，收集少量而有效的太阳能。这种超级隔热的阳光调节方式可以使建筑消耗的能源与被动式太阳能建筑相同，并更好地控制直射阳光和空气温度。

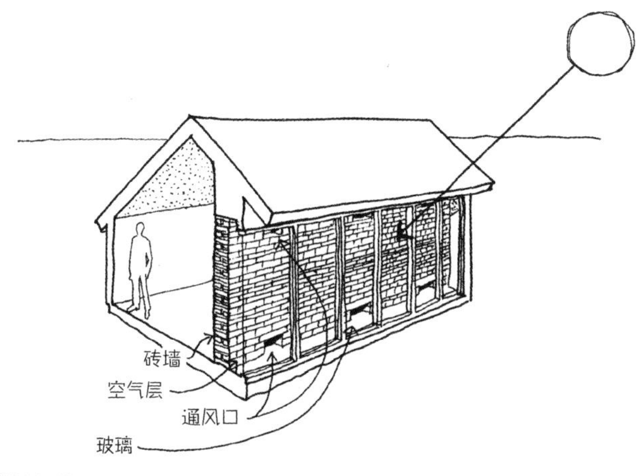

图 10.12

主动太阳能供热系统一般通过平板太阳能收集器泵送空气或液体，以运走吸收的热量（图 10.13）。热量被储存在建筑内部的保温容器中，通过这些媒介，建筑的供热分配系统按需获取热量。太阳能收集器通常安装在与冬季正午太阳光适当垂直的位置。收集器的结构非常简单：一两块玻璃或塑料盖板吸收阳光并存储热量，深色金属表面吸收热量，空气或液体穿过连接到金属表面的内部管道或导管以带走热量，封闭的后盖可以最大限度地减少热量浪费。

无论主动系统还是被动系统，打造一个在冬季各种条件下都能满足热量需求的太阳能系统几乎是不可能的。在冬季，一连几天的多云天气可能耗尽容器里收集的热量，因此必须配备一个备用系统，将化石燃料、木材或电力作为燃料。在没有太阳的时候，备用系统可以持续地为建筑供热，但费用比普通建筑要高。

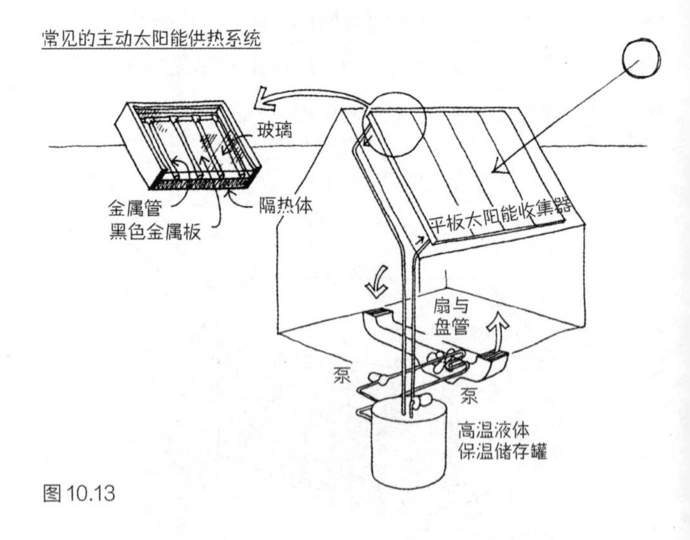

图 10.13

风能

风能仅在一年中较冷的月份最充足，并且刮风常常发生在夜晚，因此对大部分建筑来说，风能无法取代太阳能和化石燃料。除了个别情况，风是一种非常分散的能源，难以收集。即使隔热良好的小房子也需要很大的风车，而且维护成本高，也容易受到风暴的损坏，风车的费用总体上与建筑本身不相上下。

热量分配

热量可以通过多种媒介从中央热源分配到建筑的各个空间。水蒸气是一种非常普遍且被广泛使用的媒介，通过锅炉产生，在密封管道压力的作用下循环，通过铸铁散热器时凝结（实际作用是对流）。对流过程中隐藏在水蒸气中的热量散发到建筑的各个空间，凝结物随后返回管道系统，被泵送至锅炉（图 10.14）。水蒸气采暖系统比较高效，但精确控制它们也绝非易事，因为凝结的蒸气散发热量的速度非常快。

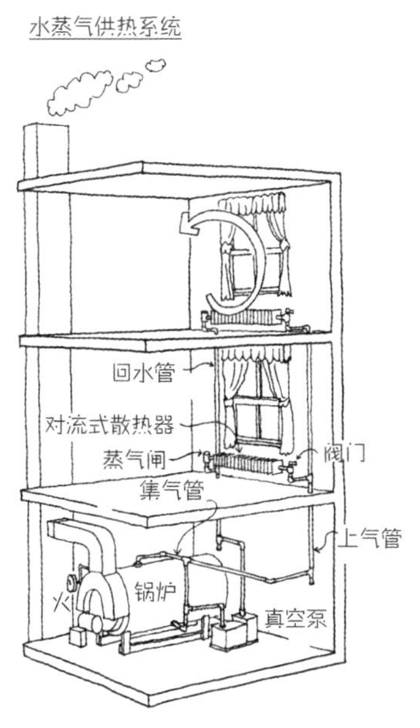

图 10.14

热水分配通常称为“水力循环采暖”，更容易控制（图 10.15）。由于传导到空气中的是水的潜在热量，而非水蒸气的潜在热量，因此在热量循环系统中，热水传热的多种性能均优于水蒸气传热。调节水温和水的循环速度，可以提高居住者的热舒适度。如果安装调试得当，热水系统可以是静音的。

用于热量分配的暖风系统并不像热水系统那样安静，尤其是在空气高速流动的情况下。如果无法经常维护清理，热风系统中的灰尘随着空气在建筑中传播。此外，与热水系统和蒸汽系统的管道相比，热风系统的管道体积庞大。暖风系统也有较大的优势：控制空气在室内流动，并更新空气。此优势在高层建筑中尤为明显。暖风系统的另一个特点是：可以通过同一个管道系统实现过滤、加湿、通风和冷却的功

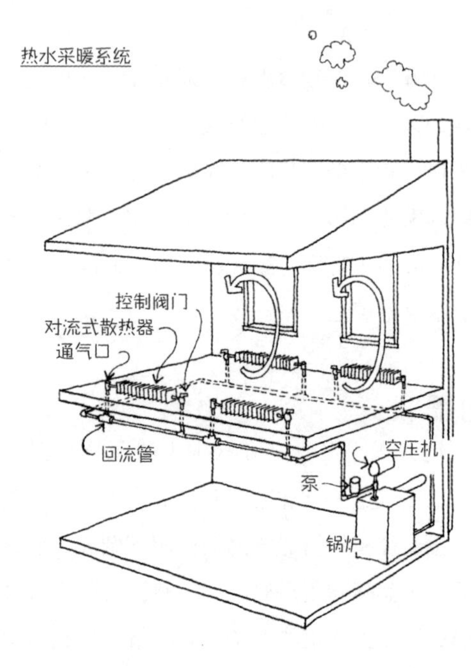

图 10.15

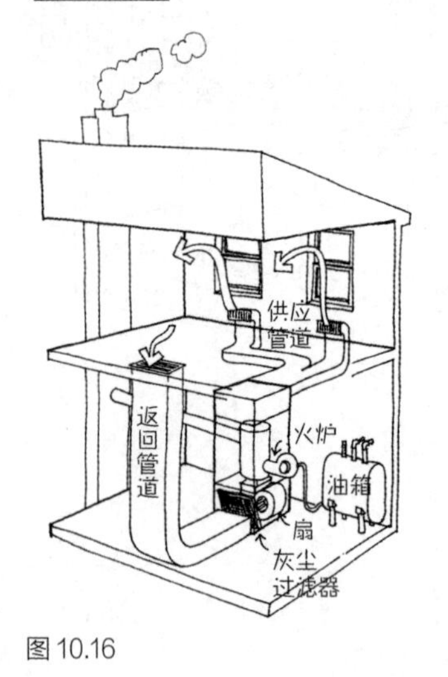

图 10.16

能。空调机将新鲜空气以任意比例加到火炉中，在炎热的天气里，关闭火炉、启动冷却盘管，使空气流动。

中央暖风系统最初只是位于地下室中间的一个大火炉，顶部的铁格子使炉中的热量通过对流到达上层建筑。在这个系统中，增加一个空气供应和回流管道，有助于改善系统中供热温度、空气流动不均衡问题。通过安装额外的风扇来驱动空气，管线被缩小至更易于管理的尺寸，在火炉上安装一个过滤网，以便在空气循环时得到净化，更好地更新室内空气（图 10.16）。

制冷系统

建筑常使用两种设备系统来制造冷空气。最常用的是压缩循环系统，其中的气态工作液体（氯氟碳化合物）被压缩和液化为高温高压的液态制冷剂。之后，高温液体通过一圈盘管（图 10.17）。在住宅规模的系统中，制冷系统室外机的风扇将盘管中的热量排至室外，进而冷却盘管内高温的液态制冷剂。在大型建筑的制冷系统中，通常通过泵送水来冷却盘管中的制冷剂。之后，加热后的水被泵送到室外冷却塔，无论冷却塔设置在屋顶上还是建筑旁，带有热量的水都与室外冷空气接触，使水通过蒸发和对流将热量释放到空气中，这种模式的冷却效率比住宅制冷系统中仅通过对流的方式要高得多。冷却水释放热量后下沉至冷却塔底部，重新被泵送回冷却盘管，再次吸收热量。同时，盘管中冷却后的压缩制冷剂（仍略微温热）通过膨胀阀释放到另一个膨胀盘管中，在较低的压力下，制冷剂由高压液体变为气体，温度迅速降低，起到制冷作用。制冷剂蒸发完成后返回压缩机，再次开始循环。

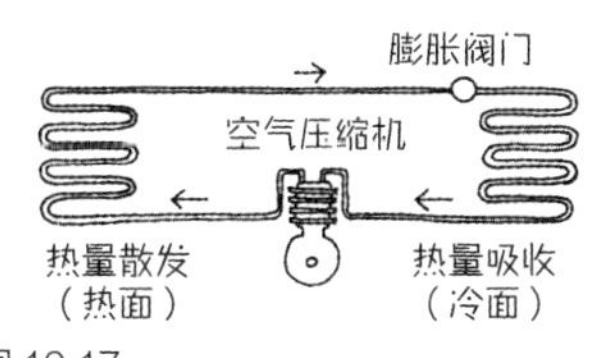

图 10.17

被膨胀盘管冷却的水和空气分散到整个建筑中，在返回到下一个冷却循环之前，吸收来自居住者、机器、灯光以及建筑表面的热量。

吸收式制冷系统可以作为压缩式制冷系统的替代方案（图 10. 18）。这种吸湿化学药品的浓缩溶液通常为“锂

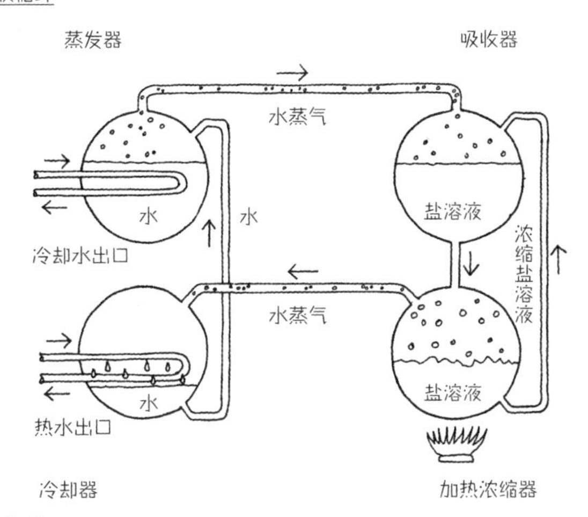

图 10.18

溴化盐”，在蒸发器中蒸发并吸收水分。蒸发导致蒸发器中的水快速冷却，降温后的水进入冷却盘管，作为冷却水源，在整个建筑的冷却装置中循环。稀释溶液中的盐从吸收器中被连续提取，通过蒸煮再次浓缩后进入下一循环，蒸发后的蒸汽与冷却塔里的水接触后冷凝，然后返回蒸发器中。煮沸盐溶液的热量由蒸汽或气体、油为燃料的火焰提供。

值得注意的是，无论压缩循环式还是吸收式的制冷机，都具有“冷”“热”两面。需要制冷时，开启系统“冷”的一面；天冷时，将“热”的一面作为热源。该系统称为“热泵”（图 10.19）。在这种模式下，较冷的物体（通常为水、地面或室外空气）向较热的物体（室内空气）转化时，仅消耗较少的能量就能泵送较多的热量。热泵的尺寸从安装在窗户中的小型机组、调节室温的中型机组再到适用于大型建筑的大型机组不等。热泵是整个能源系统的核心，将来自发电系统的废热集中起来，为接受发电机服务的建筑供热。

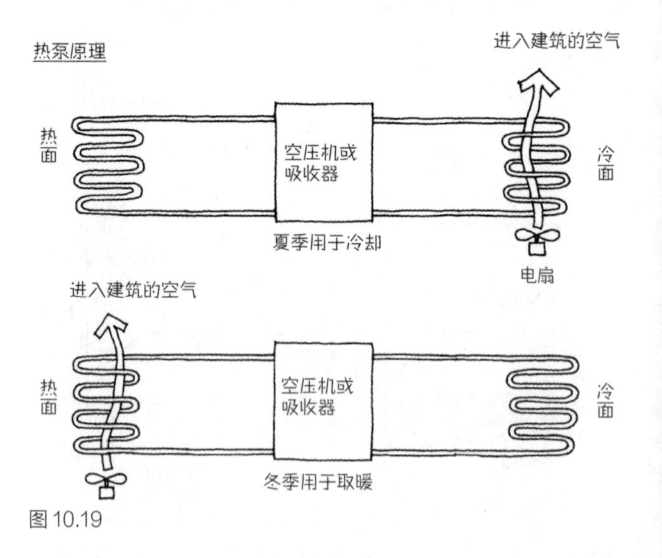

图 10.19

除湿

在夏季，潮湿的空气在空调系统的冷却盘管中达到露点温度。这导致两个问题：一是必须从冷凝盘管中除去冷凝水，二是 100% 湿度的冷空气令人感到非常不适。空调系统中的排水管将冷凝水从盘管中排到金属接水盘内，冷空气与室内暖空气进行混合，降低空气湿度。如果需要对室内湿度进行严格的控制，冷却的潮湿空气可以通过加热盘管在进入居住空间之前，将温度升高几度，以降低相对湿度。

空气调节系统

最简单的中央空调系统是定风量系统，在这种系统中，风扇将空气输送到加热盘管和冷却盘管中，再将空气送到各个房间（图 10.20）。加热盘管仅在建筑需要加热时开启；在小型系统中，这些盘管通常被燃烧的天然气或汽油的燃烧室取代。居住区楼房空调系统的冷却盘管直接连接到空气压缩机上的冷却侧盘管。在大型建筑中，冷却盘管外被冷却水包裹，冷却水来自附近压缩式或吸收式制冷机的制冷剂盘管。电子控制的副翼从回路输送管道排出一定比例的空气，再从室外吸入相同比例的新鲜空气，为建筑通风。

在更大的建筑中，往往配备定风量空调系统，可以实现独立的恒温控制。该系统通常无法在建筑的各个部分同时保持舒适的温度，因为这些地方的阳光照射量不同，并且产生热量的机器（如电脑的数量）不尽相同。解决该问题的办法是将建筑分成若干区域，这些区域有相似的加热和制冷需求，在每个区域内安装一个定风量空调系统，并将热水和冷却水从中央锅炉和冷却设备中输送到所有定风量空调系统的通风机室。在每个通风机室，风扇驱动空气通过加热和冷却盘管，使空气通过室内输送管道进行循环。

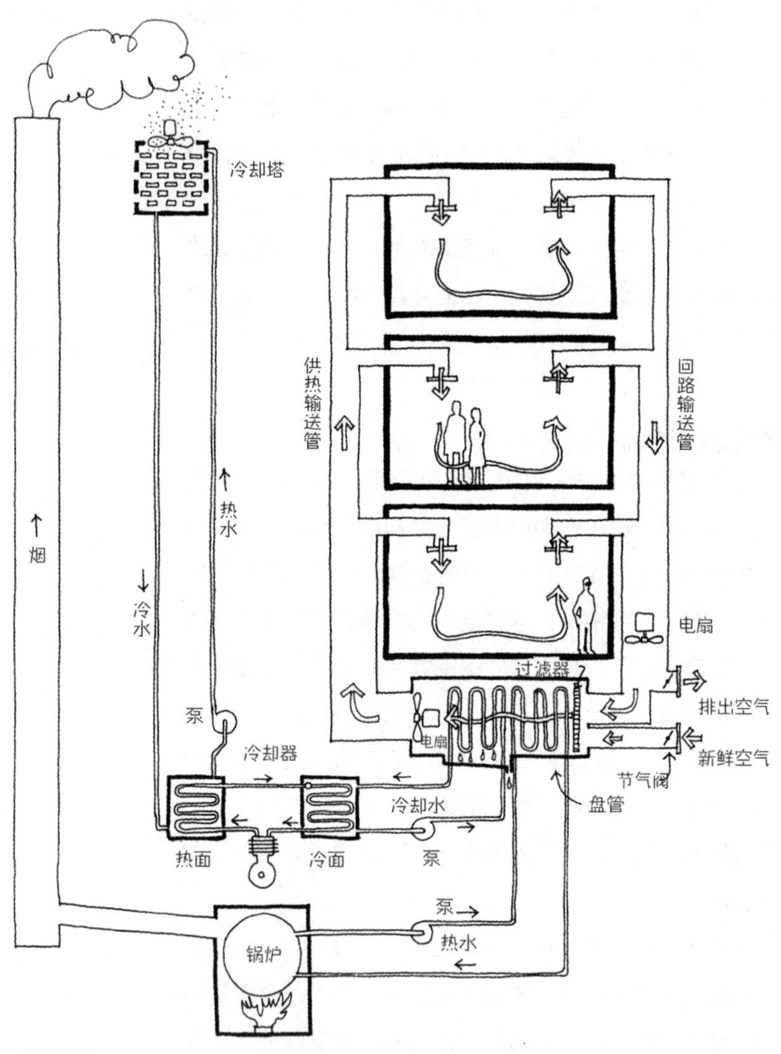

图 10.20

变风量系统与定风量系统相比，可以更温和地控制温度。变风量系统类似于定风量系统，建筑的每个区域都配备一个恒温器，该恒温器操纵风阀以控制进入该区域管道中的空气量。如果某个区域需要更多的冷空气，则恒温器打开风阀，使更多的冷空气进入循环。如果需求减少，则部分风阀在中途关闭，减少进入循环的空气。其风扇、盘管和主管道系统与定风量系统相同。

在大型建筑中还需要安装其他类型的系统，因大部分区域或房间的温度都需要严格的控制。双风道系统将热气和冷气循环到每个区域的控制箱中，恒温器可以控制两种空气的混合比例，并将空气输送到各个房间。终端再加热式系统将冷空气和热水循环到每个区域，空气在终端经过恒温控制的热水盘管后进行输送，将空气再次加热到所需温度。双管道系统和终端再供暖系统的安装和操作成本高于变风量或定风量系统，因此常用于实验室、电子工厂或医院手术室。

另一类系统可以实现建筑内各个房间温度的独立控制，该系统将冷却水或热水从中央单元循环到各个房间。在每个房间的外墙上安装单元通风器，使一定比例的室外新鲜空气和室内空气通过过滤器和冷热水盘管（图10.21）。冷却水循环通过盘管时，空气中的水蒸气在盘管上形成冷凝水，滴入金属冷凝盘，最终经排水管从冷凝盘中排出。

安装在窗户或外墙上的小型电力驱动空调被广泛用于为新旧建筑的房间制冷（图 10.22）。它们易于选择，便于安装、维修及更换，但不如大型中央空调效率高，特别是中央空调由燃料驱动时。小型空调高速驱动空气，将在室内产生噪声和令人不舒服的气流。

在温和的气候条件下，通常使用小型空调，通过加热或制冷盘管帮助室内空气循环。因此每个单元都可以充当热泵，在炎热的天气中为房间制冷，在寒冷时为房间供暖。天气非常冷时，小型空调的加热循环运行得并不经济，由于无法为泵送到室内的室外冷空气提供足够的热量，因此必须附加电阻线圈以提供额外的加热功能。

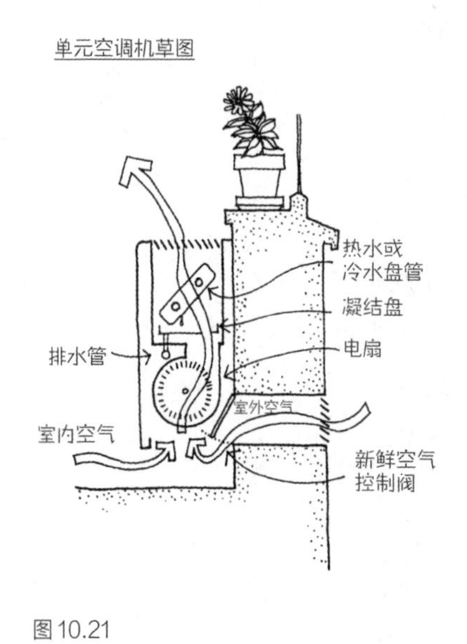

图 10.21

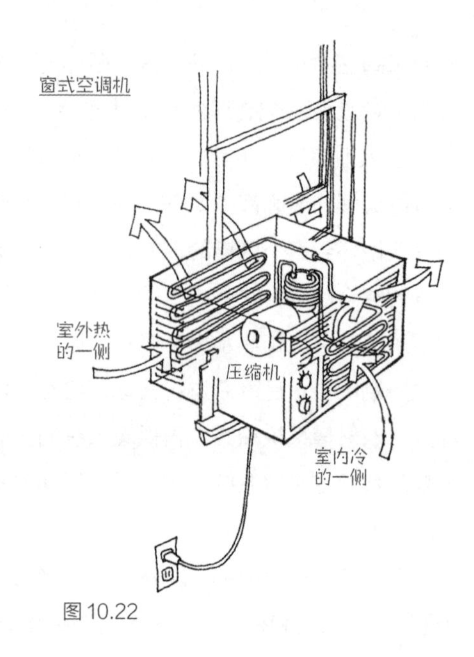

图 10.22

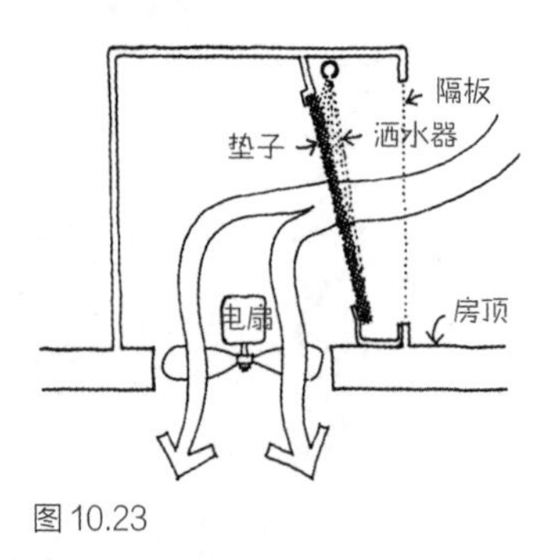

图 10.23

蒸发冷却

在干燥、温暖的气候中，廉价的蒸发冷却器足以确保建筑保持令人舒适的温度条件。空气通过潮湿的垫子进行循环，从湿垫子中以水蒸气的形式吸收水分（图 10.23）。在湿垫中，水分在蒸发过程中吸收了空气中的热量。蒸发冷却器在潮湿的气候中不起作用，因为空气已经非常潮湿，无法吸收更多的水，冷却效果相应减弱。

蒸发冷却还可用来为屋顶降温，从而减缓或防止太阳热量流入下面的房间。在屋顶上洒水可以有效降低屋顶温度，在平屋顶上设置一个浅水池，也能达到降温效果。

湿度控制

通常需要通过加热或制冷来主动控制空气湿度。冬天，加热后的空气变得非常干燥，容易使建筑和家具的木质构件收缩开裂、植物枯萎、产生静电，也导致人的皮肤变得非常干燥，鼻子、喉咙上的黏膜以及肺部脱水，极易感染疾病。因此需要向空气中引入额外的水分来避免上述问题的发生。除此之外，可以在不影响热舒适性的前提下，略微降低空气温度，减慢皮肤表面的蒸发热损失速度。若想保持冬季室内较高的湿度，还可以降低供暖燃料的消耗。采用暖风供暖系统时，可以在空气进入火炉时混入水蒸气，通过洒水或用垫子吸收水，或使用能够自动并连续供水的板子。如果采用其他采暖系统，可以将水容器设置在对流器上，或将电加湿装置安装在房间中，使水沸腾或将雾化后的水蒸气释放到空气中。旧建筑应防止室内湿度过高，否则设置隔热层的墙壁内部和单层玻璃窗易产生严重的冷凝问题。

夏季，室外空气湿度通常较高，会减缓皮肤水分的蒸发，使人感到不舒服，并促进建筑中各类霉菌和真菌生长。空气被制冷装置降温时，湿度升高，空气中的水蒸气冷凝在冷却盘管上并随之滴落，这是电除湿器的工作原理。在空调系统中通常出现同样的现象，湿气必须不断地从冷却盘管中排出。

空气湿度较多地影响室外空间的宜居性。飞溅喷泉或草坪喷洒器通过水蒸发为室外干燥的空气降温。沙漠气候中的高尔夫球场、路边餐馆和其他供人居住的户外区域有时通过喷嘴产生水雾来冷却。另一方面，在饱受蚊虫困扰的地方，温暖、干燥、阳光充足的草坪或庭院不会吸引蚊子，洒水的草坪或潮湿的花园常常聚集成群结队的蚊子。

拓展阅读

Benjamin Stein and John Reynolds. *Mechanical and Electrical Equipment for Buildings* （*9th ed.*）. New York, Wiley, 2000, PP. 371—527.

Edward Mazria. *The Passive Solar Energy Book.* Emmaus, Penn., The Rodale Press, 1979.

11 控制空气流动

富含氧气的清洁空气是人类生活中必不可少的要素。持续流动的空气可加快汗液的蒸发并带走体表余热，也是确保热舒适度的重要条件。乡村的空气虽然常带有异味，且包含细菌、花粉、孢子、霉菌、灰尘等，但通常是纯净的，因为除了对空气中的花粉、粉尘等过敏的人，乡村的空气是最适合呼吸的。

户外空气流动的变化范围很大。在少风或无风的夏日，人们感到烦闷、呼吸困难，这时些许微风可以令人感觉凉爽。随着风速的加大，在体表形成的对流以及汗液蒸发过快，热量损失更多。在风速非常高的情况下，人感到寒冷，呼吸变得十分困难，物体被吹飞，树木和建筑可能遭到结构性的破坏。

在城市中，空气中包含更多人为制造的污染物，如一氧化碳、二氧化碳、氮氧化物、碳氢化合物、二氧化硫、硫化氢、灰尘等。这些污染物大部分由汽车和供暖厂中的燃料燃烧产生，另一部分由工业生产产生。在封闭的建筑内，空气变得十分复杂。首先，它消耗一部分氧气，并通过反复呼吸释放二氧化碳；室内空气慢慢集聚细菌和病毒，以及出汗、吸烟、使用厕所、烹饪和工业生产活动中产生的气味。建筑材料释放氡、甲醛等气体污染物。人的呼吸、出汗、烹饪、沐浴、干燥且不通风的燃烧设备都可能增加室内空气中的水蒸气，灰尘和颗粒悬浮其中。此外，太阳照射、照明设施、人体热量、烹饪或工业生产也会使室内空气温度升高，让人感到不适。空气的流通因建筑墙壁、地板和天花板的阻隔变得十分迟缓，因此需要通风系统来保持室内空气的正常流动，以温度、湿度和清洁度适宜的新鲜空气来稀释并补充室内被污染的空气。

此外，室内空气中也包含令人愉悦的气味，如烤面包的香味、花香，过快的通风会破坏这种氛围体验。在高温、潮湿的建筑中，快速通风是必要的，如餐厅、厨房、体育馆更衣室、酒吧、化学实验室、礼堂或铸造工厂。对于大多数住宅、办公室、仓库和轻型制造厂，较低的通风速度就足够了，无论室内通风速度如何，都不应强到吹起屋内的物品（图 11.1）。

图 11.1

自然通风

建筑的通风系统，从最简单的到最复杂的，大致由四个部分组成：

（1）温度适宜、湿润、清洁的空气源。

（2）空气在居住空间里流通的动力。

（3）控制气流流量、速度和方向的方法。

（4）回收或处置污染空气的方法。

建筑中最简单的通风系统是自然通风系统：将室外空气作为空气来源，将风力作为主要动力，在建筑迎风面开设控制空气流速和流量的孔洞，在背风面开口，把室内污浊的空气排出（图 11.2）。在结构紧凑的建筑中，这种方式的通风非常缓慢，但在门窗缝隙较大的建筑中，如果室外多风，则导致室内过度通风，使房间变得十分干燥；在寒冷的天气里，室内的热空气极易泄露，浪费能源。通常，建筑的门窗可以设置挡风条，并对建筑外围结构进行气密性处理，以减少冷风渗透。即便采取这些措施，空气外泄也是不可避免的，但对简单的建筑而言，挡风条可以作为

图 11.2

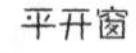

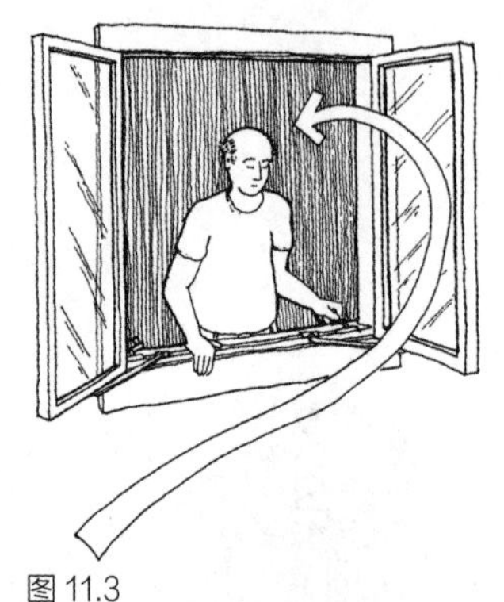

图 11.3

中悬窗

图 11.4

有效的小型通风换气系统。

大多数建筑的自然通风是利用窗户来控制气流的流量、速度和方向，因此大部分窗户可以任意开合。在大多数地区，窗户必须设置纱窗，一方面防止蚊虫、鸟类和小动物的闯入，另一方面不会阻挡空气和光线。安全要求较高的建筑，还会在建筑开口处安装护栏或金属网，如银行、监狱、精神病院和其他高犯罪率地区的建筑。

窗户开合方式各具特点：平开窗可通过摆动窗扇将风引入房间（图 11.3）；中悬窗只能开到一半，但可以悬于窗口的顶部、底部等区域（图 11.4）；遮阳窗或水旋转窗在防雨的同时允许空气进入；其他类型的窗户能在依靠屋顶挑檐或分开设置遮阳篷的情况下实现同的功能（图 11.5）。

自然通风通常有两种动力：风压通风和对流通风。空从高压区域向低压区域迁移，从而穿过建筑。在对流通中，压力差由暖空气和冷空气之间的密度差产生，导致空气上升（图 11.6、图 11.7）。在风压通风中，空气

图 11.5

从建筑一侧的高压区域流向另一侧的低压区域。对于风压通风，在房间两侧开窗是最为有效的，最好开在相对的墙壁上（图 11.8）。在只有一面外墙开窗的情况下，立转窗有助于产生引起内部空气流动的压力差（图 11.9）。在建筑选址和配置时，应当在需要通风的季节里最大限度地截取盛行风。

对流通风的速率与“开口之间的垂直距离”和“进出空气之间的温度差”的平方根成正比。窗户开口必须足够大，因为对流通常不如风力大，应尽可能消除气流的阻碍，如设置防虫网。最理想的设计是同时利用风压通风和对流通风，即在建筑迎风面设置一些低开口，在建筑背风面设置一些高开口，使两者共同发挥作用。

自然通风常利用除窗户以外的开口。屋顶通风设备、屋顶气窗和天窗也特别实用（图 11.10）。一些屋顶通风设计为风力旋转式通风，自然风产生离心气流，从下方的房间吸出空气。另一些依靠风速，在风帽处形成低压区域，产生对流气流，从而吸入内部空气。无论何种设备，建议使用气流调节阀，根据实际需求减少或关闭开口。

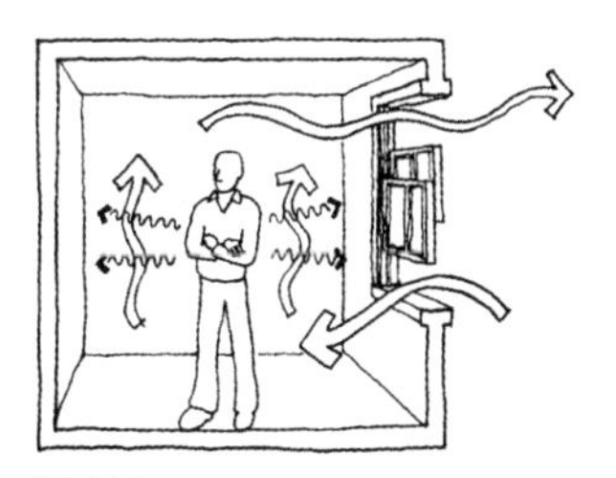
图 11.6

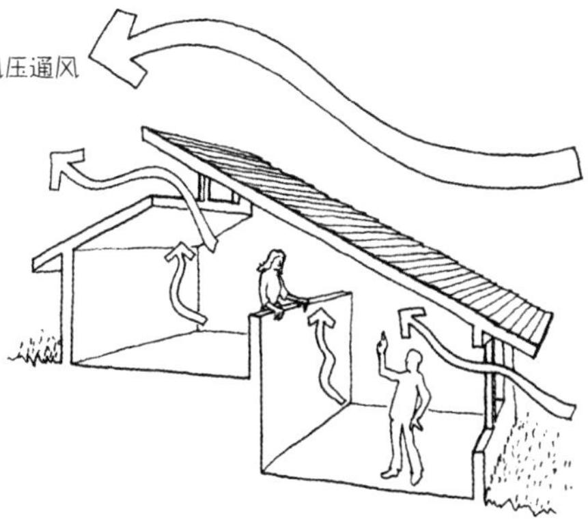

对流通风

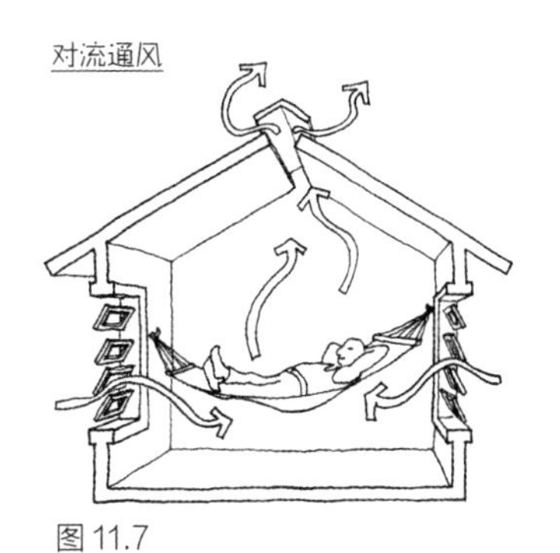
图 11.7

风压通风

图 11.8

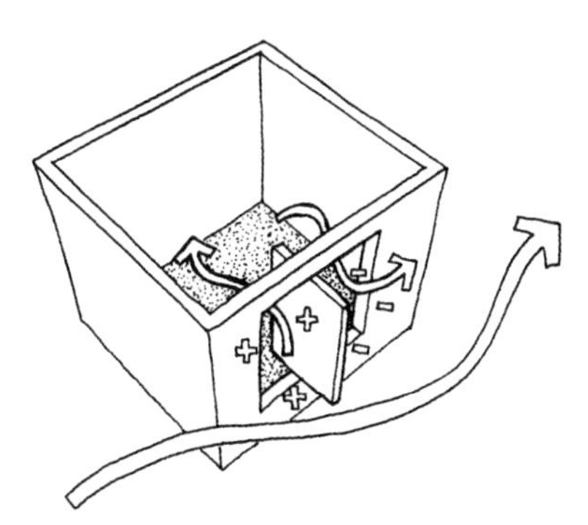
图 11.9

图 11.10

重要建筑通常利用门进行自然通风，除非门设有门挡或其他设施，可以以任何角度开合，否则门无法控制流经的气流量。

燃烧所致的通风

火炉、锅炉和壁炉之类的燃烧设施需要氧气支持。氧气从设备所在的房间吸入，如果设备没有烟道或烟囱，燃烧物需要室内的氧气来代替空气。燃气灶的工作原理与之类似：消耗氧气，并将二氧化碳和水蒸气释放到厨房中。有的燃气壁炉将燃烧物排放到室内，虽然有安全装置来防止有毒燃烧物的释放，但建筑专业人士仍不建议使用。

燃料耗费量大的设施必须配备烟囱，因其燃烧时往往产生许多有毒物质。烟囱是由对流通风驱动的处置管道，由燃烧物的热量驱动，将有害气体排到室外，因此容纳燃烧设备的空间气压要低于室外，确保室外空气从任何开口和缝隙吸入室内，导致大量室外空气流入室内。在炎热的天气里，此类通风非常受欢迎，天冷时则会消耗室内大量燃烧设备所产生的热量。如果将空气进入的缝隙堵住，设备中的燃烧变得缓慢，并产生大量烟雾，烟囱无法正常工作，导致房间内氧气耗尽，聚集大量烟雾，这种情况十分危险。解决方法是设置一条管道，将燃烧所需的氧气直接从室外吸到火源底部，而不穿过房间。

控制建筑周围的空气流动

对于建筑外流动的自然空气，设计师比较关心如何降低风速。在街道、人行道、庭院、广场、游乐场或公园中，如果想达到宜居水平，即使在温暖的天气中也必须降低风速（图 11.11）。在北方的冬季，建筑周围和建筑之间风刮得到的地方，飘雪常常给人带来不便。在冬季，风加快建筑的热量损失，一部分原因是冷风渗透，另一部分原因是建筑外围与室外空气之间发生热量传递（图 11.12）。基于上述原因，应降低建筑周围的风速，最有效的防护装置是在建筑的迎风面设置一个又高又长的垂直屏障，以引导风向。墙一类的坚固屏障在其背面形成相对平静的区域。常绿树木形成的多缝隙屏障和防护带也十分有效，足量的低速气流填入后面的低压区，并将风的力量在相当长的距离内分散掉（图 11.13）。

图 11.11

图 11.12

图 11.13

风给高层建筑带来的问题尤为严重。风速随地面高度的升高而增加，使建筑的高层暴露在强劲的风力下，这可能导致建筑的覆面遭到破坏。因此在设计支撑建筑需承受的两侧结构载荷时，应当考虑风力因素。在高层建筑周围的地面上，空气从建筑的高压迎风面快速向后面的低压区迁移，产生极强的风。如果在高层建筑下部留一个开口，空气通过开口的速度非常高，风力由弱变强时，人们步行异常困难。开口设置门时，门无法打开，或在门闩没有拴好的情况下，门受到破坏而打开（图 11.14）。如果建筑的开口非常大，可以避免风在地面上造成的问题，在建筑靠近地面的区域设置突出的挑檐，使建筑周围强烈的气流在到达地面前被引导至其他地方（图 11.15）。附近的建筑可能引发风流动的异常情况，因此在建造高层建筑时，进行风洞测试十分必要，这样可以确保建筑墙面和内部框

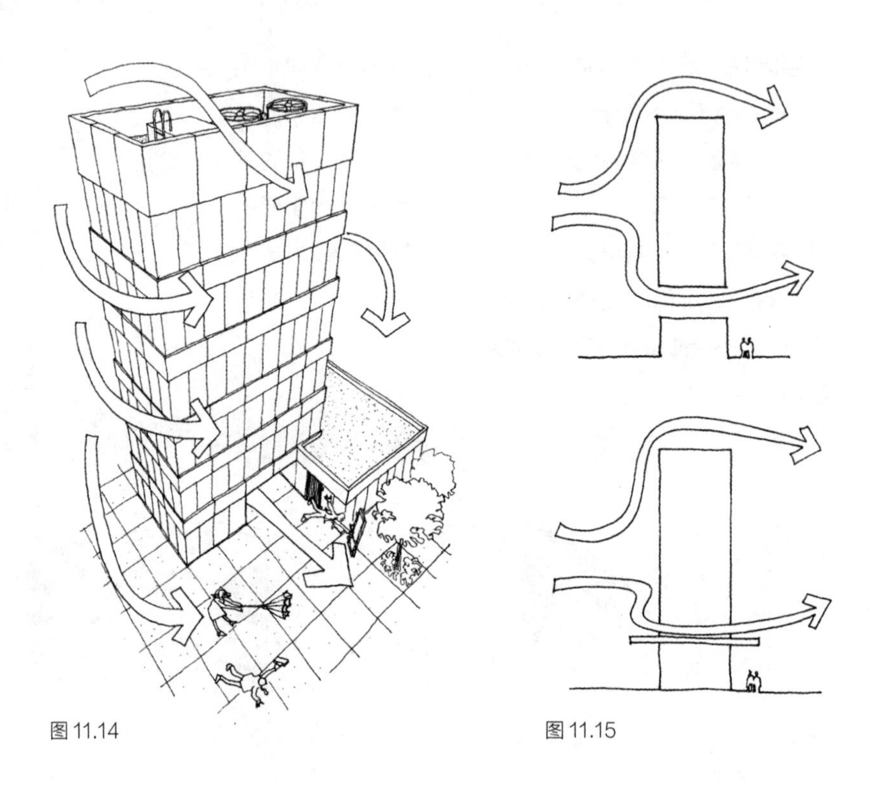

图 11.14

图 11.15

架可以抵抗风力荷载，并解决困扰行人和驾驶员的地面风问题。

机械通风

如果建筑需要可靠的气流，普通风扇可用于室内通风（图 11.16）。在厨房和卫生间中，简易的风扇可以将室内空气直接或通过管道排放到室外（图 11.17）。风扇将室外空气吸入室内，房屋采暖或制冷时，这将导致相当大的能量损失，因此应尽量避免使用这种风扇。

在更复杂的通风系统中，风扇通过与双管道系统的连接使空气更加合理地分布于整栋建筑（图 11.18）。一条管道系统吸走陈旧的空气，而另一条管道系统输入新鲜的空气。该系统通常与采暖和制冷系统相结合，在确保热舒度度的同时，将新鲜空气分配到各个系统。除了不能在存

图 11.16

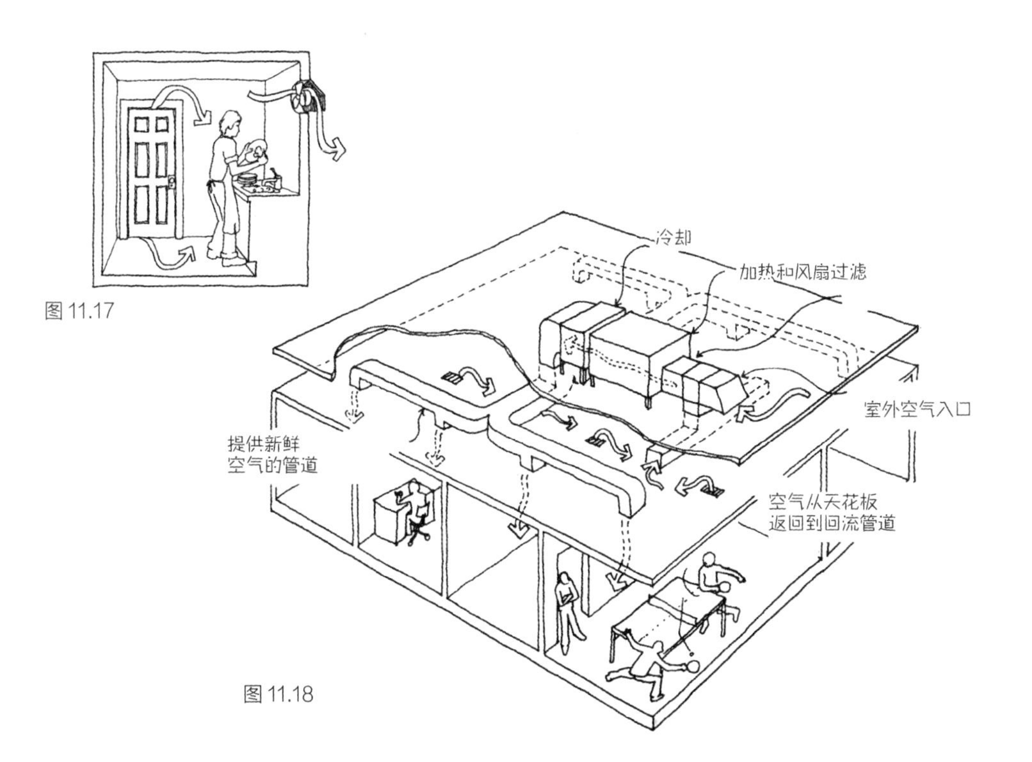

图 11.17

图 11.18

在大量化学物品、细菌或放射性污染物的建筑里使用，通风系统过滤并循环所吸入的室内空气，并不断添加预设比例的室外空气，最后将相似含量的空气排到室外。空气中先前消耗掉大部分采暖或制冷的能量可以使用回热轮——由金属网制成的旋转装置，这种装置利用较大的热容将热量从一个管道传送到另一个管道（图 11.19），或使用空气热交换器回收能量（图 11.20）。

在冬季，回热轮中的网状物被排气管内的排出空气加热，旋转到供应管道中时，再将热量释放到空气中。在夏季，采用同样的过程可冷却进入的空气。空气热交换器通过非常薄的通道传递空气，这些通道与输送进入空气的通道进行热交换。

大楼通风的另一种方案是在各房间的外墙上安装一个或多个独立的通风扇，以循环室内空气并补充室外空气。

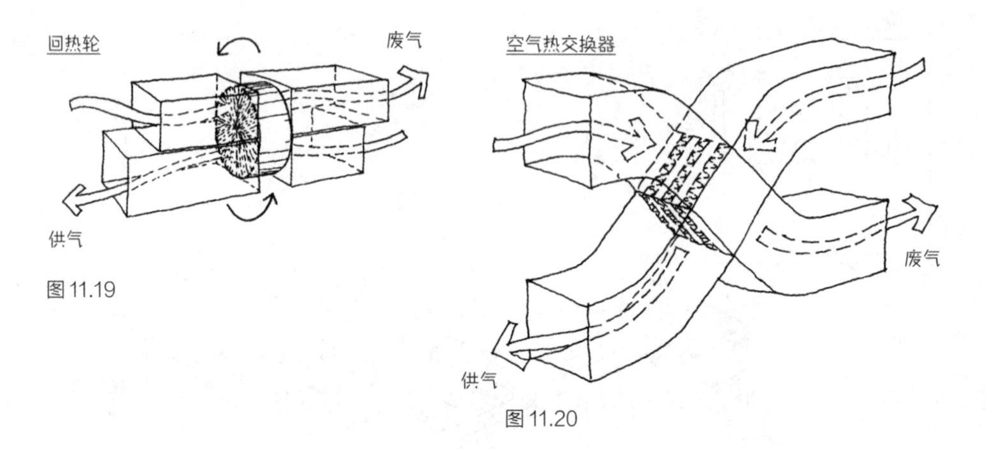

图 11.19

图 11.20

窗式或穿墙式空调机的工作方式与中央加热或制冷系统类似，用热水或冷水盘管调节室内通风装置中的空气。

空气的过滤通常使用在通风装置中薄的多孔纤维垫，空气吹到那里时，尘土受纤维的阻挡而被留下。还有更好的尘土过滤办法，如静电过滤器，使空气中的尘粒荷以负电，空气通过阳极金属板时，杂质颗粒沉积于阳极板上，起到过滤空气的作用。

空气中的大多数气味可以被活性炭过滤吸收。在一些大型通风系统中，用喷雾“清洗”空气，以除去灰尘。紫外线灯的照射可以杀死空气中的细菌，但不必设置在管道系统中，直接放置在所需的房间即可，特别是公共厨房、病房和过度拥挤的住宅，可以有效遏制通过空气传播的疾病。由于紫外线会损坏人的眼睛和皮肤，因此紫外线灯必须安装在房间的高处，并与人的视线隔开。

自然空气的更新

室外自然空气的更新有诸多途径：阳光能够杀死空气中的细菌；绿色植物吸收二氧化碳释放氧气；降雨洗刷空气，去除较重的颗粒污染物；风在混合与传输空气的同时，稀释空气中的污染物；植物叶子表面的微小绒毛可以捕获空气中的尘埃。但是这些方法的作用十分有限，特别是在气候条件不理想的情况下，因此不能对依靠大气来改善空气污染的方法抱太大希望，而应节约能源，使用水力、太阳能等无污染的清洁能源减少燃料的燃烧，改进燃烧装置，以便燃烧物彻底燃烧。此外，必须对未经清洁的燃料进行预处理，以去除污染物，或在烟囱中安装过滤器，拦截燃烧后的污染物。工业废气的排放应过滤有毒的化学物质，厨房废气应过滤掉油脂，使易被生物降解的气体排放到大气中。合理布置建筑的排气口和进风口，使其与盛行风相配合，保证排出和吸入的空气不会混杂在一起。城市街道必须足够宽阔，使排出的气体不断被风清洁。

尽管采取了多种措施，建筑还是会产生大量二氧化碳，并排放到大气中，这是建筑以及在远郊为建筑供电的电站中燃烧碳氢燃料造成的。二氧化碳曾被认为是无害的气体，现在则成为造成温室效应的主要原因，它加强了大气层对太阳热的吸收能力。温室效应导致全球变暖，产生了灾难性的影响，例如，极端的天气、极地冰川融化以及随之而来的洪水泛滥。人们必须找到释放能量但不产生二氧化碳的方法。

保护和增建草坪、花园、森林、草地、耕地和清洁水道极为重要，这些地方是绿植的家园，它们吸收二氧化碳并产生氧气。在人类所需的必要物质中，只有空气和阳光可以进入建筑，但它们并非使用起来完全免费。因此人类应始终保持警惕，确保它们长久地为我们所用。

拓展阅读

Victor Olgyay. *Design with Climate.* Princeton, N. J., Princeton University Press, 1973, PP. 94—112.

Benjamin Stein and John Reynolds. *Mechanical and Electrical Equipment for Buildings* （*9th ed.*） . New York, Wiley, 2000, pp. 331—334.

12
防水

为了防止水进入建筑、破坏建筑结构，通常采用精细而昂贵的防水措施。水具有独特的热性能，能够降低皮肤温度，破坏衣服和建筑的隔热能力，并使建筑内空气湿度升高到不利于健康的水平。此外，水还是一种通用溶剂，可以溶解建筑内的多种材料，腐蚀其他材料。对于细菌、霉菌、真菌、植物和昆虫来说，水是生存必需品。漏水的建筑不仅不舒服、不卫生，而且由于腐蚀、腐烂和虫害袭击，使用寿命大大缩短。

防水理论

水渗入建筑外墙，有三个必要条件：

（1）水必须存在于外墙表面。

（2）外墙有水通过的开口。

（3）有外力，使水从开口渗入。

上述条件看似简单，却构成建筑排水系统的基础。只有满足这三个条件，水才能进入。消除建筑外墙指定位置三个条件中的任意一条，都可以确保建筑防水。

水的存在

水以多种形态存留于建筑内部和周围。雨雪直接冲刷建筑外表面，然后在其周围地面聚积，使地表径流和地下水与其地基接触。水还可能由人或车辆带进楼内，在建筑内部，空气中的湿气凝结在寒冷的表面，并滴落在楼板上。管道、烹饪、洗涤、沐浴以及工业加工过程都可能导致漏水或溢水。潮湿的建筑材料，如水泥、砖瓦、石膏等，干燥时释放出水蒸气，容易使窗户和冷水管道上出现大量冷凝水。

开口

建筑有许多能让水通过的开口。有些属于人为设置，如伸缩缝、覆面材料之间的接缝和门窗框架周围的缝隙；其他开口是无意导致的，往往不可避免，如混凝土的收缩裂缝、施工误差、材料瑕疵、管线开洞，以及随着时间的推移建筑材料退化而形成的裂缝和孔洞。

作用于水的外力

水通过多种力量渗入建筑，重力是其中的一种。重力不断将水向下拉，产生静水压力，使水渗透积聚到任何深度。由风引起的气压差能把水驱向任何方向，甚至高处，毛细作用通过多孔材料或狭窄的裂缝将水拽向任何方向。雨点下落的力也足以将雨点或溅起的水送到通道深处。

在冬季，由于水会结冰，渗水问题更加严重。冰块本身不渗入建筑外围，但可能堵塞正常运行的排水管道，导致屋顶或地面积水。水在变成冰块的过程中发生膨胀，导致建筑外墙开口，这也是建筑老化的普遍原因。让我们来看一下建筑从顶部到底部可以采用哪些防水措施。

屋顶

平屋顶或坡度小于 1/4 的屋顶排水很慢，为水的渗漏创造了便利条件。这种坡度较低的屋顶覆盖防水卷材，包括铺在焦油或沥青中的毛毡层、焊接在一起的金属板、热熔或粘在一起的合成橡胶或塑料板、以液态形式涂抹的合成橡胶化合物等，或在气候相对干燥的地区用一层黏土覆盖。这些看起来异常简单且防水功能较强的屋顶卷材是现实生活中最不可靠的屋顶材料。它们容易被施工过程中掉落的材料或工具穿透，还要承受夏季高温、冬季寒冷、昼夜温差以及室内外温差的考验。有时，它们因热运动而产生裂缝，无法传送水蒸气，导致卷材起泡或破裂。任何缝隙都可能引起大量的水进入建筑，因为平屋顶上的水排泄很慢，地心引力和毛细作用极易发挥作用。尽管如此，卷材屋顶尚没有合适的替代物。如果在施工中控制好伸缩缝的间隙，安装蒸汽缓凝剂来避免水汽问题，卷材屋顶经久耐用，并且效果令人满意。

倾斜角度较大的屋顶称为“坡屋顶”，相较于低坡度的屋顶，更容易防水。坡度越陡，水流的速度越快，风将水吹到一定的坡度越困难，因此防水就越容易。如果坡度足够陡，几乎所有材料都可以排水。把毛巾或平整的海绵以不同角度放在水龙头下，以此来验证。无论坡屋顶上使用何种材料，通常以“盖瓦”的形式来安装。

不同的地方使用不同的材料制作盖瓦，如板岩、石灰石、木材、油毛毡、烧制的黏土、钢板等。每片盖瓦都是一小块，方便施工人员搬运、安装，如果后期出现问题，可以轻易替换。每个盖瓦在重力和风力作用下使雨水在自身四个面的任意三面通过。盖瓦的工作原理是：下一块盖瓦快速把雨水承接过来并排掉，这样一块接一块地一直传到屋顶的下边缘（图 12.1）。盖瓦屋顶的缺点是：流淌在上面的水易被强风吹到坡面上，或屋顶易受到被风吹过的坡面水的影响。采用双层铺设的盖瓦可以避免这一问题。在盖瓦下铺一层薄片材料（通常为浸泡过沥青的油毛毡），以阻止气流通过屋顶，充分运用重力作用来阻挡水向上反向流淌。屋顶的最低安全倾斜度取决于各种风力条件下盖

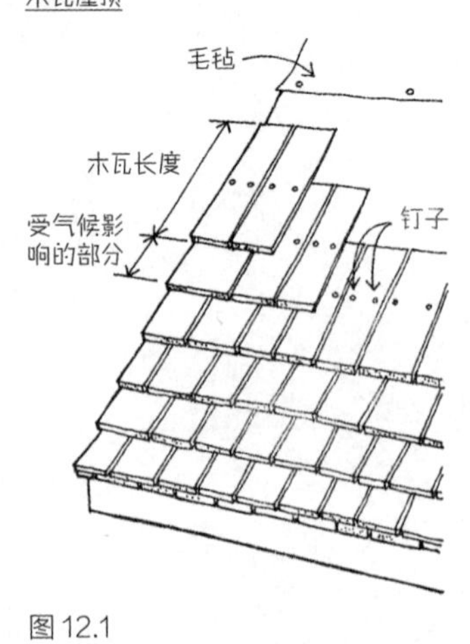

图 12.1

瓦的所用材料，在达到各项标准的前提下，即使遇上强风暴天气也不会出现渗漏。在海边或山顶等多风地区，建议采用更陡的斜坡或加厚盖瓦的重叠部分。

水的附着力被用作茅草屋顶的主要防水机制（图 12.2）。如果一层厚厚的稻草、树叶或芦苇以足够的角度倾斜，水滴会附着在纤维上，并沿纤维向下流到屋顶的下边缘，就像水通过玻璃棒从烧杯倒入试管一样。茅草屋顶吸收大量水，必须在风暴来袭前进行干燥，以减少腐烂。基于此，茅草屋顶不会直接铺在密实的屋顶表面，而是绑在通风良好的阁楼间隔平放的横杆或条状木头上。紧密堆积的秸秆层的厚度足以驱散风能，否则在不铺设卷材的情况下，风把雨水吹进屋顶。

图 12.2

在一层和两层建筑中，下雨时宽大的屋檐可以对墙壁和窗户起到保护作用。如果建筑非常高大，挑檐无法保护墙壁不被雨水直接侵蚀，便失去了意义。

屋顶的边缘问题尤为突出。水可能在屋顶覆盖材料下蔓延，或穿透墙壁的顶部。在斜屋顶和一些平坡屋顶上问题更为严重，因为落到屋顶上的水汇流到屋顶边缘。通常，斜屋顶只搭接在墙上并向前伸出，以便屋顶的水通过排水装置滴到地面，这是一种简单而有效的方法。然而，滴落的水流侵蚀下面的土壤，常常渗入地下室冲走地基周围和下方的土壤，还把泥土溅到建筑的墙壁上。至少应在屋檐下设置一条填满沙砾的沟渠，以防侵蚀土壤并提供排水功能（图 12.3）。

另一种方法是用排水沟收集屋顶边缘汇集的水。排水沟稍微倾斜，将水排入落水管，水从那里再被排到防溅槽，最后进入市政雨水道系统或排水井（充满沙砾的坑），逐渐被地表吸收。但该系统易被树叶、泥土、松针和其他碎屑堵塞，而且清洁起来比较麻烦。在排水沟上安装简易的过滤网，可以在一定程度上解决这一问题。

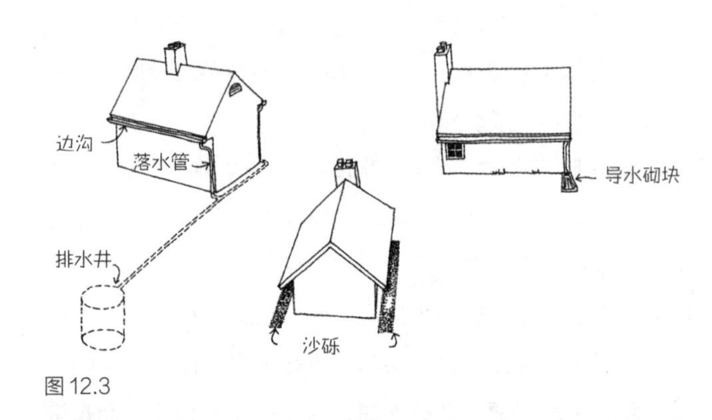

图 12.3

图 12.4

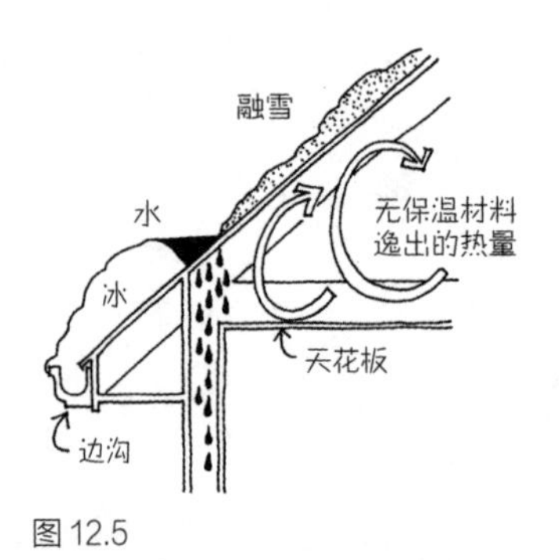

图 12.5

天气寒冷时，雪积在陡峭的屋顶边缘可能会引发其他问题。第一个问题是雪可能滑落，砸坏排水沟并危及下面的人和物。最好在屋顶上安装小型金属栅栏或木栅栏，以挡住积雪（图 12.4）。此外，雪是良好的隔热材料，将其保存在适当位置，有助于节省加热燃料。支撑屋顶的结构必须足够坚固，以保留相当厚的积雪，而不至于引发安全问题。

第二个问题是倾斜屋顶上的融雪造成的，特别是在建筑隔热不充分的地方。融化的雪水从屋顶流下，直接到达悬挑部分和排水沟，这里比室内正上方屋顶冷得多，甚至低于水的冻结温度。水在悬挑部分再次结冰，堵塞落水管和排水沟，冰坝上方聚集一潭水（图 12.5）。不幸的是盖瓦屋顶的防水能力较差，水渗入周围和盖瓦下面，通常在污染了楼内的墙面，并从屋顶正下方的窗户上滴下时才被人发现。预防冰坝的措施是改善阁楼的隔热性能，以及屋檐下和屋脊处的通风孔，以便迅速带走通过隔热层的热量（图 12.6）。如果因某些原因无法采取上述措施或措施无效，可以用防潮卷材来代替在屋顶较下方的最后几排瓦片，或在屋檐上安装融雪电缆。

低坡度屋顶的边沿可能有悬挑部分，或与女儿墙相连（图 12.7、图 12.8）。为了防止水溢出、流下或流到下面的屋顶结构上，屋顶卷材的边沿应至少抬高 10 厘米。拐弯处，卷材应与压条搭配使用，以免形成容易破裂的 90° 褶皱。卷材的垂直边沿通过重叠的金属泛水形成保护或塞入凹槽。雨水可能均匀地分布在屋顶内的排水道或被外墙周围的排水口和落水管带走。

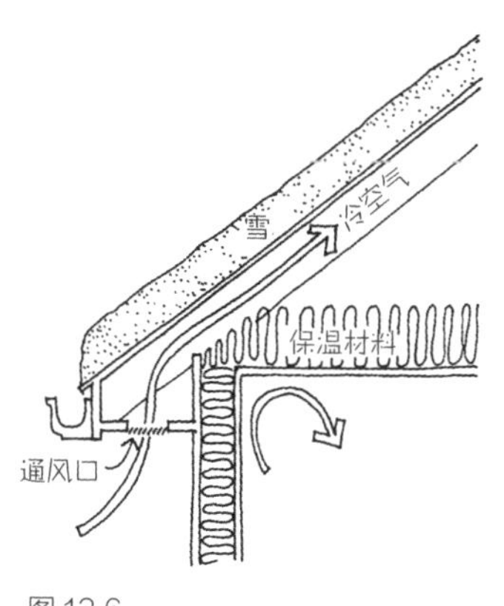

图 12.6

墙体

墙是垂直的，不受重力引起的渗水影响，除非墙中裂缝或接缝向内倾斜。重力作用对墙体有利，水在有足够的时间渗入墙体之前便被清除。风对墙体的作用力通常比对屋顶的作用大得多，使雨滴猛烈地撞向墙面，将水向侧面吹动，有时向上穿过表面。内部气压小于外部气压时，风甚至可以把雨水吹进墙壁上最微小的缝隙里。通常相较于建造屋顶的材料，建造墙壁所用的材料有更多的孔，而且

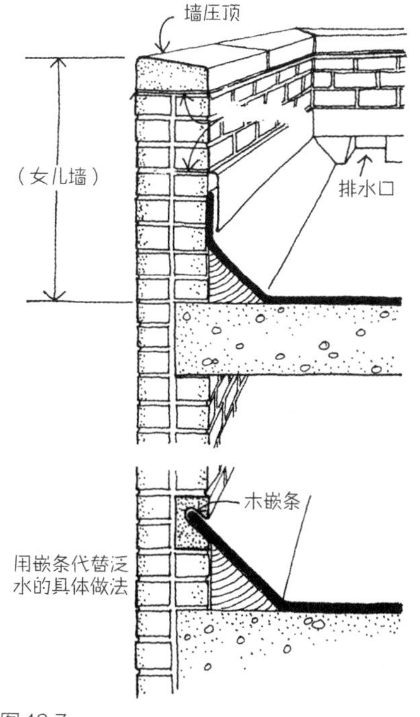

图 12.7

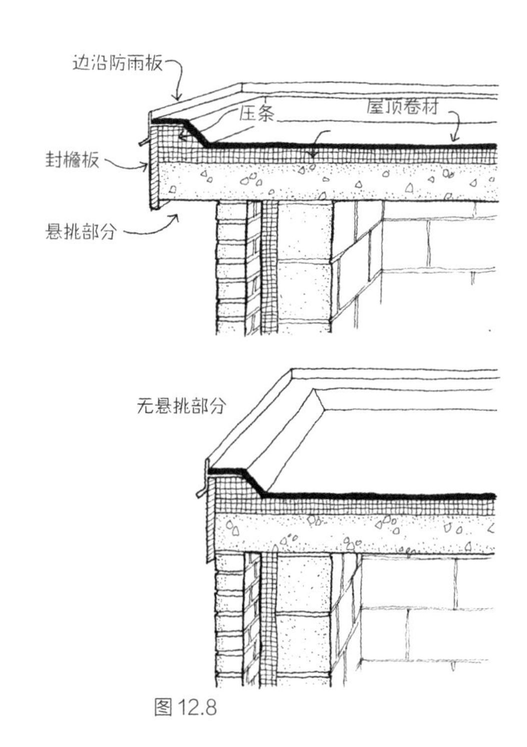

图 12.8

无法避免墙上的裂缝、材料之间的接缝或安装门窗留下的孔隙，这些都可能导致墙体渗水。

砌体材料都在一定程度上吸收和输送水。砖石间接合处的砂浆几年后风化剥蚀，为水提供容易通过的路径。水黏附在材料孔的内表面上，通常，如果水分子和墙壁材料之间的黏合力大于分子本身间的内聚力，水通过毛细作用被墙壁吸入。此外，强风还会加速吸收，解决这一问题的办法是在砌体的外墙面涂一层防水涂料，如重漆或合成橡胶，可以有效防雨，并阻止水蒸气向外渗透，避免涂层破裂、墙面剥落和漏水。由于下层墙体的受热变形，涂层也容易开裂。

可假设一种更可靠的解决方案：即使部分水渗入砖石建筑的外层，如果外层的后面留有间隙，那么通往建筑内部的纤细通道还可以被阻断。这是砖式建筑内空心墙的工作原理（图 12.9），相隔五六十毫米的由砖或石块构成的空心墙外层与内层之间用坚硬的金属条牵拉。

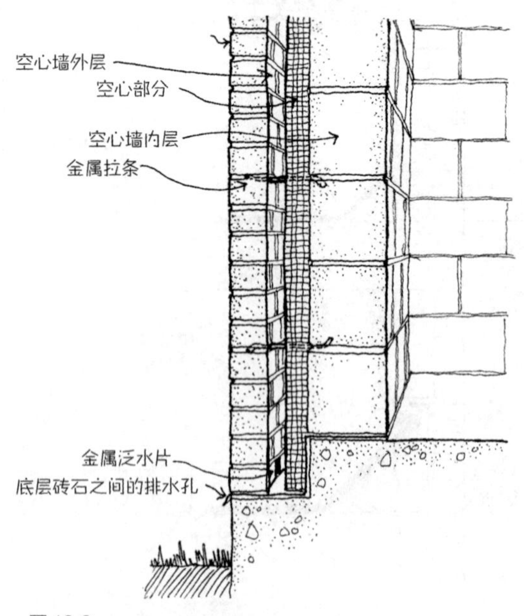

图 12.9

空心墙的有效性取决于施工期间掉落的砂浆是否被及时清除，以及是否在空心墙底部设置较密的排水孔。窗和门框周围必须安装金属板或塑料防水板，以免毛细通道穿过空心墙。空心墙的另一个优点是传热速度比实心墙慢得多，建议在空心墙里加装泡沫塑料等隔热材料，以增强这种效果。

如果水渗透到砖、石或混凝土中，并在那里冻结，可能导致材料表面散裂，即水冻结时，水的膨胀使墙体表面的薄片发生散裂，这是混凝土墙和路面受毁的主要原因。在混凝土生产过程中，特意留下微小的气泡（加气混凝土），可以在水冻结时为其提供膨胀空间，从而避免水泥碎裂。还可以通过屋顶悬挑部分或其他保护装置将水与墙隔离开来，以免发生散裂。

面板墙

通常用大片的多孔材料包裹墙壁，如花岗岩板面、密实的预制混凝土板、金属板和玻璃板。使用这些材料时，问题就不再是如何阻止整体的缓慢渗透，而是如何防止几块材料接合处的漏水。大面板由于热胀冷缩量较大，安装时难免不准确，无法严丝合缝地安装，必须在每块面板的四边留出 6 ~ 19 毫米的间隙，让水无法通过。

如何保证这些间隙不透水？最简单的方法（并非最可靠）是用不透气、不透水的密封剂把液体合成橡胶注入泡沫塑料嵌条，待其变硬形成一个粘在缝隙两侧连续的弹性塞，或将合成橡胶填料塞入空隙（图 12.10）。理论上，这种密封材料或填料随板材的移动而膨胀或收缩，并保持密封，既不透风也不透水。但在实际操作中，即便最好的密封填充物多年后也会老化，特别是暴露在空气中时，最终会开裂或失去对面板的附着力。如果技术不过硬，用任何材料密封接缝都会很快失效，且通常安装后就开始渗水。

采用密封材料和密封垫的接缝

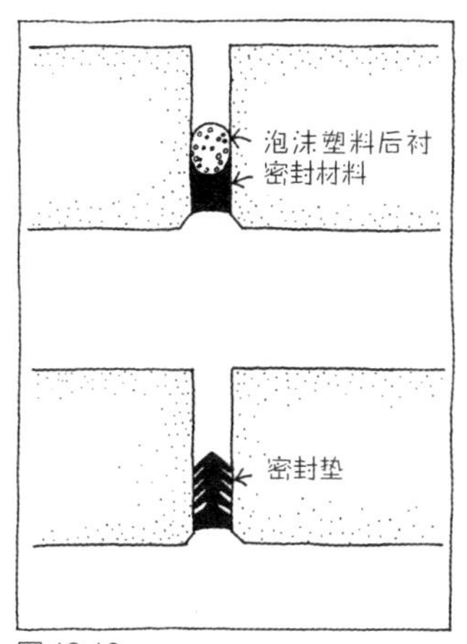

图 12.10

曲径接缝

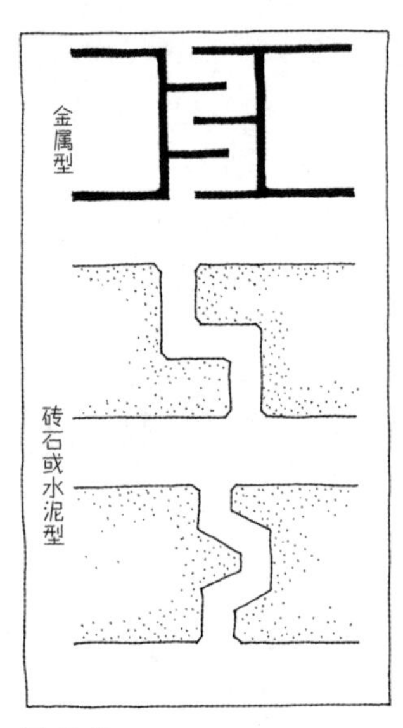

图 12.11

减少或消除接缝对密封材料耐水性的依赖，使得墙板之间的接缝更可靠。这意味着要么水远离裂缝，要么消除通过裂缝流动的水的力量。几乎不可能使水完全远离墙壁的裂缝，因此必须把大部分注意力放在作用于水的外力上。

水在墙壁接缝处流动的三种动力主要是雨滴冲击、毛细作用和气压差。曲径形成的简单障碍物可有效抵制下落雨点的冲量。通过这条曲径，雨点无法通畅无阻地进入裂缝（图 12.11）。曲径中的每个障碍物互不接触，且间隔距离足够远，雨点无法从中跨越或渗入。应确保曲径接缝排水通畅，在曲径正常运行时可排出截留的水。设计板材的边角和交叉处应格外小心，以免垂直接缝排出的水在水平接缝处聚积。

只要风吹到建筑表面，就会产生气压差。建筑迎风面通常比后面的房间承受更高的气压，经过一段时间，墙内接缝甚至曲径接缝里的水可以通过移动的空气力被带入建筑内部。为了阻止空气穿过接缝，可以在接缝的外缘涂抹密封剂，密封材料的缺陷使一小股水的气流进入建筑（图 12.12）。如果将密封剂涂抹在接缝的内边缘，它只暴露在空气中而非水中，水被曲径阻挡。即使密封剂有缺陷，如没有紧粘在接缝一侧，因为可以通过的空气太少，无法将水带过曲径。此外，使用这种方法密封的接缝还可避免由日晒雨淋造成的侵蚀，并从建筑内部检查和维修接缝。因此应采用简便、易行的方法，确保接缝具有可靠的防水性能。

在未密封的外部板材的背面提供连续的空气层，可以在不使用密封剂的情况下实现相同的效果，这是遵循防雨屏的工作原理。这层气体背后的墙必须是密闭的，墙面的边缘与板材一起封死，而且墙体结构必须足够牢固，以抵抗建筑受到的预期风压。少量空气通过接缝来回流动，有助于空腔内的气压维持与外部风压完全相同的水平，有效地消除由气流引起的水流通过接缝，板材形成一个使雨点改道的防雨屏。后面的墙成为气密屏障，两者之间的空间成为均压室，防止防雨屏接缝内外出现气压差（图 12.13）。后面的墙简单由混凝土块制成，表面涂上不透气的胶泥，或由轻质木材、钢框架制成，盖板由沥青浸渍的建筑防潮纸制成的空气屏障覆盖，并在接缝处黏合在一起。

如图 12.14 所示，多层建筑的墙板为厚铝板，未使用接缝密封胶。墙板之间设置开放式接缝，抵消使水通过墙板的外力。接缝的水平表面向外倾斜，从而克服重力造成的渗水；面板保持足够的距离以消除毛细作用。曲径接缝阻挡了由冲力带进的水，面板后面的均压室消除了空气压差。均压室被分隔成几个空腔，由各楼层间的水平向铝制构件和支撑板材垂直边缘的铝肋划分。这种分隔十分必要，因为建筑表面的风压差很大，特别是在靠近拐角处和楼顶边缘。如果不把均压室分隔开，空气可能从高压区冲到低

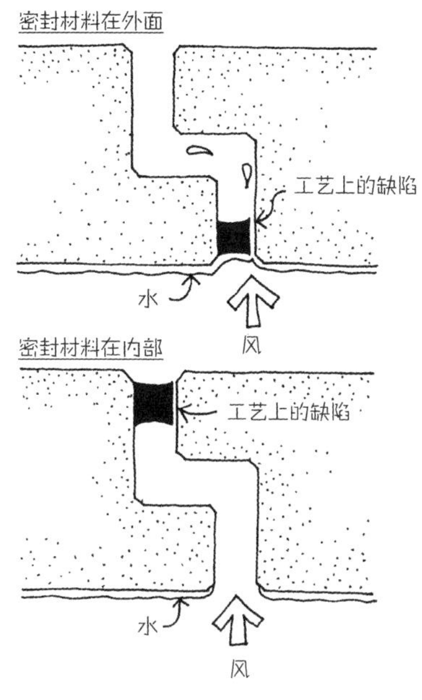

图 12.12

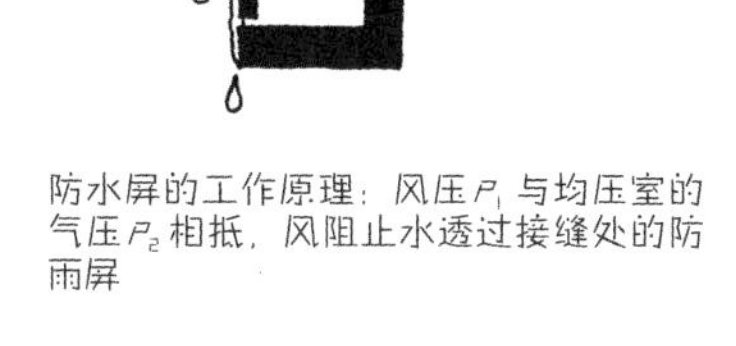

防水屏的工作原理：风压 P_1 与均压室的气压 P_2 相抵，风阻止水透过接缝处的防雨屏

图 12.13

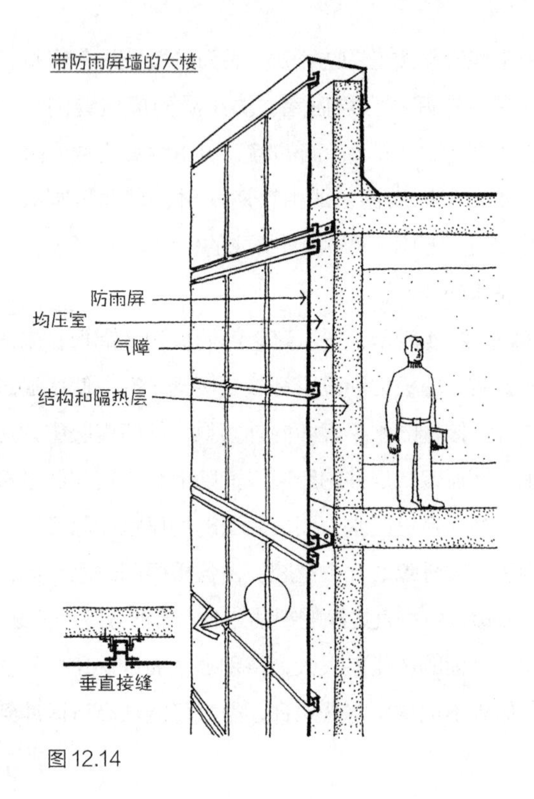

图 12.14

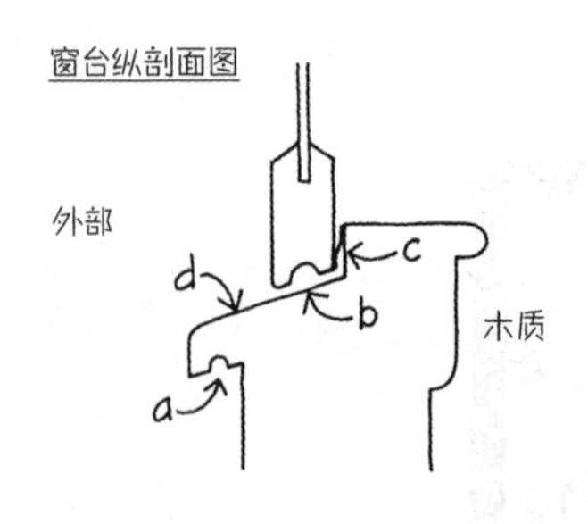

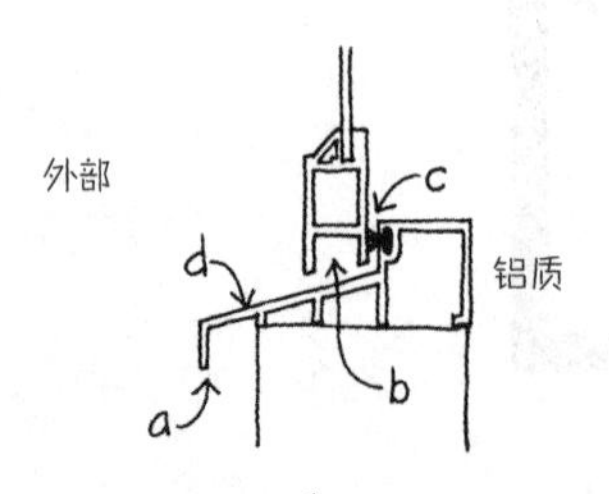

a. 滴水挑檐
b. 毛细现象隔层
c. 挡风雨条
d. 散水

图 12.15

压区，并通过高压区的接缝吸收水。应借助压力平衡，在底部自由地排放掉任何可能通过防雨屏的水。

防雨屏的工作原理可以应用于门窗框架等外部细节（图 12.15）。外部窗台应设置一个顶部斜面或散水面，将水从门或窗户处排走。这个面应突出于下面的墙，并有一个滴水挑檐，以防残留雨水侵蚀窗台下边的墙。在窗框和门槛连接处设置毛细裂缝，防止水在毛细作用下渗入。如果窗框在毛细裂缝的内侧被风化，毛细裂缝作为一个均压室，使风难以将水吹入裂缝。防风雨条是维持均压室中压力的气密屏障。

汽车制造商通常在门、行李箱盖和舱口（图 12.16）周围使用防雨屏。位于均压室后面的垫圈被当作空气屏障，放置在车门和车身之间较大的间隙中。

在水平木壁板或木瓦可水平重叠放置，使墙壁防水，除非遇到风力极大的恶劣环境。壁板或木瓦下方设置一道阻挡空气通过的屏障，例如，沥青浸渍毡或黏合塑料纤维。为了获得最佳性能，用木条将壁板或木瓦与空气屏障隔开（图 12.17）。由此，护板成为防雨屏，内部空间成为均压室。

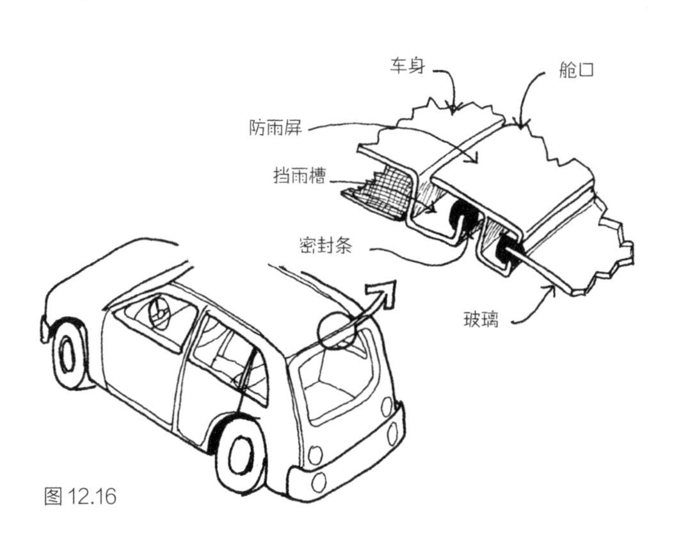

图 12.16

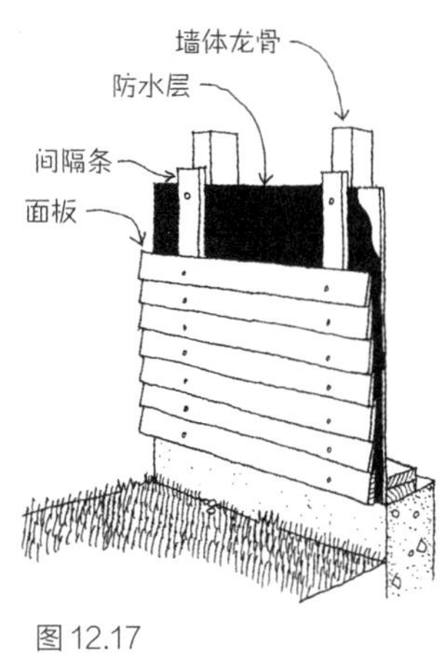

图 12.17

天气潮湿时，外墙外保温系统的壁板装置易出现漏水问题。外墙外保温系统由一层坚硬的塑料泡沫隔热板组成，覆盖非常薄的合成灰泥，并用玻璃纤维网加固。在漏水严重的建筑中，绝缘板直接附着在墙体的空气屏障上（图 12.18）。漏水可能是因薄灰泥层被损坏，或灰泥加入窗框和门框处的密封剂连接不良造成的。如果绝缘板后面有一个排水的空心墙，发生漏水的可能性相对较小，因为该系统可以起到防雨屏的作用（图 12.19）。然而，如果隔热板直接连接到建筑墙壁上，一旦漏水，湿气将无法排出，进而引起腐烂、锈蚀和霉变。成千上万的房子不得不重修墙面，维修费用高达数千万美元。

在混凝土或砖墙中，屋顶滴水溅起的泥浆不仅容易给

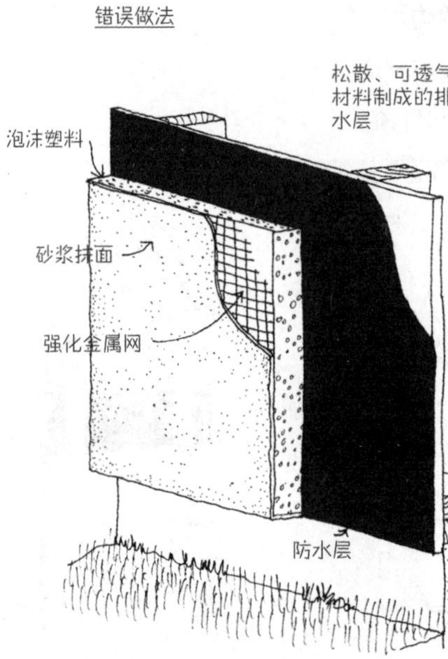

图 12.18

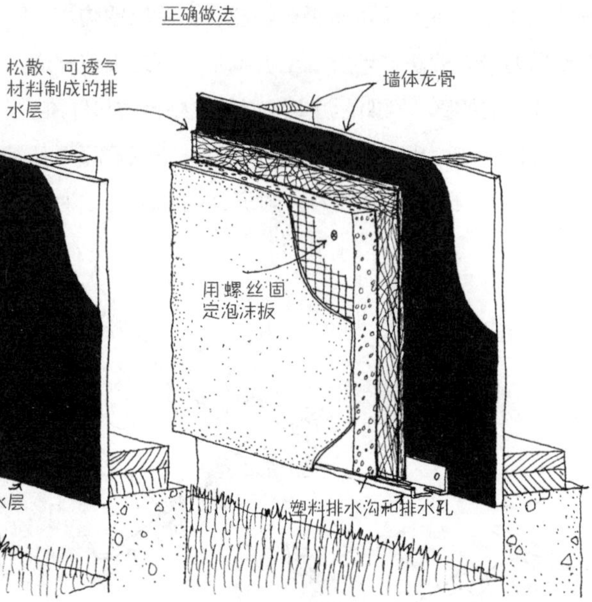

图 12.19

建筑外观造成不利影响，而且土壤微生物导致木墙板严重腐烂。建议采取一些预防措施，让木材距地面 15 厘米，20 ~ 30 厘米的高度最佳。土壤中的水分可能通过毛细作用上升，侵入砖石或水泥的墙基，从而引起底层房间的潮湿和腐烂。在地面正上方的墙壁上设置一个防水板，便可解决这个问题。

地面和地下室

将水与建筑表面隔离，可以防止水进入建筑，这种方法适用于建筑的地下部分。经常暴露在积水或多水环境中的建筑必须采取多种措施来防止水的渗入，而这些措施通常十分昂贵，但并不可靠；排水良好场地中的建筑只需最低限度的预防措施即可保持干燥。配备足够好的屋顶排水系统，可以使屋顶排出的水和建筑保持一定距离，以免造成侵蚀。地面应保持倾斜，以便将地表径流排出建筑及其周围。地基外的砂石沟槽中应铺设带孔管道，且低于地下室的底板平面，使地基周围积聚的水渗入沟槽和孔眼进入管道（图 12.20）。如果地下水环境恶劣，应在地下室地板下每隔一段距离安装更多的带孔管道。在带孔管道中，水通过无孔管道排出。如果楼房位于一块大面积的斜坡上面，管道稍向山下倾斜，通过重力将水排走。在面积狭小或平坦的地方，借助重力将管道里的水排至集水井。集水井中的自动电动泵将积水抽回地面或雨水下水道。

如果地下水位较低且排水良好，在地下室外墙上简单涂一层沥青防潮层便足以满足防潮要求。在较恶劣的条件下，必须在整个地下室周围安装连续卷材，并在回填坑穴时避免出现裂缝。可使用类似平屋顶所用的沥青和毛毡的组合卷材，或在接缝处仔细黏合合成橡胶板，或在墙壁上设置连续的黏土层。使用毛毡或橡胶卷材时，应注意地板和墙壁之间的接缝，以及墙壁中的接缝，以免存有明显的渗水现象或潜在的渗水隐患。

为了防止地下室周围形成水压，地下室墙壁与周围未开发的土壤之间用砾石填充。更好的做法是在墙壁外侧设置一层排水复合材料，底部包裹带孔排水管。排水

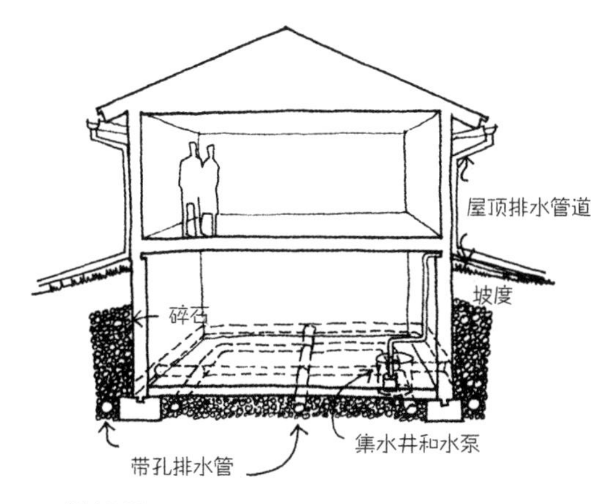

图 12.20

复合材料是一层很薄的耐腐蚀塑料，内部结构通透，水可以自由流动。土壤中的水接近地下室墙壁时渗入排水复合材料，并在重力作用下流到排水管中。

隔离地下室的混凝土或砌体墙壁的最佳方法是在排水复合材料和防潮层（防水层）之间的墙壁外侧设置不吸水的封闭聚苯乙烯泡沫板。在地面上方，可见的泡沫塑料绝缘部分上覆盖由泡沫制造商提供的专用涂层或金属丝网、灰泥。

如果地下室必须在内部进行隔热，应提供适当的设备，以保持墙壁干燥。将聚苯乙烯泡沫保温板直接贴在内壁表面上，用木条覆盖，形成通风的空心墙。饰面墙材料通常为石膏板或木板，用钉子或螺钉固定在木条上，地板和天花板上留出间隙，以便通风（图 12.21）。

如果没有地下室，可以配备高约 0.6 米的管线空间或在地面上铺上混凝土板。管线空间内的土层应足够高，以免从外部吸进的水在此集聚。另外，铺一层塑料膜，防止地面水分蒸发到空气中。管线空间周围的墙壁应隔热，冬季加热空间，夏季使用空调控制湿度（图 12.22）。大多数建筑法规要求管线空间必须自然通风，周围有被屏蔽的开口。但这个方法是错误的，因为夏季潮湿的空气将水分带入空间，水分凝结在地面冷却的表面上，导致地板框架腐烂。同理，地下室在夏季也应保持密闭，并借助空调控制室内温度，或至少配备一台除湿器。如果允许自然通风，地下室将变得非常潮湿。

如果铺设混凝土基础板，板下应铺设一层厚厚的碎石排水层，以防积水。碎石和混凝土板之间的连续卷材能够阻止土壤中水汽向上移动。如果建筑未封闭或未配备空调或除湿装置，在潮湿的天气里，湿气很可能在温度较低的板顶部凝结。

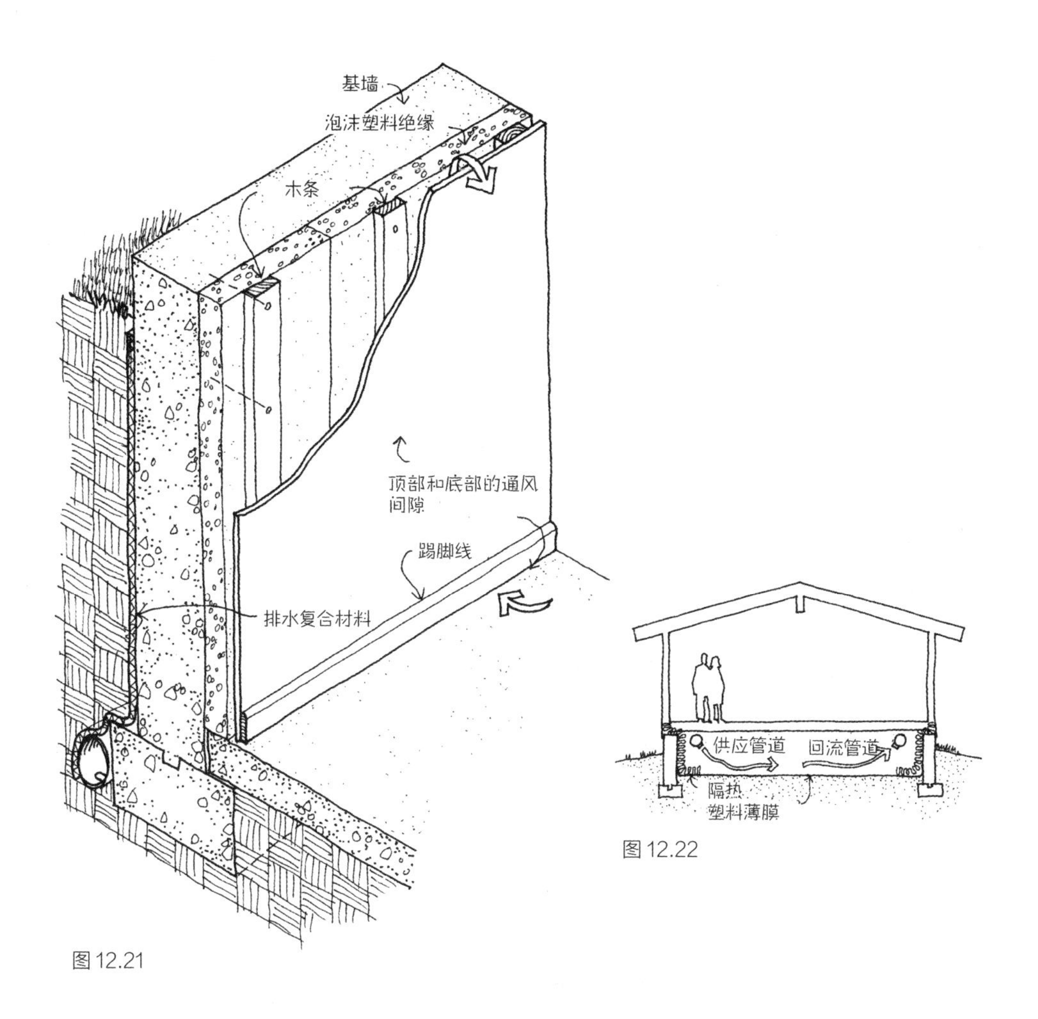

图 12.21

图 12.22

冻胀

潮湿的泥土在冻结时稍稍膨胀，尽管这种膨胀并不明显，但有时足以使铺筑、地板或基础结构破裂。由于土壤气孔中空气和土表空气间的气压差，土里的潮气向地表移动时，会导致更为严重的破坏。通常，天气寒冷时，越往下挖，土壤温度越高，这是由地心热量造成的。因此在 0℃以下的天气里，潮气向上蒸发时，土壤中的温度越来越低，直至结冰温度。这时，长长的冰晶逐渐形成并垂直生长，以巨大的力量挤压土壤。在这种情况下，土壤通常隆起 5 厘米或更多，路面和地基将遭到严重的破坏，这种现象称为“冻胀”。为了避免发生该现象，简单的做法是将地基置于冬季土壤冻胀层以下。对于路面，可以在板下铺设一层厚度、大小相似的石子，以吸收水分，抵消冻结造成的隆起。在亚北极气候中，仅采取上述措施往往是不够的，而应当在铺设材料之下覆盖一层泡沫塑料保温材料，使土壤温度保持在 0℃以上。

任何类型的平坦室外区域——道路、网球场、平屋顶、运动场、人行道、露台等，都无法实现绝对的水平。由于受到工具、测量仪器、材料等的局限，即使在最严格的控制条件下，也会出现凹凸不平的现象。下雨时，这些坑坑洼洼形成的水潭，会侵蚀建筑材料，缩短其使用寿命。基于此，人们很少在室外建造绝对平整的表面，而采用适当的坡度，将较低处的水排出。通常，1/50 坡度的斜坡足以使雨水脱离表面，这样的低坡度屋顶大多向屋顶排水沟倾斜。如果是平屋顶，必须使用更耐用、更昂贵的屋顶材料，以抵挡水的侵蚀。道路和运动场等对称表面不仅向一个方向倾斜，而是在中心地带稍稍凸起，向两侧均匀倾斜（图 12.23）。

图 12.23

来自建筑内部的水

令人头疼的水可能还有来自建筑内部泄漏的管道或供暖系统，或从水槽和浴缸溅出，或在温度较低的表面上冷凝。应仔细安装，这是避免管道漏水的唯一方法。安装可能漏水的管道时，如室内排水管和墙内的淋浴排水管等，可以在下方安装金属或塑料薄膜，以便收集漏出的水并将其排入排水管。如果可能发生飞溅，应安装不透水的表面。如果确有必要，还应安装地漏，防止水进入建筑结构。在潮湿的天气条件下，从水箱和冷水管道中滴下的冷凝水是造成建筑损坏的常见原因，因此应对管道和水箱进行隔热，并配备蒸汽缓凝剂。

冷凝水顺着窗玻璃内部向下流动，导致窗框腐烂或生锈。如果双层玻璃的内表面温度足够高，则可以避免大多数情况下的冷凝。天冷时，金属门窗框架上有时聚集冷凝水，如果框架内部有空腔，可能在内部形成冷凝水并造成损坏，除非冷凝水通过排水孔排放到室外，或在空腔内填满密封剂或砂浆，以防潮湿空气进入。对于屋内暴露的金属框架上的冷凝水，建议在框架部分增加一个隔热层，使其温度保持在露点以上（图 12.24）。

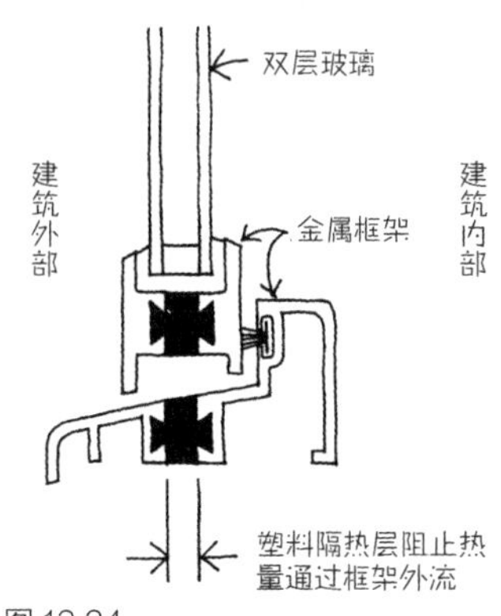

图 12.24

拓展阅读

Edward Allen. *Architectural Detailing: Function, Constructibility, Aesthetics.* New York, Wiley, PP. 5—36.

J. M. Anderson and J. R. Gill.*Rainscreen Cladding.* London, Butterworths, 1988.

13

视觉与照明

人通过眼睛感知大部分信息，眼睛能够感知一部分电磁辐射光谱。可见光是由波长最长的红色光，以及波长逐渐变短的橙色光、黄色光、绿色光、蓝色光、紫色光组成的（图 13.1）。无色光也即白色光，实际上是各种波长的光线平衡之后的混合物，而黑色属于没有光的状态。

光线与视觉

有用的光来自太阳光或人造光源。眼睛是为了人在阳光下看到东西而进化的，后来逐渐把太阳光视为自然光。大部分人造光源产生的光不同于太阳光。白炽灯类的光源，如明火、蜡烛、油灯或灯泡中的发光灯丝，发出的光波较

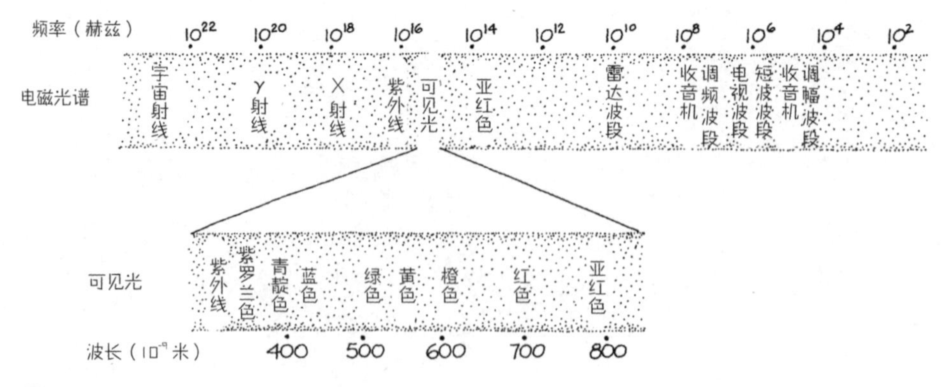

图 13.1

短，看上去比太阳光更红。荧光在充满水银蒸气的密封玻璃管中产生，管两端之间释放的电荷激发汞蒸气，将能量释放到灯管内壁，导致荧光粉发光。荧光管发出的光的色彩取决于荧光粉的化学成分，如果产生的是较长、较温暖的波长，光线呈蓝色，有些荧光灯也可以与发出较暖的光的荧光粉搭配使用。

光线照射到物体上时，物体吸收一部分光线，其余的光反射到周围。眼睛只能接受一小部分反射光，然后通过透镜原理把它们组织起来，并在视网膜上转换为神经脉冲，再经大脑转换成视觉图像。物体的色彩由其吸收光的方式决定（图 13.2），与较短波长的光相比，吸收较长波长的光更容易反射较多光线。眼睛会把物体视作由不同色彩组成。

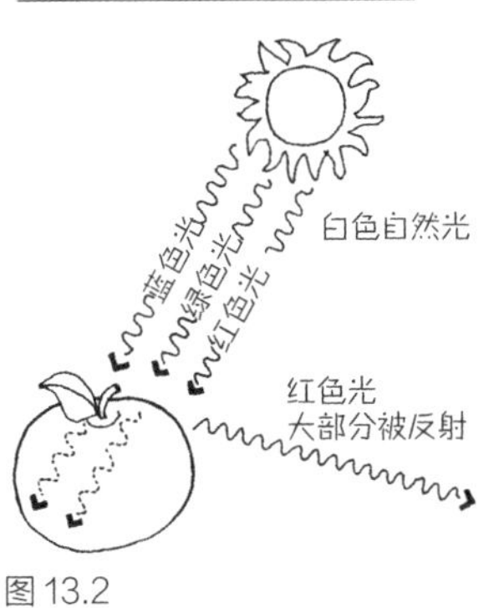

图 13.2

在物体亮度较低的情况下，眼睛只能看到大而简单的形状，无法区分颜色（图 13.3）。在稍亮的光线下，眼睛可以看到更小的形状，但仍不能分辨颜色。随着亮度的增加，颜色开始变得清晰，但仍是模糊的。虽然可以看清白纸上印刷的黑色字体，但不易辨认。随着照明强度的增强，

图 13.3

物体的亮度进一步提高，人能更准确地辨认出更细小的印刷字体，阅读速度也会加快。颜色越亮，人对色彩的辨别能力越高；亮度非常高时，视觉效果的提高就相对有限。眼睛被非常亮的物体弄得眼花缭乱时，人们感觉眼睛疼，甚至眯起眼睛，以减少进入眼睛的光线。由于视觉疲劳，面对眩光，眼睛只能停留很短的时间，如果被迫看亮度极高的物体，视网膜可能受损。

眼睛能自动适应光线强度的变化。眼睑、睫毛和眉毛构成了人体调节光线的外部系统，瞳孔根据不同的光线条件迅速扩大或缩小，以调节眼睛接收的光量。相反，人体调节光线的内部系统反应速度要慢得多，而且大多表现在视网膜上。通过改变瞳孔的大小，眼睛能够快速适应亮度的微小变化，但适应较大的变化，则需一定的时间。在自然界中，光照变化是渐进的，很少引起眼睛的不适。人从明亮的阳光下走进黑暗的剧院或地下室时，会经历几分钟的“夜盲症”状态。

眼睛通过调节只能适应一种亮度，如果一个非常明亮的物体和一个非常暗的物体并排放置，明亮的物体因发出强光而被人看见，但因为太亮而不能被长时间观看。黑暗的物体难以辨认，甚至只能看到模糊的轮廓（图 13.4、图 13.5）。在没有明亮物体的情况下，把同样的黑暗物体放在更暗的背景下，该物体则会显得明亮且清晰，因为眼睛已经适应它的亮度水平。将一个人或一个物体靠近明亮的光源，如太阳、灯泡或白天的天空下，眼睛要尽量适应令人炫目的光亮，视野中的其他部分都是灰蒙蒙的。人们想看到的物体是视野中最亮的物体时，周围物体的亮度则较弱。

日光

从过去到现在，人们始终保持着日落而息的习惯。火、

图 13.4

图 13.5

蜡烛和油灯是亮度微弱的照明源，且需要付钱，因此使用建筑中的自然光显得尤为重要。建筑的朝向和布局、窗户开口的设置和室内装饰物的选择都会影响室内采光。在建筑内，人们采用建筑构造设计，如天井、山墙、弦线、墙角、壁龛等造型，以便太阳划过天空时，在立面创造出赏心悦目、变幻不定的图案，但这种艺术手法如今基本上已被遗忘了（图 13.6）。

罗马圣苏珊娜教堂，1596—1603 年，建筑师：卡洛 · 马代尔诺

图 13.6

人们对建筑采光中的太阳光持一种矛盾的态度。太阳是日光的来源，一缕阳光透进窗户，特别是在冬天，让人感觉非常愉快，并增加了室内色彩的亮度。但人不能直视太阳，在强烈的阳光直射下，阅读和缝补等精细的工作几乎不可能完成，即使阳光只是散射，人也不得不转移目光。在温暖的天气里，人们甚至不能忍受建筑中阳光直射的热量，地毯、织物和木材因阳光照射而褪色的现象随时都会发生。此外，人们必须面对这样的事实：太阳经常被云彩部分或全部遮住。基于此，人主要依靠散射的阳光或反射的间接光线来照亮建筑内部。反射面吸收大量热量，散射的可见光强度远低于直射阳光。

经过上千年的实践，人们研发出大量的遮阳和反射装置，如树木、藤蔓、天窗、遮阳棚、百叶窗和窗帘等（图

13.7 至图 13.9）。顶棚遮阳装置可以阻挡或过滤直射的阳光，只允许来自天空和地面的反射光进入窗户。遮阳棚和百叶窗作为遮阳板，将阳光直接转换成更柔和的反射光。白色的外墙和窗框有助于从窗户收集更多的反射光线。在北方气候温和的地区，朝北的窗户和天窗很少或无法接收直射的太阳光，有助于从明亮的天空收集间接的光线，而不会产生较多的热量。

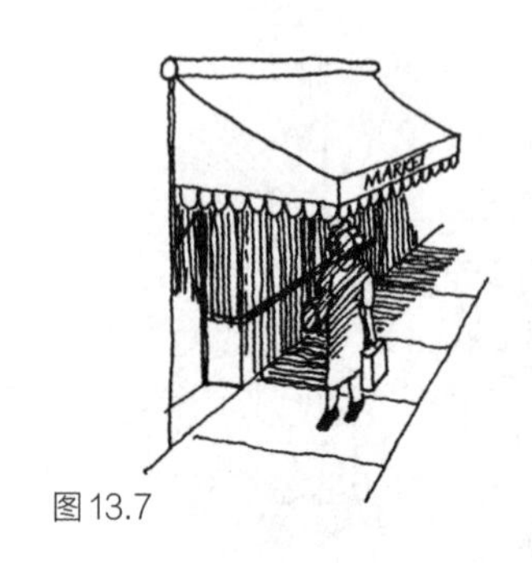
图 13.7

太阳不直接射入房间时，房间内某个位置的自然光量由几个因素决定，其中最重要的是通过窗户和天窗直接“看到”天空总面积的比例，以及“看到”这些天空的相对亮度。水平向的天空光线亮度只有垂直向光线的 1/3，因此如果没有树木或其他建筑，窗户离天花板越近，收集的光越多（图 13.10）。在某些情况下，大部分光被地面或附近的建筑反射到窗户中，直接或通过室内表面再次反射之后到达室内某个位置。

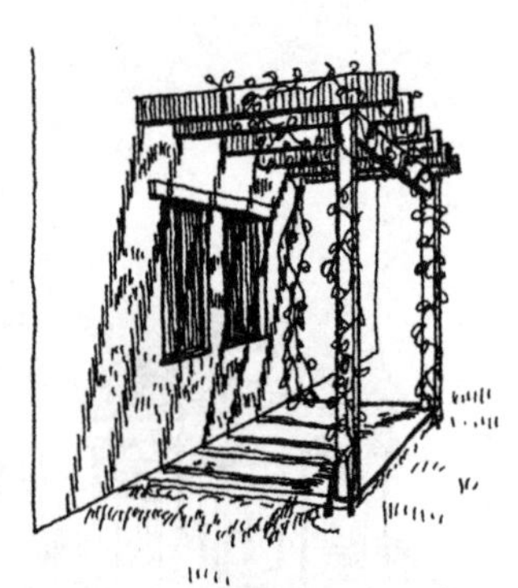
图 13.8

房间的格局和墙面处理对采光起着重要的作用。通常，层高较高、进深较浅的房间以及反射率较高的表面使

图 13.9

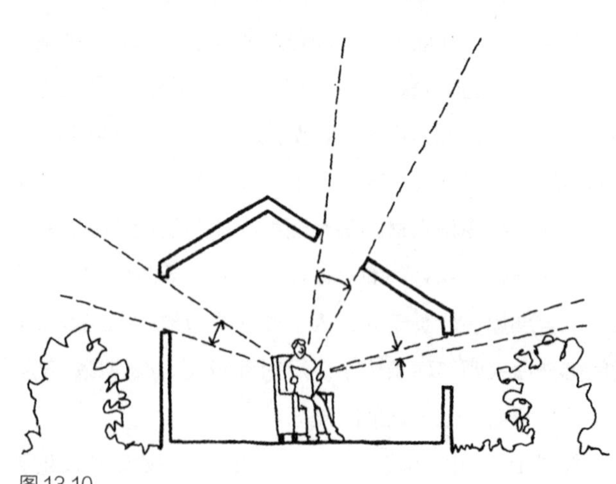
图 13.10

房间更明亮（图 13.11）。层高较低、进深较长的房间或窗户设置在墙面比较窄的墙面顶端房间，以及深色表面的房间，室内光线暗淡，采光较困难（图 13.12）。人们所处的位置越靠近房间后墙，离窗户越远，可以直接“看到”的天空就越小，需要更多的连续反射把光线引到需要观察的目标。高度反射的表面——白色、浅色和金属表面在反射中吸收较少的光线，让更多的光线到达房间。较高的天花板可以减少一定距离内携带光线所需的反射次数。采光顶窗或通风窗有助于平衡整个房间的采光水平（图 13.13）。光架是一种强大的反射装置，能把光线投射到房间深处（图 13.14）。

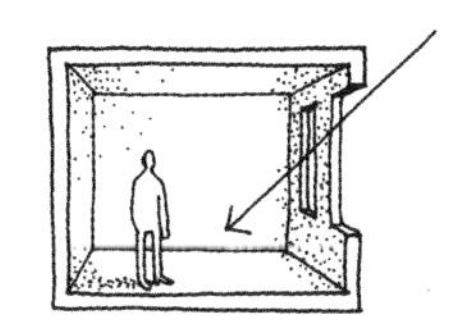
图 13.11

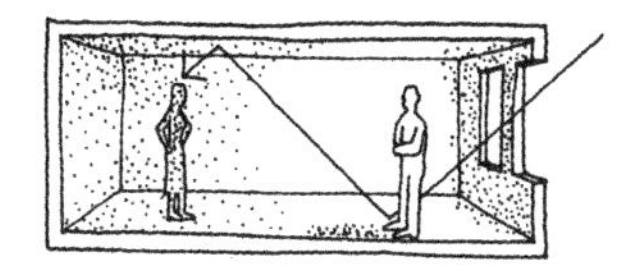
图 13.12

如果窗户或天窗在人的正常视野之内，进入室内的光线与居住者想看到的其他物体相比可能更亮。例如，教室里靠近黑板的窗户比黑板亮许多，它的眩光使黑板的使用性大大降低。通常，窗户应远离室内光线中心的焦点，如果窗户或天窗对着开阔的天空，应安装百叶窗或窗帘来降低亮度。浅色窗框，尤其是敞开的窗户，有助于减弱室内外明暗差（图 13.15）。

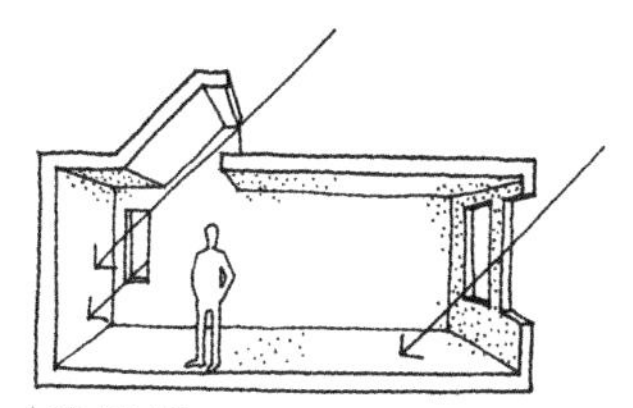
图 13.13

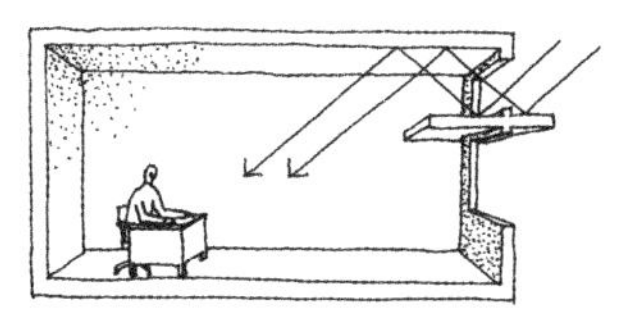
图 13.14

自然光深受人们的欢迎的原因有很多。例如，自然光在室内和室外之间创造了一种令人愉悦的空间联系，它的色彩是天然的，随着天气、季节和时间的变化而产生有趣的变化。设计适合日光照明的窗户和建造合理的建筑外墙通常比随意安装所需的费用要少，而且获取太阳光是免费的。在玻璃维修和室内墙面清洁方面会产生一些费用，这些费用与正常的建筑维修费相比显得微乎其微。

人工照明

自然光的主要缺点是不稳定，尤其在日落与日出前的这段时间，难以对其进行利用。人工照明随时可用，容易操作，也方便居住者使用，这充分证明自然光和人工照明

图 13.15

可以完美互补。人工照明主要用于夜间，白天光线不足时亦可作为白天照明的补充。

三种常用的人造光源（统称灯）产生的光线总量大致为：

蜡烛	13 勒克斯
100 瓦的白炽灯	1500 勒克斯
87 瓦高效荧光灯	6600 勒克斯

100 瓦白炽灯产生的光亮是蜡烛的 100 倍，效率是 15 勒克斯 / 瓦，荧光灯的效率大约是白炽灯的 5 倍。这表明荧光灯可以以更低的能源成本产生与白炽灯相同的照明水平，并且 1 勒克斯的荧光灯比白炽灯消耗的无用热量更少，这一特点对在炎热的天气条件下保持建筑内的清凉感相当重要。

效率并非人们选择光源的唯一标准。白炽灯发出暖色光，类似于火光或烛光。人的皮肤在白炽灯下显得温暖而红润，食物看起来更美味，室内散发出令人愉悦的光，尤其当软装材料是暖色调时，如厚木色或红色地砖。发光的灯丝照在玻璃器皿、瓷器、银器或汽车表面反射出迷人的光芒。相比之下，人和食物在淡蓝色的荧光灯照射下有些暗淡，而亮度稍低的荧光灯并不能产生强烈的光。

与荧光灯效率相同的是高强度放电灯（HID），包括金属卤化物灯、高压钠灯、低压钠灯和水银蒸气灯。尽管这些光源的输出光量很大，但许多光源的色彩效果较差，因此无法广泛用于室内照明灯。与白炽灯不同，荧光灯和高强度放电灯需要镇流器或电子元件，以调节电灯工作时的电压、电流和电流波形。

人造光源在建筑中所处的位置是非常重要的。放置不当的固定装置使人或物体处于不良光线中，例如，灯光从上方或下方直接将阴影笼罩在人脸上。有时，位置不佳的灯把物体置于阴影中，比如惯用右手写字的人，光源来自右边，便会产生这种情况。有时光源侵入视野，发出破坏性的眩光，光源内的屏蔽或漫射装置可极大地抵消这种眩光，但人们更愿意在正常的视野范围之外安装光源。

照明设计

照明设计的一大宗旨是为视觉观察提供适当的亮度。如果视觉目标是餐桌上盘子里的食物，亮度可以很低，但是如果在手术台上做阑尾手术，则需要非常明亮的灯光，而介于两者之间的灯光环境能够满足大部分的视觉要求（图 13.16、图 13.17）。为了达到预期亮度，必须对照明平面提供适当而充足的光线，合理地选择和布置光源，并与适当反射率的房间墙面共同发挥作用。与日光照明一样，浅色、高反射率的室内墙面有助于从同样光源中获得更多的照明。

图 13.16

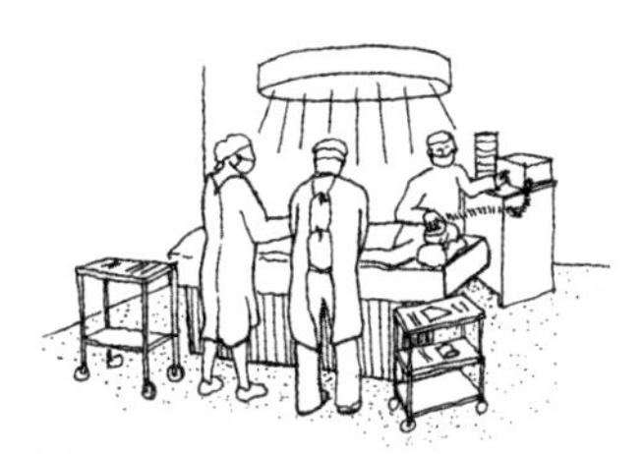

图 13.17

墙面色彩有助于减弱眩光，如果将一张白纸放在黑色桌面上会导致视觉疲劳，而将白纸张放在浅灰色的桌面上，即便长时间观看也不会觉得不舒服。防止眩光的另一种方式是避免视觉目标的照明和周围环境之间形成强烈的反差，利用明亮的小灯泡对视觉作业进行准确照明是个好办法，这要求室内其他部分的光线达到适中亮度，以消除视觉疲劳。

人们通过实验确定了亮度增加与视觉效率提高之间的相关性。基于此，一些设计师在办公室和工厂里安装了照明功能强、耗电量较大的照明系统。但现场测试表明，一旦确定了房间可接受的最低照明水平，人的满意度和行为方式更可能取决于照明质量，而非绝对照度。

为某栋建筑设计照明系统时，必须明确该照明系统所要达到的目的：是营造某种氛围，由内而外增强建筑的形式美，美化人的外表，还是引起某个物体或人的注意？抑或让读书或工作变得更方便，或实现其他目标？

照明设计如何帮助眼睛和情绪适应这些变化？人置身建筑内时，照明设计如何最大限度地给人们带来舒适感和愉悦感？明确这些问题之后便可以分析设计的诸多要素：日光起到什么作用？在哪里设置人工照明效果最佳？建筑和视觉目标照明在白天和夜晚如何变化？建筑特定区域的光线应均匀地分布在整个区域还是主要集中于某个位置？哪些款式的窗户和固定装置能够提供合适的照明，以及它们应放置在哪里？这些要素非常关键，因为正是通过照明眼睛才可以感知建筑，并且人们可以通过建筑的照明环境享受独特的视觉体验。

拓展阅读

M. David Egan. *Concepts in Architectural Lighting.* New York, McGraw-Hill, 1983.

14 声音的传播和阻隔

我们喜欢听美妙的音乐、朋友的声音、夏日早晨的鸟鸣声以及舞台或银幕上演员的对白。我们通过声音或乐器创作音乐、与朋友交谈或向感兴趣的听众传达重要信息，并从中获得极大的满足感。在这种情况下，我们愿意倾听，也愿意被倾听；但在其他情况下，我们也会选择不去听或不被听到，比如要求环境安静或私密的时候。我们不愿意听到嘈杂的交通噪声，也不想听到邻居喜欢却不符合自己审美的音乐，尤其当这些噪声干扰睡眠、分散注意力或影响我们在周围环境中听到或被听到的能力时。此外，我们并不希望自己的秘密被别人知道，甚至希望令人感到不愉快的噪声（如学拉小提琴或在电锯上切割木材的声音）不要影响自己或打扰他人。

有时，我们在试图听到或被听到时因自己发出的声音太弱或被不必要的噪声所干扰而感到沮丧。通常，声音隐私可能被嘈杂的环境所侵犯。任何建筑，无论设计是否考虑听觉条件，都会对声音的传播产生重要的影响，如果这些声学特征能够完全被理解，设计师可以通过利用和控制声学效果，来营造适合人类居住的室内声学环境。

声音

声音是由振动源发出、以不同的气压波通过耳朵产生的一种感觉。在耳朵内部，声波撞击鼓膜产生振动，

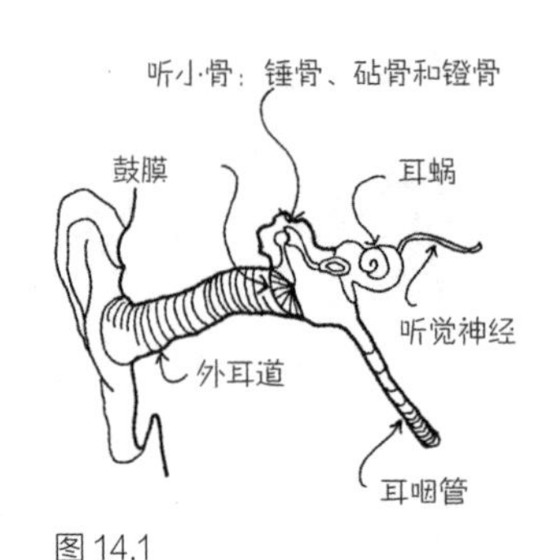

图 14.1

表 14.1 不同声压的分贝值

声压 (W/cm²)	分贝数值 (dB)	声音情况
10^{-2}	140	附近的喷气式飞机
10^{-3}	130	造成疼痛的极限
10^{-4}	120	附近的高架火车
10^{-5}	110	交响乐队
10^{-6}	100	电锯声
10^{-7}	90	闹市街道
10^{-8}	80	近距离的叫喊
10^{-9}	70	88 千米 / 小时行进的车内
10^{-10}	60	面对面谈话
10^{-11}	50	办公室
10^{-12}	40	安静的客厅
10^{-13}	30	安静的卧室
10^{-14}	20	村庄周围的嘈杂声
10^{-15}	10	树叶沙沙声
10^{-16}	0	听力极限

振动通过骨骼的微小杠杆机械地传递到敏感的内耳（耳蜗），从而转换成神经脉冲，供大脑解读（图 14.1）。年轻人能分辨发声频率为 20 ～ 20 000 赫兹的声波，但随着年龄的增长，耳朵对较高音频的感觉逐渐迟钝，因此 10 000 ～ 12 000 赫兹的声波是中年人听力的上限。

就声波的压力而言，正常听力的耳朵可以承受自然界中最响亮的声音，也能分辨出比声波小数百万倍压力下的声音。为了将这种宽泛的声压范围压缩到可控制的测量范围，通常采用对数数值——分贝，表 14.1 说明了耳朵如何受不同压力的声音影响的。

说话声由声带振动产生，声带振动由喉咙、鼻子和嘴巴的运动引发。声音的持续时间从 1/5 ～ 1/3 秒不等。声音的基本频率为 100 ～ 600 赫兹，许多特殊声音的音频大大超出这个范围，因为我们只有清楚地听到，才能准确地理解。在最小的低语和最响亮的叫喊之间存在广泛的声压范围，一般人说话的声音不超过 30 分贝。正如人们所知，大声说话比低语更容易被人理解。

音乐声的持续时间通常比说话声的持续时间长，涵盖了更广泛的频率和声压范围，特别是器乐音乐。一些大型管状乐器能够发出降低调，音频几乎等于听力范围的最低限。乐器的高音泛音通常会出现很高的频率，交响乐中最柔和的音符几乎听不见，最响亮的摇滚乐让耳朵产生疼痛感。

噪声是不受欢迎的声音，可能是讲话声、音乐声、风声、雨声或发动机、齿轮、风扇的机械轰鸣声、车轮声、电气设备的蜂鸣声或管道的爆破声。现代社会潜在的噪声源在声音特征上非常多元化，无法对其特征进行全面的概括。因此必须单独分析各种噪声，以便在采取改善措施前确定来源、频率特征范围和声压。

在理论上，声波从声源点呈球形辐射（图 14.2）。如果声源悬浮在理想的空气中，距离与声压成反比。在实践中，声波通常受地面或建筑表面的影响，无法通过简单的数学表达式来描述声场（图 14.3、图 14.4）。

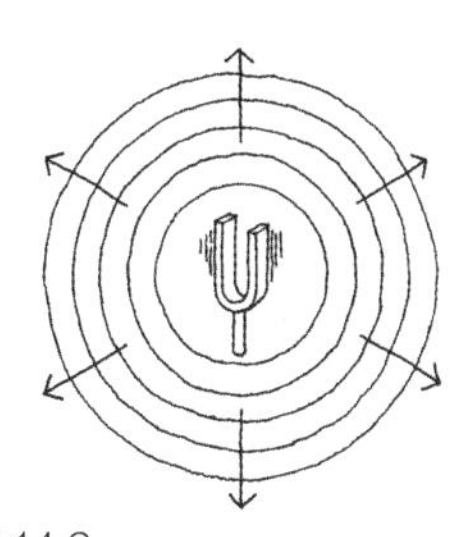
图 14.2

声波撞击到尺寸小于或类似声波波长的物体时会发生衍射，使声波向多个方向散射。声波撞击较大的表面时，反射部分声能，就像反射镜反射的光一样，一部分被表面吸收。表面越坚硬，反射的比例越大。柔软的多孔材料能吸收大量入射声能，并将其分散在运动的空气分子和带孔墙壁之间的摩擦中。对于给定频率的声音，最佳的吸收位置通过放置在距离坚硬表面 1/4 波长处来实现，在那里空气分子在入射声波和反射声波中的速度达到最大，需要更厚的多孔材料来吸收更低的频率。厚厚的墙壁装饰面只吸收接近或高于听力极限的频率，加垫的地毯或厚窗帘可以吸收较大范围内的大部分入射声音，最低的音乐频率不能被普通厚度的多孔材料有效吸收，开窗接收新鲜空气的同时，可以听到各种声音。光滑、致密的混凝土或石膏墙壁是极好的反射体，可以吸收不到 5% 的入射声。

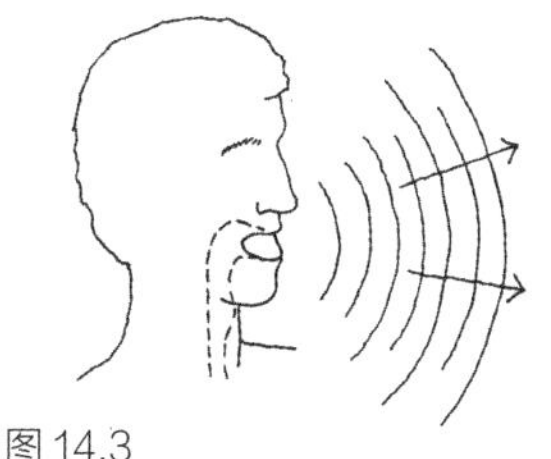
图 14.3

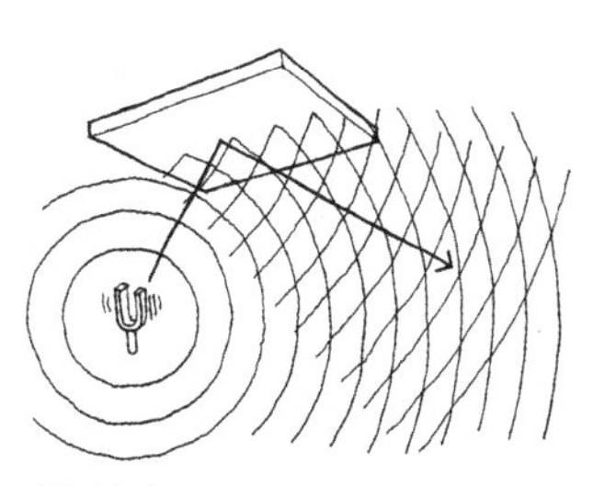
图 14.4

声音在空空荡荡的建筑内可以引起回声，音频与发出的声音相同。建筑内的空气起到类似于弹簧的作用，以特定的频率振荡，因为共振体从激发它的声波中吸收能量，运用共振装置可以有效吸收声能。在实践中，安装谐振器可以更好地处理低频声波，有些房间需要多孔吸收装置来控制音频，谐振器是一种实用的附属装置。在新建的音乐厅里，谐振器通常被建造为隐蔽在墙上的空洞。

声音可以在空气以外的介质中传播，如钢、木材、混凝土、砖石或其他硬质建筑材料（图 14.5）。脚步声（尤其是高跟鞋声）很容易通过混凝土地板传到下面的房间，金属管可以将水管中的噪声传遍整栋建筑。每栋建筑都会发出声音，如雨和冰雹在建筑表面的拍打声、风的呼啸声、关门声、脚踏旧木地板的咯吱声，供暖系统、管道系统、

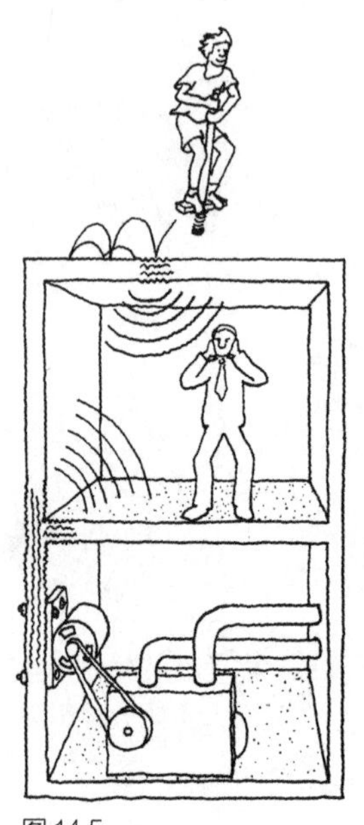
图 14.5

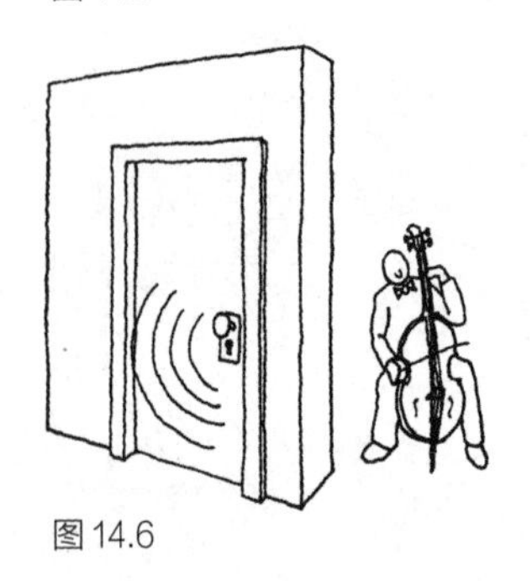
图 14.6

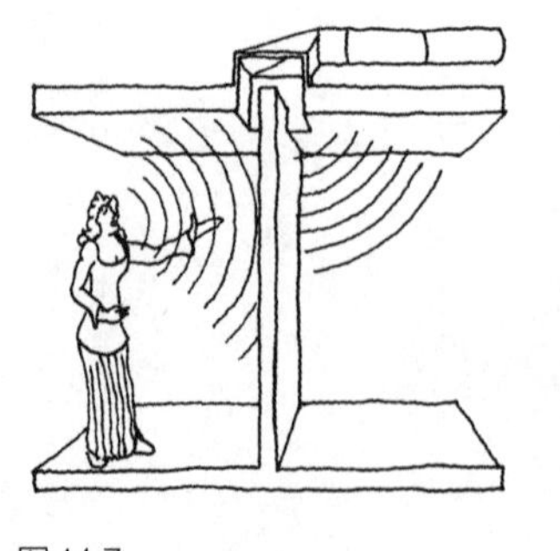
图 14.7

电梯、垃圾粉碎机等机器的噪声。选用安静的设备来降低机械噪声，并尽量安装在远离住宅的区域；填充弹性充塞物，以减少设备在结构上产生的噪声，或用隔声材料包裹设备，以减少在空气中传播噪声。还可以使用门窗挡风条来降低风声，增强室内的隔声效果。如果雨和冰雹的声音令人不快，使用厚屋顶和厚窗来隔声。建筑构件相互滑动挤压会产生结构噪声，这种噪声难以避免，也不可消除。如果能够精确定位声音的位置，则建议用钉子或螺栓固定建筑构件，或向伸缩缝涂抹润滑油。

房间之间的传声方式非常多元，即使很小的开口，如钥匙孔、门底部的槽、隔断与天花板之间的裂缝，也可以传播声音（图 14.6）。打开或合缝较差的门窗容易发出声音，用于加热、冷却或通风的管道通常提供从一个房间到另一个房间的空气通道，除非内衬吸声材料，否则可以轻易地传送谈话内容和其他声音（图 14.7）。如果想营造私密的环境，应使用密封剂封住门窗周围的缝隙，并关闭其他开口。隔断必须从楼板顶部延伸至底部，以最大限度地隔声，并尽量采用大且密不透气的方式建造。厚厚的砖墙在房间之间形成了良好的隔声屏障，混凝土砌块隔断的隔声效果略微逊色，因其孔洞较多，容易传递声音。在墙的一面或两面抹灰泥，使其不透气，可以有效地解决这个问题。

大多数隔墙由细长、直立的框架构成，石膏板的两面与之相连，此类隔断的隔声效果并不理想。为了提高声学性能，可以在一面或两面增加石膏板层，以增加石膏板的厚度。如果其中一层用弹性金属夹固定，而非用螺丝紧紧固定在框架上，隔断中的结构传播声将大大降低。在隔墙内填充纤维棉，可以产生更好的隔声效果。

“吸声”砖可以较好地吸收室内的入射声，通过吸收房间内产生的一些声音，降低噪声水平。由于其多孔和密度低，对减少噪声通过天花板或墙壁从一个房间传到另一个房间不起作用。窗帘和地毯也是如此，地毯有缓冲作用，可以避免产生噪声。减少噪声通过地板传播的另一个方法是在地板上铺一层厚厚的地毯或衬垫。为了更安静，建议在地板结构中增加弹性层，例如，在地板和地板饰面材料之间铺一层可压缩塑料垫。

营造良好的听觉环境

房间对音乐会、戏剧制作、演讲或宗教仪式的声学适用性主要取决于房间的格局、大小，以及被其表面和内容吸收、反射和散射的各种频率的声音量。房间的格局非常重要，决定了声音的反射路径。在平行墙结构的小房间里，有时产生明显的驻波现象，在驻波中，声音或音乐的某些频率被放大，因为它们在相对的墙壁之间来回反射。驻波可以通过轻微倾斜或完全倾斜的两个相邻墙壁来消除。带有凹面的房间可以将声音反射集中在一个或多个区域，在其他地方留下声学“死点”。“回音廊”就是这样的建筑，即使两个人站在一个曲面附近的房间，也能听到对方的低语，音量之大、清晰度之高如同促膝谈心（图 14.8）。表演厅通常要避免凹面，因其在某些区域聚焦声音，但凸面可以将反射的声音分散开来，有助于增强房间所有部分的声级（图 14.9）。随机、不规则的房间表面可以设计成分散和反射声音的模式，可以将声音合理地分配给所有听众，因此音乐厅的声学设计包括凸面和不规则面（图 14.10）。

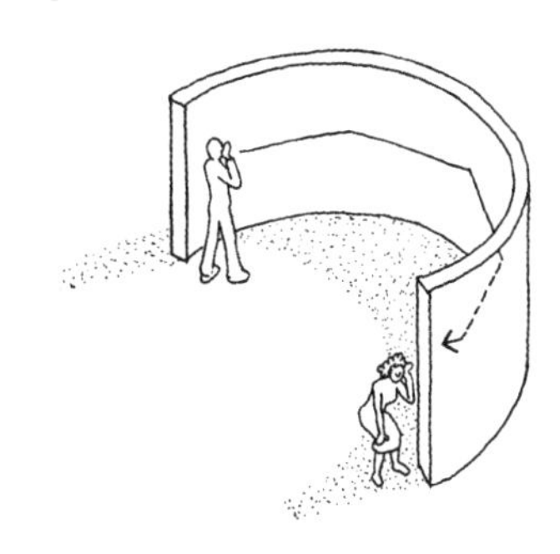

图 14.8

声音增强是对通过从各种反射以及直接从声源中听声音来放大声音，是房间反射特性中一个非常重要的功能。会议室、教室和礼堂的天花板上通常覆盖着吸声材料，但这些吸声材料设置得并不合理，消除了通过天花板反射而增强的声音，导致房间后部音量不足。因此应安装电子扩声系统，不必把天花板的大部分中心暴露出来作为反射面。

图 14.9

图 14.10

另一方面，在一些非常大的大厅里，反射的声音需要很长时间才能到达听众那里，比直接从舞台上听到的声音要晚得多，这是一种独特的回声，它混淆了声音，而非加强声音。如此长的反射路程必须通过改变房间的几何结构或有选择地使用吸声表面来消除。重要的是通过在短路径上创建反射来增强声音，但这无法产生回声。

声音在房间内通过反射然后消失变成完全没有声音的这段时间称为“混响时间”。通常，混响时间随房间体积的增大而增加，因为声波必须在连续反射之间通过较长的路径，并且增加吸声材料时，混响时间会缩短。混响对讲堂、剧院和音乐厅来说非常重要，让声音绕梁迂回，比在露天传播的声音更圆润、更浑厚。对特定的大厅来说，获得合理的混响时间至关重要。对演讲而言，较短的混响时间是最好的，这样短的辅音就可以保持清晰，一定程度的混响有助于丰富演讲者的声音，让声音到达听众时听起来更美妙。对音乐而言，较长的混响时间扩展并混合了乐器或歌声，满足了作曲家、音乐家和听众的期望。在混响时间较短的大厅，音乐听起来古板而脆弱，而混响时间太长，音乐就失去了清晰度，因此设计良好的大厅能够赋予音乐“华丽的色彩”，而不破坏清晰度。人们普遍认为，在宗教仪式中，乐声悠扬的礼拜仪式源自早期的宗教建筑对长时间混响和清楚交流的需求，从中世纪到现在，宗教音乐常依赖于巨大空间中的回声，以烘托情绪。

为了营造良好的听觉环境，房间的形状应确保声音在听众之间均匀地分布，并在适当的时候有所增强，并提供适合大厅使用的混响时间的房间体积。在平面图、剖面图上绘制声线路径及其反射情形，或利用计算机图表来预测大厅中的声音分布情况。混响时间根据大厅的体积和每个表面吸收的声音量来计算，可根据测试结果按比例制作大厅的微缩模型，详细地论述预测结果。此外，为了在大厅里营造良好的听觉环境，必须将噪声降至最低，以免干扰演出的声音。墙壁、天花板和地板的建造，应使用重型密封材料来隔离室外噪声，并安装消声系统来通风、加热和冷却大厅空间，最大限度地降低噪声。

先进的电子设备有助于优化表演厅的声学环境。在现有建筑中，为其他目的而设计大厅时，有时不可能达到听力条件下的最佳配置和比例。在这种情况下，通常可以安装扬声器来弥补自然声学系统的缺陷。此系统把其他声音集中到大厅的死角区域，或增加一点回响时间。使用电子设备模拟音乐厅的声学环境，可以预测其声学特性，准确地模拟该音乐厅内特定位置的视听效果。这有助于业主、音乐家和设计师在建造前“试用”大厅，针对声学环境的改善与优化提出建议，并体验变化后的声学效果。

噪声控制

噪声是不需要的声音。我们需要安静的房间睡觉或学习时，噪声必须保持在最低限度。在建筑规划阶段，噪声控制体现在需要安静的房间尽可能远离噪声源，如喧闹的街道、公共房间、厨房、车间或进行操作机械的房间。此外，安静的房间应配置厚重且密闭的墙面、地板和天花板。

如果噪声从工厂、机场或高速公路传来，距离越远，则噪声越低。茂密、宽阔的常绿树林可以吸收一些噪声（单棵树或单排树几乎不起任何作用），普通的木栅栏较轻，对阻隔噪声的作用不大。混凝土或砖石砌成的厚墙更有效，但必须足够高且足够宽，以阻挡房间和噪声之间直接视线，且必须靠近房间或噪声源。许多大城市周围的高速公路隔声屏障通常靠近道路，高度足以阻隔四面八方的直接视线，并由混凝土、砖石或重型木材制成。机场附近的建筑通常暴露在非常大的噪声中，这些噪声来自空中和地面上的飞机，而且难以隔离。使用两层或多层夹层玻璃制成的密封单元代替所有窗户，在两层之间留有空隙，可以减轻一些压力。夹层玻璃是将一层非常软的塑料夹在两片玻璃之间，柔软的内层有助于抑制声音通过玻璃。建筑被密封时，必须进行人工通风和冷却，空调的低噪声有助于掩盖飞机的噪声。

如果噪声特别持久，建筑可能无法有效地屏蔽噪声，或无法投入足够的资金降低噪声；有时房间很安静，即使耳语也让人分心，呼吸、心跳和身体移动的声音使人感到不适。在这些情况下，使用较低音频的遮蔽噪声有助于阻挡不受欢迎的声音。每个人都曾享受过最好的遮蔽噪声——海浪拍岸、风吹树林、明火噼啪作响、雨滴敲打屋顶、小溪或喷泉飞溅。这些声音不具音乐或言语中固有的干扰性，如果找不到这些遮蔽声，轻微噪声的通风系统可能具有相同的功效。在许多商业建筑中，屏蔽噪声是通过分布在各处的扬声器以电子方式实现的，屏蔽噪声的声频必须强于需要掩盖的声音才能发挥作用。

使嘈杂的房间安静下来

为什么有些餐馆的噪声如此大，以致我们不得不大声喊叫才能与朋友交谈，而其他餐馆则安静而令人放松？通常嘈杂的餐厅四周有坚硬的表面：石膏墙、天花板和光秃秃的地板。第一批用餐者能够正常交谈，更多的人聚集并开始说话时，在房间表面反射的帮助下，声音随之升高。随着音量的升高，每个人都必须大声说话才能被对方听到，从而产生了更多噪声，人们不得不更大声说话，因此形成恶性循环。如果餐厅的天花板上有隔声板，窗户上有厚厚的窗帘，地板上铺有地毯，则会安静许多。

获得隐私

如果在建筑中必须保证声音的私密性，以防谈话被他人听到，应使用密闭式重型建材，并通过吸声材料来降低室内声音。屏蔽噪声是十分必要的，例如，酒吧里挤满了喋喋不休的人，而这实际上是一个非常适合谈话的私密环境，周围有如此多的谈话声，只有近距离、认真倾听才能听清对方所说的内容。这也是高级间谍和外交官（无论虚构还是真实的）在怀疑房间里的谈话是否被窃听之前打开收音机或电视的原因。

听与被听、不听以及选择不被听是建筑设计必须考虑的因素。通常，普通材料就能够满足我们的使用需求，但必须谨慎使用。

拓展阅读

Madan Mehta, Jim Johnson, and Jorge Rocafort. *Architectural Acoustics.* Upper Saddle River, N.J., Prentice-Hall, 1999.

15 能源的集中供应

在 19 世纪末，普通建筑中只有火和人力可以提供常用的能源。如今，在世界大部分地区，每栋建筑均配备有清洁、可靠且方便的电力能源，用于照明、供暖、操作工具和器具，并为电子通信和娱乐活动提供动力。

发电和输电

电在大型发电厂中产生，发电厂由水库中的涡轮机或蒸气涡轮机提供动力（图 15.1）。蒸汽由煤、石油、天然气或核燃料产生。蒸汽发电厂的效能最高可达 40%，这意味着发电厂的烟囱和用于冷却冷凝器所损失的热量是发电厂为电线提供热量的 1.5 倍。将电力输送给用户造成更多的热量损失，整个发电系统和输电系统的效能只有 1/3。幸运的是，建筑中的电气设备以相当高的效率将电能转换成有效的能量，但这并不能改变这一事实：发热设备可以在建筑中燃烧燃料，效能为 80% ~ 95%，燃料消耗量小且运行成本低（水电资源丰富的地区除外）。

现如今，建筑工地上越来越普遍地使用独立的发电系统，尽管这种情况在某些地区仍比较罕见。大型建筑公司有时将自己的电力系统作为总能源系统的一部分，通常，总能源系统通过以天然气为燃料的内燃机驱动发电机来发电。发动机的冷却水用来加热生活热水或建筑，利用整个生产过程附带的热量，整体效率非常高。

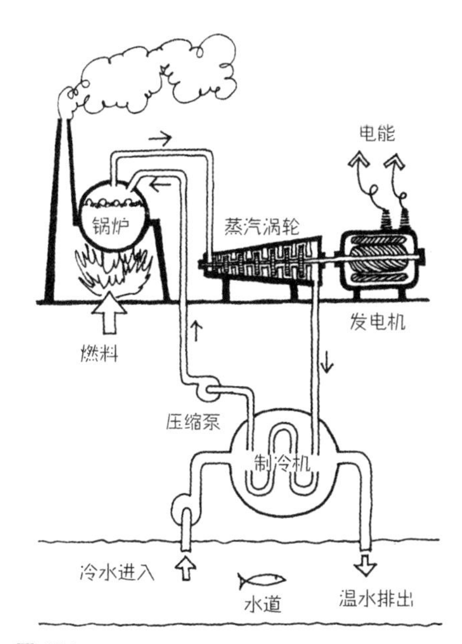

图 15.1

小型发电机组无论是由内燃机、水、太阳或风力驱动，购买和维护成本都很高，与人们对电气系统的预期容量相比，容量有限，效率和可靠性也不如中央发电厂。此外，它们可能噪声大、有异味、无法产生稳定的交流电；而且当水位或风速较低、出现云层干扰或发电机产生故障时，将无法供电。

将阳光直接转化为电能的固态光伏板的价格已大幅下降，光伏板通常安装在新建筑的外墙或屋顶上。光伏技术的普及得益于在光伏屋顶瓦和透明光伏玻璃等材料中的广泛应用。光伏阵列的电力输出通常不足以为整栋建筑供电，必须从当地的供电公司购电，作为补充。太阳能电池板产生的电量超过建筑使用的电量时，剩余电量通常卖给电力公司。

医院、实验室和中央计算机设施等耗电率较高的建筑通常配有备用的发电机组，以备停电时可以不间断供电。

电线停止向建筑供电时，发电机自动启动，将建筑从公共电源切换到备用电源状态。

实际上，大部分电都是以交流电形式产生的，在交流电中，电线中的电压在正负极性的最大值之间来回振荡。在美国，电流的频率为 60 赫兹。与直流电相比，交流电的优点是通过简单、高效的变压器可以轻松改变电压。发电机以数千伏的电压输出电流，在电输送到主要电线之前，发电厂的变压器进一步增加电压，将电流降至最低。电流保持在较低水平且电压较高时，大量能量通过相对较小的电线传输较长的距离，并将传输的损耗降至最低（电流类似于管道中流动的水量，电压类似于水压）。

大多数交流电主要用作单相电，即电压以正弦波的形式变化，每个周期波值两次为 0（图 15.2）。通常，这种模式运行良好，但大功率电动机体积相对较大，在单相电的间歇脉冲上运行时，效率将变低。因此三相交流电主要在工业区中使用，使用三组发电机线圈叠加三个 120° 三弦波，产生稳定的电流，因此可以使用体积更小而功率更大的电机（图 15.3）。

电在进入建筑现场输电线之前，电压在当地变电站变低（图 15.4），导致本地线路每千米传输的损耗比远程线路略高，但本地线路无法像远程线路那样进行绝缘或保护。此外，本地线路短得多，因此每千米的传输在总体上

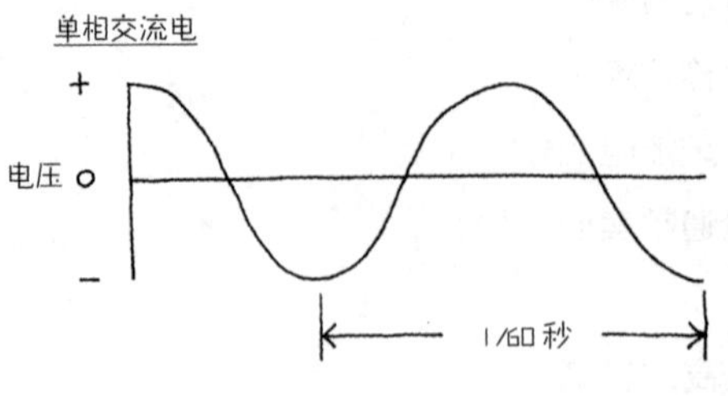

图 15.2

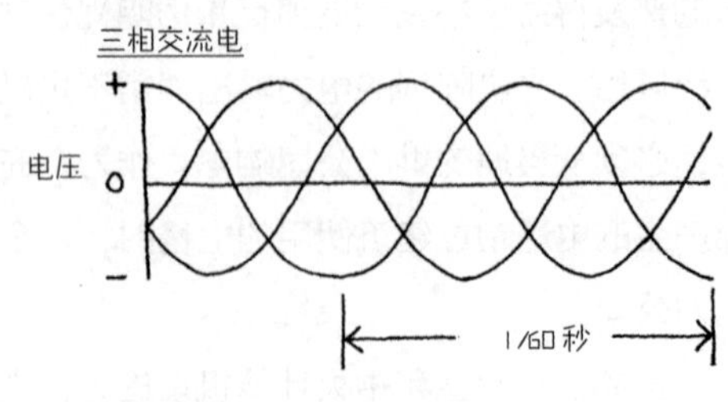

图 15.3

不会造成高损耗。电压在局部线路中，对用户来说仍过高，因此每栋建筑或建筑群均配备了小型变压器，电压在进入建筑之前进一步降低。个别住宅和其他小型建筑通常使用220伏电压，使内部配电效率更高。在使用前，应根据实际需求，利用内部变压器降低电压。

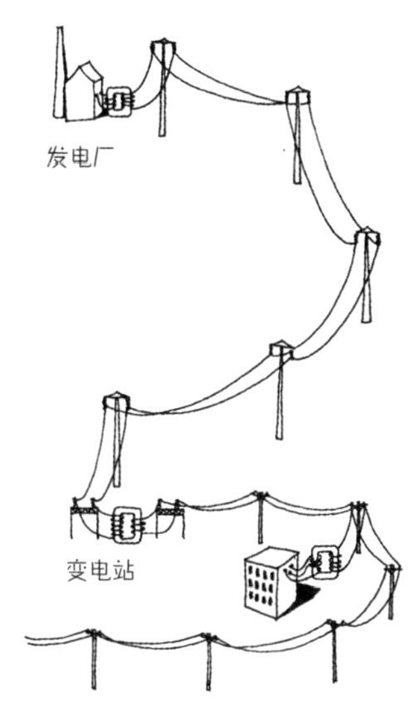

图 15.4

小型建筑的供电系统

铜和铝都是良好的导体，常用作电线材料。铜的导电性比铝好，但铝线更便宜，即使必须使用比铜稍大的导线尺寸，价格也低于铜线。铝线的缺点是氧化物是一种电绝缘体，容易在以铝作为材料的建筑中导致材料过热，甚至引发火灾。电线与固定装置连接不当会腐蚀、干扰电流。铜线通常用于建筑内局部电路中使用的小直径电线，而铝线用于较大直径的电线。

小型建筑的供电系统在原理上相当简单，三根电线从空中或地下经变压器接入建筑（图 15.5）。一根是零线，即在这根线和地面之间不存在电势差，人站在潮湿的地面上触摸零线，不会有触电的危险。为了确保电路的安全，零线牢固地连接到一根或多根镀铜钢棒上，这些钢棒被钉入靠近电线进入建筑的土壤（图 15.6）。第二根和第三根导线是“火线”，通过特定的传导方式使它们之间形成 220 伏的电压，其中一根导线和零线之间的电压只有 110 伏。火线经过电表进行检测之后才能进入建筑。

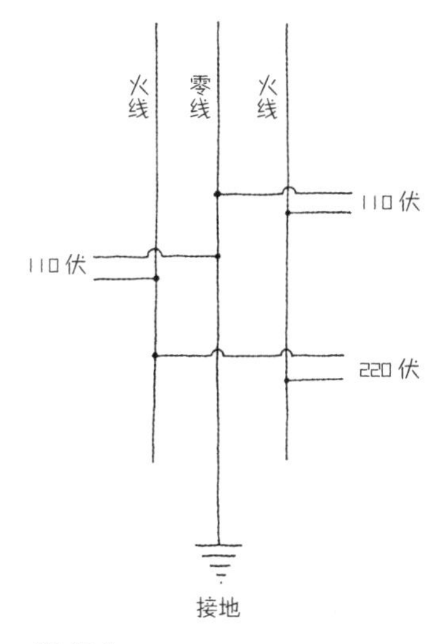

图 15.5

在建筑内部，变压器的三根电线进入同一个配电板。零线连接到容纳配电盘的钢箱和建筑电路都接地的铜条或铝条上。火线在绝缘层上用颜色标记为黑色和红色，连接到一根装有连接器的铜条或铝条上，通过该连接器连接断路器。这两条母线与接地的面板箱绝缘，并彼此绝缘，配置方式为：断路器将一根导线连接到一根或其他母线上，

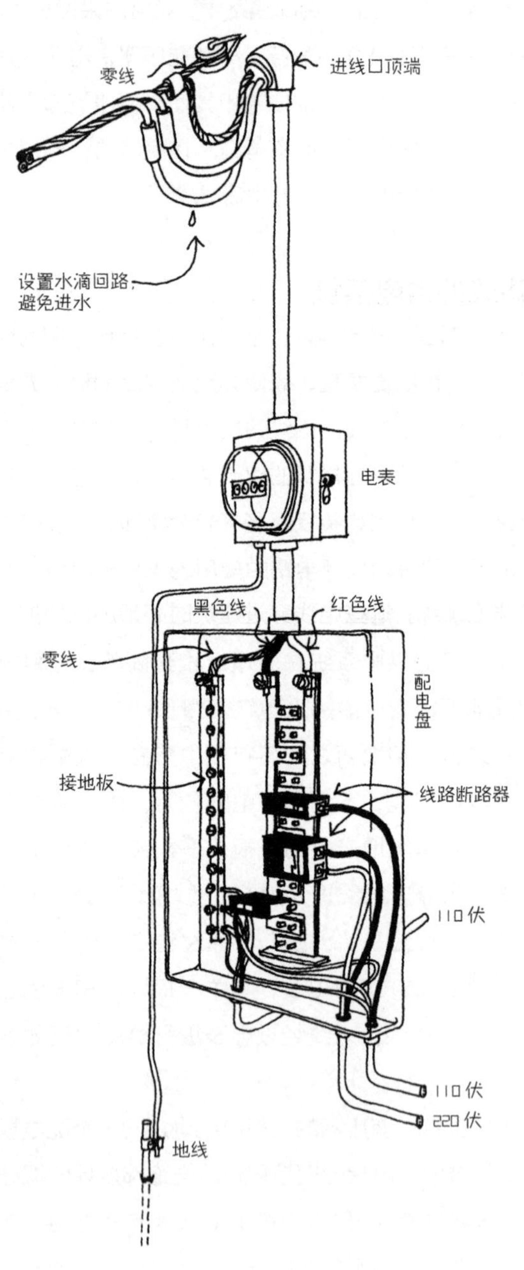
零线
进线口顶端
设置水滴回路，
避免进水
电表
黑色线
红色线
零线
配
电
盘
接地板
线路断路器
110伏
110伏
220伏
地线

图15.6

双线断路器占用两个相邻的接线板，每条线路连接一个接线板。通过这种方式，单线断路器能连接 110 伏的单线路，包括连接到断路器的黑色火线和连接到金属接地板上的白色绝缘零线。根据断路器在接线盒中的位置，110 伏电路的火线可以连接从电板出来的红色或黑色导线上。双线断路器连接黑色和红色导线，用于 220 伏电压的线路上。断路器可根据需求进行安装，以连接建筑中的各种电路。每个断路器均为线路维修而设计，过多的电流通过电线时自动断电。如果流经的电流超出电线所能承受的电流范围，而导致电机过热并引发火灾，这可能是一次接入太多电器或电器故障造成的短路所引起的。

电路的供电由三根电线来完成，无论 110 伏还是 220 伏：一根黑色绝缘线、一根白色绝缘线和一根连接到地面板上的非绝缘线。这些电线穿过建筑时必须加以保护，以免受到损坏。在木质建筑中，通常使用坚固的塑料保护套，该保护套包裹着三根电线。在大型建筑结构中，电线在钢管或塑料管中传输电量，与塑料护套相比，导管可以更好地保护电线。在通过导管布线的建筑中，能将新电线穿过现有的导管，这是塑料保护套的电缆无法实现的。

在每个电器插座、灯具或开关处，必须将金属或塑料盒牢牢固定在建筑结构上，以支撑设备并保护其连接的电线（图 15.7）。电缆或导管紧紧地夹在连接电线的接线盒上，从而在电缆或导管受到干扰的情况下保护电线不受所连电线的拉动。将裸露的零线连接到接线盒和设备框架上，确保设备出现故障时不漏电。黑线和白线的两端剥去绝缘层后，通过螺丝或夹子连接到设备上。在测试电路安全运行后，将装置紧紧拧在盒子上，并附上金属或塑料盖板，以防手指接触，并清除电线连接处的灰尘，保证外观整洁、美观。

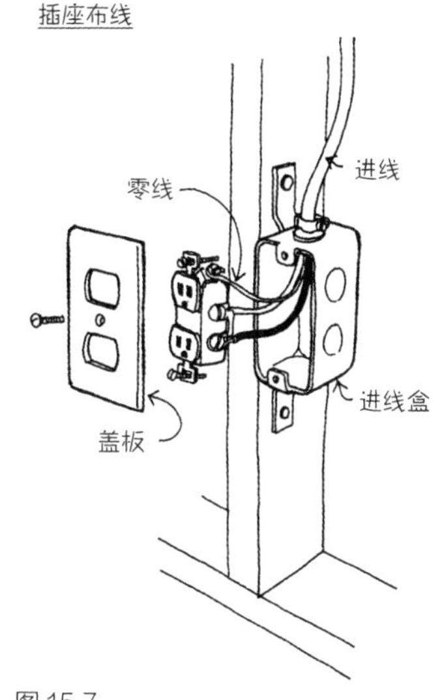

图 15.7

用电规范规定了房间内插座之间的最大水平距离，确保带标准长度电线的灯具或设备位于房间的任何位置，而无须延长电线。此外，用电规范还规定了每个房间的最少插座数量和每个电路的最大插座数量，以免因电流过大而导致电线超负荷传输。

供电系统中的电线尺寸是根据传输的最大电流量和所需的电线长度来确定的，以免电线过热和能源流失过多。太轻、太细的电线用于110伏的轻载电路，居民住宅通常使用像手指一样粗的电线。

在可能发生触电的危险区域，如浴室、厨房、游泳池和室外插座，除了线路断路器，还应安装接地故障断路器。如果接地故障断路器检测到电路中有电流泄漏，立即断开电路。通往卧室的电路应安装电弧故障断路器，短路电气设备中的电弧可能点燃床上的衣物或窗帘。如果检测到电弧，电弧故障断路器将断开电路。

大型建筑的供电系统

在极端情况下，大型建筑中的供电系统类似于小型供电系统。大型建筑的各个楼层和区域有许多接线板，每个区域均类似于房屋的布线系统。输送大量电流时，可以使用大型矩形的铜线或铝母线代替电线。每根母线封闭在受保护的金属管道中，然后将局部接线板连接到这些母线上，电线分支连接在从接线板到局部固定装置的导管中。

如前所述，大型建筑的供电电压通常高于220伏的家庭供电电压。在普通大型建筑中，一个或多个大型变压器降低了配电盘的电压，小型变压器可用于促进内部远程配电，电压介于建筑供电电压和最终局部配电电压之间。在一些商业和工业建筑中，除了普通的220伏电压外，还需要更高的电压，例如，照明设备的277伏和大型电机的440伏。

如果必须经常更换电线，如在一些办公楼和大多数商业机构中，电线可能穿过地板下专设的三角形管道，这种线槽配有多个接线盒，很容易连接到固定装置；或抬高地板层，在下面任意走线。方案尺度大于居民住宅时，设计师必须为线路、母线槽、线板和通信布线提供水平和垂直空间，并通过门、出入口或可移动面板布线口，为电工提供维护通道。

低压布线电压通常为 12 ~ 14 伏，常用于门铃线路、恒温器线路和通过继电器控制照明线路的开关，特别是在有复杂开关或遥控器的地方。低压布线的优点是不产生严重的触电或引发火灾，在不使用电缆或导管的情况下，通过较轻的绝缘电线穿过建筑。由于所需的电流量较小，导线本身体积小，价格便宜。电流由一个连接到 110 伏电路的小型变压器产生。大部分电话和通信线路也是低压线路，由通信公司提供电流。

建筑中其他的供电系统

除电以外，还可以采用其他方式来集中地供应能源。气体燃料是最常见的，通常直接通过管道输送到建筑中。一些偏远地区的建筑使用液化气，该气体以液态形式传输到与建筑燃气管道相连的加压槽中。液体在常温下沸腾，释放丙烷和其他气体。无论何种气体，管道系统都非常简单，包括用来降低主管道或储槽内的高压调节器、测量消耗量的仪表，以及适合各种装置型号的输气管。

高压蒸汽通常是从当地发电厂排出的蒸汽，这些蒸汽经过重新加热，通过管道和气表分配给用户，许多城市都可以从地下管道获得。蒸汽可用来为大型建筑供暖和吸收式制冷，从而避免安装单独的锅炉和烟囱。曾经，蒸汽用来为建筑中的电梯、风扇和水泵提供动力，但现在这些功能已被电力取代。

压缩空气通过管道输送到车间和工厂的工作站，用于驱动便携式工具、夹钳设备和喷漆器。气动工具比电动工具更便宜、更轻巧、更耐用。空气由厂房内的电动压缩机提供，真空管道经常应用于科学实验室。在一些城市，用于驱动工具的真空管道、压缩空气管道或高压水管曾作为公共设施埋在街道下。如今，电力、天然气和蒸汽仍是广泛使用的能源。

拓展阅读

Benjamin Stein and John Reynolds. *Mechanical and Electrical Equipment for Buildings* （*9th ed.*）. New York, Wiley, 2000, pp. 853—1045.

16 以人为本的建筑

人是衡量建筑中所有事物的终极标准。建筑由人设计，由人建造，供人居住。在建筑建造和居住的过程中，人体尺寸和人的活动是决定建筑形状和大小的主要因素。这就提出了一个重要问题，即人的身高、体型和活动上存在着明显差异。通常，男人比女人的体形大，孩子的体形各异（图 16.1）。

图 16.1

今天，普通人的体形比一个世纪前的人更高，每代人的身高都在增长（图 16.2），没有所谓的“一般”身材。普通男性的身高相差不大（30 厘米），特别高或特别矮的人不在此范围内，女性也如此。男性和女性的体形在骨骼结构、肌肉组织和脂肪分布上差异明显。儿童的体形比成人小得多，身体协调能力差，但更爱活动。青少年的体形几乎和成人一样，活动性更强，身体协调能力较好。到了中年，成年人逐渐变得不那么敏捷，直到晚年，人的身体活动会受到更大的限制。任何年龄的人，如拄着拐杖、坐在轮椅上或其他残疾人士，体形和活动能力与正常人有很大差异。考虑到这些不同人群，我们应采用什么标准来衡量建筑设计呢？

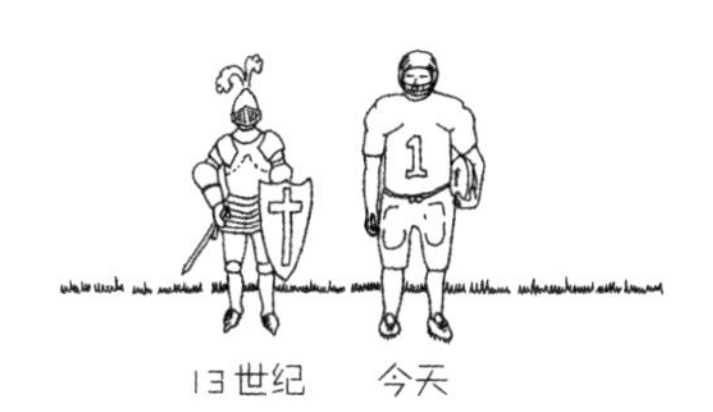

图 16.2

简单的方法是，为使用建筑的特定人群单独定制。但这是不太可行的，因为我们需要为不同的用户建造房屋，即使非常了解现有的居住者，但随时有可能会其他住户搬进来。

图 16.3

孩子的情况较为特殊，因为他们会逐渐长大。在学校里，可以将教室和厕所按不同的年龄组来进行区分设计（图 16.3），并兼顾成年教师的舒适度。但在居民住宅，孩子往往在同一个房间里生活多年，专门的儿童房会随孩子年龄的增长而过时。

这一问题并没有令人完全满意的答案。通常，人们调整建筑构件的大小，以适应成年人的需求，同时让少数体形特殊的人和儿童适应这种设计。他们的压力可以通过提供适当尺寸的家具来缓解，特别是对儿童而言。在住宅、图书馆、休息室和其他建筑中，人们可以自由移动，不同规模和尺度的围合空间让不同身体和精神状况的人都可以找到合适的环境。

建筑尺度

建筑的尺度随人的体形变化而变化。在最基本的层面上，坐在柔软座椅上的女士确立了某些特定的尺寸（图 16.4）。椅子内部应有足够大的空间，以便从各个方面支撑身体。让人感到舒适的坐姿有：双脚放在地上、双腿交叉、蜷腿压在身体下、笔直地坐着、斜坐在座椅的一角，甚至将一条腿搭在座椅上。坐垫与地板之间的距离、坐垫的角度、椅背的角度，以及扶手的高度和角度均应基于正常人的体形来设计。座椅的外部尺寸应符合这些功能需求，并具有支撑身体重量所需的结构厚度，确保人坐在座椅上时身体各部位肌肉保持舒适的状态。在椅子周围，该女士的手臂容易够到的范围内还有其他家具，比如一盏足够高的灯，把光投射到她的肩膀和书上；容纳普通读物的杂志架，杂志架的尺寸应适合她的眼和手的舒适程度；一张高度适度的桌子，方便她拿取桌面上的茶杯（图 16.5）。

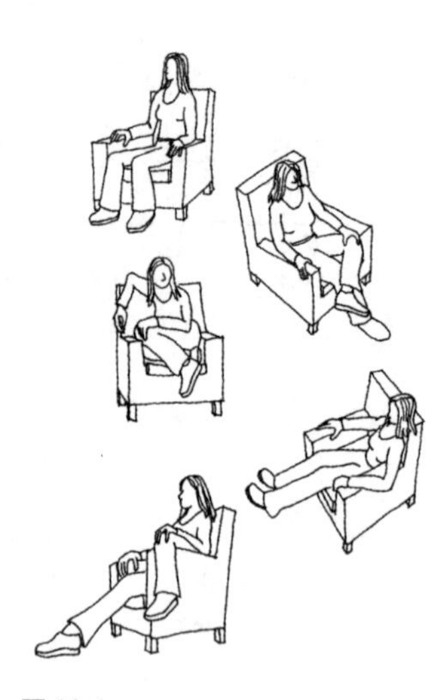

图 16.4

该女士起身走到餐桌前，随着她的移动，应营造一个开敞的空间。有足够的空间方便她移动到餐椅后面，例如，拉出餐椅的空间，以及与邻椅之间的空间（图 16.6）。椅子以适合用餐的高度舒适地支撑她的身体，餐桌上必须放置餐具，高度恰在她的手和嘴的位置。盘子和杯子的大小可以盛放她所需的食物，器具的尺寸要与她的饮食习惯相吻合。计算桌面的大小，以容纳给定数量的用餐者和餐具，以及满足肘部和膝盖的倚靠需求。此外，餐桌的设计应确保用餐者之间保持舒适的距离（图 16.7）。即使没有桌子摆放在中间，用餐者之间的距离也允许足够近的视觉和听觉接触，而不侵犯个人空间。餐桌或客厅如果太小，会让人感到不适；如果太大，则会阻碍沟通。

房间的尺寸应考虑以下因素：人的体形、家具的尺寸和形状、人体移动所形成的空间尺寸和形状，以及人与人之间的理想距离（图 16.8）。此外，电视机应与居住者保

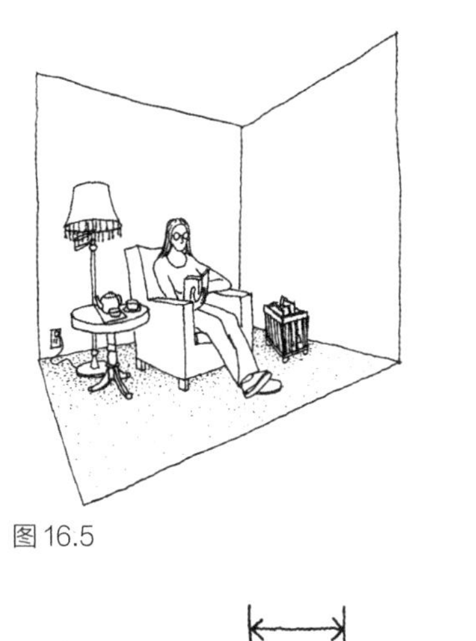

图 16.5

图 16.6

图 16.7

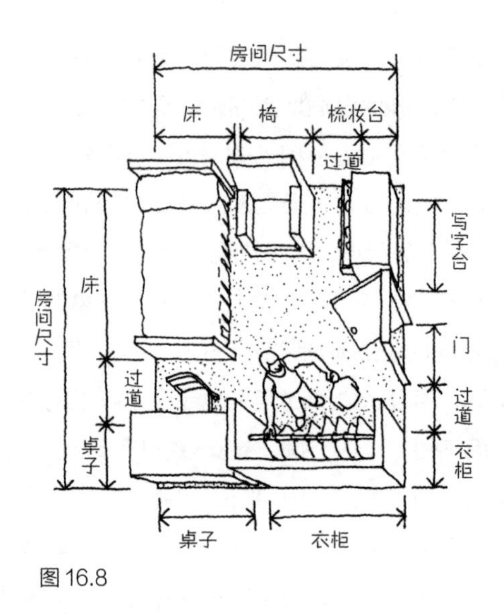

图 16.8

持适当的距离。

在厨房、浴室或工厂，在确定机器的空间需求时，应将机器置于与人同等重要的位置。机器按便于操作的顺序排列，每个机器有自身的空间需求：便于工作部件或移动单元运行的空间，以及由操作人员、维护人员移动所形成的空间。房间必须有足够的空间，并预留其他空间，以便安装接通机器所需的管线。

建筑中普遍存在且非常简单的机械装置也需要特定的操作空间。滑动的抽屉和开关的门窗是很好的例子，操作人员和装置都需预留可移动的空间。

通常，建筑越大，建造成本越高，因此我们应把房间调整到满足舒适度的最低尺寸。通过在特定的地方布置一些家具并安排活动，我们在非常小的空间内创造可以工作的区域。经过紧凑布局、精心设计的房间几乎或根本不具灵活性，家具位置的变动需要增加房间面积。这是设计师经常面临的选择：较大的房间后期选择家具的范围更大，而较小的房间成本更低。

房间的高度通常由进入房间的正常人的最高身高决

定，并要考虑帽子的高度和一些安全因素（图 16.9）。然而，高度的要求不限于此，天花板的高度虽然方便人们摘下帽子，但因低矮和压抑而让人感到不适，特别是房间的开间很大时。房间越大，天花板的最低高度会越高，从而避免对居住者造成心理压力。天花板的高度对空气对流和采光有着重要影响，这意味着较大房间的天花板应该更高。亚北极地区的原始房屋通常采用极低的天花板，既能最大限度地减少室外热损失，又能在寒冷的冬天给人舒适、温馨的感觉。在气候炎热的地区，高高的天花板可以让温暖的空气飘到上层，让凉爽的空气聚集在靠近地板处，为人们的活动营造良好的室内环境。在教堂、音乐厅和运动场中，高高的天花板能使所有观众都看清表演，声音和回声也更好。

图 16.9

普通窗户的顶部通常要设置得足够高，便于站着的人舒适地看到室外地平线（图 16.10）。在自然光很重要的地方，窗户应尽量靠近天花板，仅允许必要的过梁支撑上方的墙壁和地板。窗台高度变化相对灵活，通常，窗户的高度足够低，从坐着的位置可以向外看，或高度稍微高一点，这样前臂放在窗台便可以探出窗户。在窗户下面的墙边摆放适合的桌椅或工作台十分重要。在高出地面的房间，

图 16.10

更高的窗台可以给人安全感，让人不用担心会掉下去。位于底层的私人房间，高高的窗台能挡住窥探者的视线。外面有花园的窗户，窗台落地，方便人们在舒适的天气里去进行户外活动。

在没有其他因素的影响下，为了方便使用，建筑边界是由内部聚集的房间围合而成的。组织房间时，应保持紧凑感：卧室宜靠近卫生间，中间不必隔着客厅；厨房宜靠近餐厅。这种简单的组织关系是建筑设计的基础。

大门是进出房间的必经之路，尺寸应按照步行需求来确定，并考虑携带食品、手提箱或抱小孩进入的可能（图 16.11）。在公共建筑中，楼房过道将变为安全出口，容量的计算必须以规定最短时间内通过建筑使用者的数量为标准。

走廊是促进多个房间相互联系的复杂流通路径。90 厘米宽的走廊足以容纳一个人，但两个人并肩而行就比较困难。宽度增加 30 厘米，两个人走起来比较方便，但两排人走起来就不太舒适。走廊的尺寸必须像水管一样，以

图 16.11

容纳预期流量。那些毫无想象力的走廊设计类似于供水管道，设计师不得不放弃此类设计，取而代之的是看起来宽敞的休息室或大厅。不幸的是，这不过是一条更宽的走廊，人流动线在各个方向上交叉，几乎没有空间进行其他活动（图 16.12）。如果绘制平面草图，根据人们活动的特点，很容易预见这些情况。

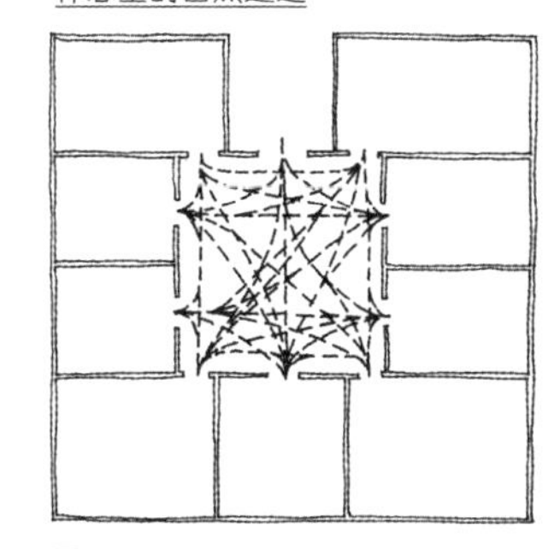

图 16.12

垂直移动：楼梯、坡道、爬梯

在考虑建筑内外的垂直活动时，应注意人的体形大小和特征。通过匹配脚和腿的活动，方便人们舒适地上下楼，并减少被绊倒的风险。扶手的形状和位置必须易于扶握，以帮助人们上楼或防止人们从楼梯边沿垂直摔下。楼梯间的净空高度非常重要，高度必须安全，以保护脆弱的头部免受伤害（图 16.13）。

图 16.13

建筑装置提供了从一层到另一层的垂直联系，该联系通过适于人类行走的台阶来实现，减少各房间人行阶梯竖直陡立的建筑设计有多种，让人从近乎水平到完全垂直的各种角度向上爬（图 16.14）。坡道提供了平稳、缓慢的上升或下降通道，可以供任何长度的跨步行进，甚至便于轮椅或婴儿车通行。在容纳大量观众的展览空间、剧院和竞技场，坡道尤为有效。斜坡不能过陡，以防滑倒，尤其是下坡坡道。斜坡的长度与上升的高度之比非常大，斜坡会占据大量空间。阶梯式坡道可以稍陡一些，而且经济实惠，布置在花园里比较舒适。在室内，人们担心在斜坡上滑倒或在楼梯上绊倒，应尽量避免使用这种坡道和楼梯。固定的梯子和爬梯通常用于阁楼、烟囱、锅炉、书架以及孩子玩耍和度假的小屋（图 16.15）。垂直和接近垂直的梯子很难用于搬运东西，这限制了它的使用。

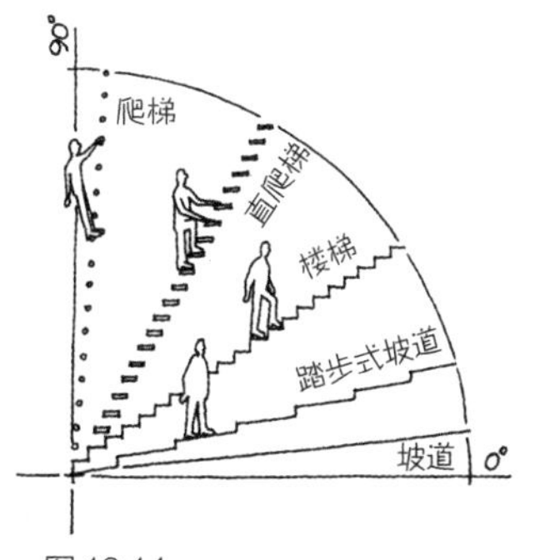

图 16.14

楼梯是建筑中最有效的垂直移动装置。攀登者将整个垂直攀爬过程分成若干小份，使双腿无论在爬上或爬下的

图 16.15

过程中都能舒服地运动，梯面提供可靠、安全的水平立足点。楼梯的缺点是不能供残疾人士使用（必须提供坡道或电梯）。残疾人士上下几层楼后会非常疲劳，加之楼梯上有许多坚硬的突沿，一旦从楼梯上跌落，会造成严重的人身伤害。

如果台阶的分布在整个楼梯中是舒适且均匀的，那么从楼梯上跌落和产生疲劳的可能性就会大大降低。即使楼梯部分台阶的高度稍微增加，也会导致意外事故。比例失调的楼梯大家都不陌生：过于陡峭的楼梯让人每上一个台阶都感到异常费劲，在台阶上站稳更加困难；台阶过浅的楼梯使得步伐碎小，降低上楼的速度（图 16.16）。根据对现有楼梯比例的研究可知，踏步宽（T）和高（R）的尺寸符合下面公式的楼梯既安全又舒适，即：

$$2R + T = 64 \text{ 厘米}$$

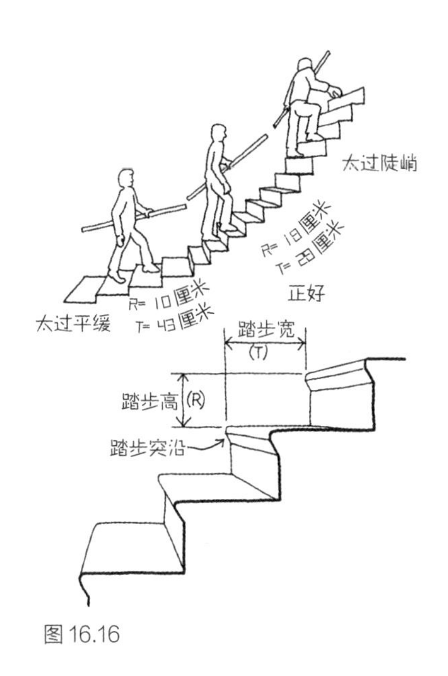

图 16.16

应用上述公式时也必须加以限制。例如，该公式不适用踏步非常宽而踏高小的纪念碑设计，在这种情况下，应当对整体模型进行调试。私人住宅楼梯的踏高不得超过 20 厘米，其他楼梯不低于 18 厘米。住宅踏步宽不小于 25 厘米，其他楼梯不低于 28 厘米。住宅楼梯可以比公共建筑楼梯更陡一些，因人流量较小，且主要由熟悉它的人使用。楼梯踏板上的防滑条是一项重要的设计细节，在不改变楼梯基本划分的情况下加宽了落脚点。除单独住宅外，楼梯防滑条必须有弯沿，以免磕碰到使用拐杖上楼梯人的脚趾。

螺旋或盘旋式楼梯也存在特殊的问题，虽然它们的踏高在整个楼梯宽度上保持不变，但踏步宽度的差异很大。人走在紧靠螺旋楼梯内侧时（在一个近乎垂直的楼梯上），楼梯台面非常小，而外侧楼梯台面非常宽。因此，在公共建筑中不得使用这种楼梯。在居民住宅中，应按照规范调整此类楼梯的踏步宽和踏高的比例，通常在距离内扶手 31 厘米处设置供人们上下楼的楼梯（图 16.17）。

台阶的数量对楼梯的安全性和舒适性有着重要影响。少于 3 级台阶的阶梯容易被不熟悉路的行人忽视，可能在看到之前会被绊一下。超过 16 或 18 个步级则会使人感到疲劳（图 16.18）。因此过长的步级应用间隔设置的平台打断，平台的最小尺寸应与楼梯的宽度相等，休息平台之间的最大垂直距离为 3.6 米。

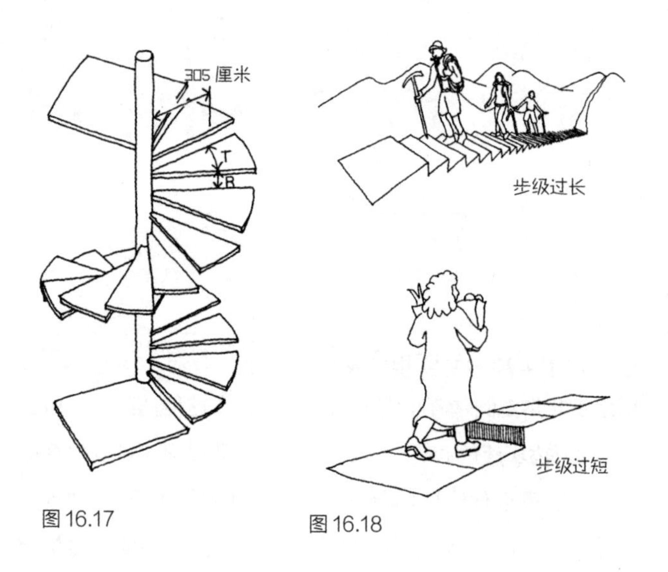

图 16.17　　图 16.18

楼梯的净空高度问题常因不可避免而令人烦恼，但设计师必须面对。人们下楼时速度通常较快，还要注意脚下空间，以免被绊倒。个子高的人对这种伤害可能更加记忆犹新。

让建筑发挥作用

在建筑中布置流通空间（门、走廊、楼梯）时，必须考虑家具和电器也会摆放其中。门不能过窄，否则冰箱、沙发、桌子或钢琴将无法搬入。除非预留出机动空间，否则走廊和楼梯转变处会因太窄而无法搬运此类物体。

大厅在建筑的流线系统中起着重要作用。入口大厅可以让人们放慢进出大楼的脚步，有机会整理外套，思考下一步去哪里，让眼睛适应新的光线，收拾雨伞，梳理被风吹乱的头发，或等待出租车、朋友……剧院大厅除了具备上述几种功能外，还可以让观众在表演的间歇出来休息、活动。大厅实际上是线性流线网络中局部空间的放大，人们可以在那里休息一两分钟。

在户外，人仍是衡量建筑的标准，但人的移动速度更快。人需要更多空间来支撑这种快速移动，并满足更大空间的需求。建筑之间的空间必须有阳光渗入，空气可以自由流通，并留有足够的距离，通过合理配置来保护人的视听隐私。舒适的步行距离和时间是规划当地设施的标准，而驾驶时间或公共交通时间是衡量城市便利程度的标准。在这种新规模下，与人体有关的小尺度空间常常被设计师忽视。在购物或观光游览时，谁不渴望喷泉、舒服的长椅或公共休息室？而当这些都不存在时，谁不会认为这是来源于设计师对以人为本的精神的无视呢？

无论建筑内外，人身安全都是重要的设计因素。建筑可能以不同的方式对人造成伤害，图 16.19 中罗列了部分示例。在美国，每年有成千上万的人在建筑事故中丧生，数万人受伤。通过更合理的设计和仔细的维护，可以防止此类伤亡事故的发生。

法律规定，残疾人与健康人拥有同等进入公共建筑的权力。法律所指的残疾包括视力丧失、听力丧失、腿部或手臂功能丧失，以及其他身体和情感上的缺陷。这项法律背后的依据是令人信服的：大约 1/6 的美国人在某方面有残疾，而且几乎所有人都会在生活中的某个时候经历残疾，可能是十几岁时断肢、视力下降或步入老年后经常出现肌肉萎缩现象等。因此合理地规划建筑内的交通流线的影响十分深远：为有感觉功能障碍的人设计各种感觉和视觉信号；身体残疾的人需要特殊的停靠空间、路边坡道和其他

建筑引发的事故

◆碰、撞、挤伤

楼梯净高过小
门摆动不受控制
门边角无保护
门朝人流方向逆向开放
走廊的拐角处无警示
门柄、栏杆头凸出

◆割、划、刺、擦伤

锋利的边角
落地玻璃
钉、螺丝和螺钉凸出
碎片
表层粗糙

◆跌倒

绊倒：障碍物低矮，地板不平坦，地毯边、地板上有遗留物，
楼梯或坡道比例不当
栏杆太低或没有栏杆
照明条件差
地板或楼梯太滑
地毯未粘贴牢

◆烫伤、烧伤

错用热水龙头
水蒸气或管道未做防护处理
供热电器未做防护处理
火炉离过道太近
生火

◆电击

电器漏电
电线漏电

图 16.19

低缓的斜坡通道，以及连接方便的斜坡和用于垂直连通建筑的电梯系统；他们需要更宽的门、更大的前厅、特殊的饮水装置、带扶手的卫浴设施、特殊的电话设施……建筑师必须具备无障碍设计意识。残疾人的通道和无障碍设施必须像建筑的其他设施一样，在草图中呈现出来。

越来越多的建筑师正在推广通用设计原则，这将超越无障碍设计。在通用设计中，建筑的所有部分均设计为可供所有人使用，包括使用拐杖或轮椅的人、盲人。通用设计的核心思想是不能为了体现平等而只提供单独的残疾人设施，相反，应消除建筑中无法通用的元素，代之以其他通用的元素。

“以人为本”的评价标准

在本节的结尾，让我们回忆一下人是如何变成建筑尺度的标准（以英国度量单位为准）的。在中世纪的英国村庄，标尺是村立的“杆”，杆长是按照星期天早晨礼拜后随意选取的16个男人的右脚从脚趾到脚跟的长度而定的。当时，普通房屋的长度为一杆乘以二，一根杆长可以分段计算，将其分为四个更小的单元，称为“码”，一码长 1.2 米（4 英尺）。

随着纺织品贸易在英国的兴起，人们开始采用欧洲大陆 0.9 米（3 英尺）长的码，用来丈量从鼻尖到完全伸展胳膊之间的布料。英里起源于罗马士兵的 2000 步的长度，标准为 320 竿或 8 浪（田畦长度，每浪长度为 40 竿）。土地以英亩为单位（一头公牛耕种一天的土地面积），1 英亩后来被法律定义为 160 平方竿。与此同时，古老的木绳技术逐渐发展起来。标准做法是把每根 120 厘米长的圆木锯成三段，每段 40 厘米，以便搬运。壁炉和炉子的尺寸也相应地标准化了。木制板条用作灰泥基础时从木柴中分离出来，40 厘米成为建筑中轻型框架构件的标准间距。

图 16.20

图 16.21

至此，出现了 1.22 米 ×2.44 米（4 英尺 ×8 英尺）的胶合板或石膏墙板，其结构跨度模数为 3 或 6，这些尺寸也成为今天普通住宅常使用的 2.44 米（8 英尺）顶棚。

在历史进程中，普通建筑材料的尺寸更注重以人为本。在中世纪，砖的尺寸和重量是标准化的，以便泥瓦工配合泥铲自由操作（图 16.20）。19 世纪中期，得益于机械制钉技术的发明，细木工制作变得更加经济，木匠采用易于操作的“2×4”标准框架单位（图 16.21）。重型木框架需要大量建筑工人来搬运和安装，很快就被淘汰了。标准配置的建筑队常会减少到两三个木匠，并且只使用便宜的小型手工工具。在小型建筑中，手工制作的标准件在许多领域有其自身的标准，包括木块、木壁板、木隔板、窗玻璃、铺路砖和瓷砖。

今天，我们经常使用移动式机械设备吊装和运输建筑材料，而非手工搬运。最经济的建造房屋的方式是使用工厂预制的建筑部件，这些做法本身没有什么问题，但设计师应注意预制品不能像手工建筑部件那样体现人体活动特征，而且使用者也会意识到这一点。此外，设计师还必须警惕这种情况：由于起重机和卡车对超出人类尺度或低于人类尺度的限制，设计师被迫对物体的尺寸和比例做出不符合自然规律的决定。

公制单位与人体尺度没有直接的关系，其基本单位是米，最初定义为从北极到赤道距离的千万分之一。体积的单位是升，等于边长为 0.1 米的正方体容量。质量的单位是千克，相当于 1 升水的质量。此外，还有时间单位和温度单位，摄氏度将水冰点和沸点之间的范围分为 100 个刻度。其他单位都是从这些单位组合中派生出来的。公制单位由于逻辑性强且简单实用，几乎被美国以外的各国使用。在美国，虽然大多数私人项目用传统的英国单位制来设计和建造，但自 1993 年以来，所有联邦政府的建筑都是按照公制单位来建造的。事实证明，度量单位的公制缩写越来越为大众所接受，在本书也将其作为英制单位的替代系统。

细心的设计师开始工作时总是首先在心里估测物体的大小和比例。建筑设计最初的草图和模型包括人、家具以及家具之间的组合。房间的比例和门窗的位置在设计过程中不断改进，以便在完工时可以放置各种家具。建筑中人的交通动线逐渐被设计成短小、流畅、合乎逻辑且令人愉悦的路径，这些路径应能连接到建筑内的不同活动区域，而不仅仅从中间穿过。得益于这样的设计，人的活动可以更加自如，建筑得以更加宜人，从而确保“人是衡量建筑中所有事物的终极标准”。

拓展阅读

Julius Panero and Nino Repetto. *Anatomy for Interior Designers.* New York, Whitney Publications, 1962.

Charles G. Ramsey, Harold Sleeper, and John Ray Hoke, editors. *Architectural Graphic Standards* （10th ed.）. New York, Wiley, 2002.

17 提供结构支撑

荷载和应力

建筑不断承受各种力。最恒定的力是重力对建筑屋顶、墙壁、窗户、地板、隔墙、楼梯、壁炉的固定部件施加向下的压力，称为建筑的恒荷载。建筑的活荷载包括非恒定力，如移动的人、家具、货物和车辆的重量、屋顶积雪的重量、风的压力（主要是水平的）。地震引起水平方向的剧烈震动，建筑所处的地面也会产生水平方向的活荷载。设计师必须对每栋建筑进行配置，使其能够承受自身的恒荷载和活荷载，避免人、家具、雪、风和地震对建筑结构造成破坏。

为此，设计师应首先预估这些荷载的量，这通常是一个简单的数学运算。然而，特殊高度或受风力影响较多的建筑需要在现场和风洞中进行大量的测量，以确定实际的风荷载大小。接下来，设计师还要选用相关的结构设备，以适用于现场、施工以及所预测的荷载量。最后，还需要确定结构系统中所有构件的精确组合、必需的承载力和尺寸，包括将较大部件固定在一起的装置。如果查看施工中的建筑，我们可能得出这样的结论：结构系统的设计是一个相当复杂的过程，但结构设计源于一些简单的概念，根据这些概念可以建造任何结构。结构设计过程的深度和复杂性取决于设计师选择、组合和分配结构装置的方式，并将它们转换成可构建的形式，而非设施本身的功能。

假设一块石灰岩材料，向下的荷载均匀地施加在其表面时（图 17.1），会发生什么情况呢？荷载从上方向下推压石块，石块下方的表面以相等的力向上推，石块受到两个方向的挤压。石块顶面的压应力等于荷载除以石块的横截面积：

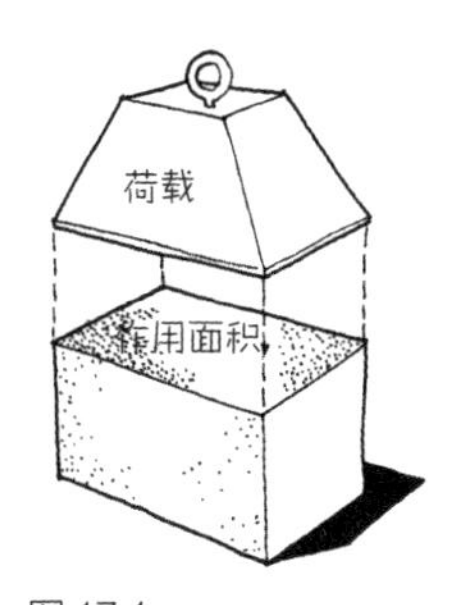

图 17.1

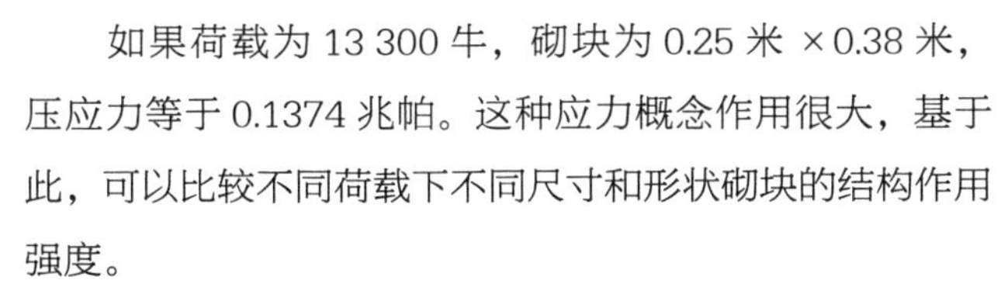

$$压应力 = \frac{荷载}{面积}$$

如果荷载为 13 300 牛，砌块为 0.25 米 ×0.38 米，压应力等于 0.1374 兆帕。这种应力概念作用很大，基于此，可以比较不同荷载下不同尺寸和形状砌块的结构作用强度。

假设在石块顶部堆积更多的重量，其上的荷载逐渐增加，压应力随着重量的增加而增加。如果测量设备非常精确，可以发现随着荷载的增加，砌块的高度逐渐降低。如果绘制一个压应力与减小值之间的关系图，将是一条直线，应力与变形成正比（图 17.2），线的斜率——应力与变形比称为“材料的弹性模量”。普通结构材料的弹性模量已通过实验确定，这是一种现成的工具，预测给定荷载下墙或柱的压缩量（图 17.3）。“弹性”一词还意味着，如果荷载从砌块、墙、柱或杆上移除，将弹回原始尺寸，且不损坏原来的材料。

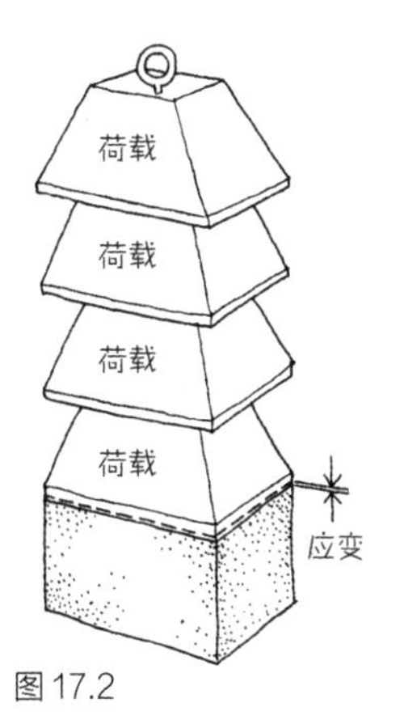

图 17.2

应力
屈服点
变形

图 17.3

如果继续增加石块上的荷载，石块内的材料最终将被挤压到超出其承受能力。卸下荷载后，材料破碎，且不能恢复到原来的形状，这种情况的应力称为“材料的屈服点”。像石头这样坚硬的材料，屈服点也是材料的分解点。当施加到建筑结构上的应力到达屈服点时非常危险，任何微小的附加荷载、材料中的任何微小缺陷或计算错误都可能导致建筑倒塌。考虑这些不确定因素，应确保所设计的结构具有较高的安全系数。安全系数为 2，意味着应力只有屈服点的一半；安全系数为3，意味着使用屈服点1/3的应力，以此类推。对于质量相对稳定的材料（如钢），应使用较低的安全系数；而对于不稳定且有缺陷的材料（如木材），需使用较高的安全系数。将实验室得到的荷载试验数据的屈服点应力乘以安全系数，可以计算出各种结构材料的标准容许应力。

假设石块的最大荷载值为24.82兆帕。考虑石块可能存在的缺陷和不稳定性，我们采用三级安全系数标准，即每平方厘米的容许应力为8.27兆帕。如果要设计一块支撑54 480千克荷载的石材，计算如下：

$$54480\ \text{kg} \times 9.8\ \text{kg/s}^2 = 0.5334\ \text{MN}$$

$$\text{横截面面积为：}\frac{0.5334\ \text{MN}}{8.27\ \text{MPa}} = 0.0645\text{m}^2$$

只需一块25厘米 ×25厘米的石头即可。这个例子看上去很简单，却是所有结构计算的基础。即便最复杂的结构设计最终也将归结为一个问题：给定材料能否安全承受直接压力。

垂直支撑

我们可以用简单的石块、混凝土或砖建造多种结构。垂直堆积的石块形成一个柱子，能够支撑部分地板或屋顶。在水平方向上将柱平移成为承重墙，可以支撑地板或屋顶整个边缘的荷载（图17.4）。如果此类柱子或承重墙相对于其高度不算太细，可以采用上述方式计算其厚度（图17.5至图17.7）。

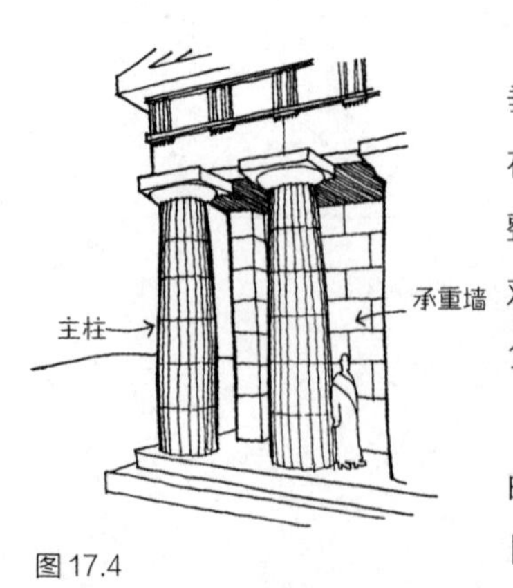

图17.4

太薄的柱子或墙体在远低于容许应力的压力下会弯曲（图17.8）。变形是一种侧向位移，其原因和数学逻辑目前尚未被完全破解，尤其是对既不太单薄也不大的立柱

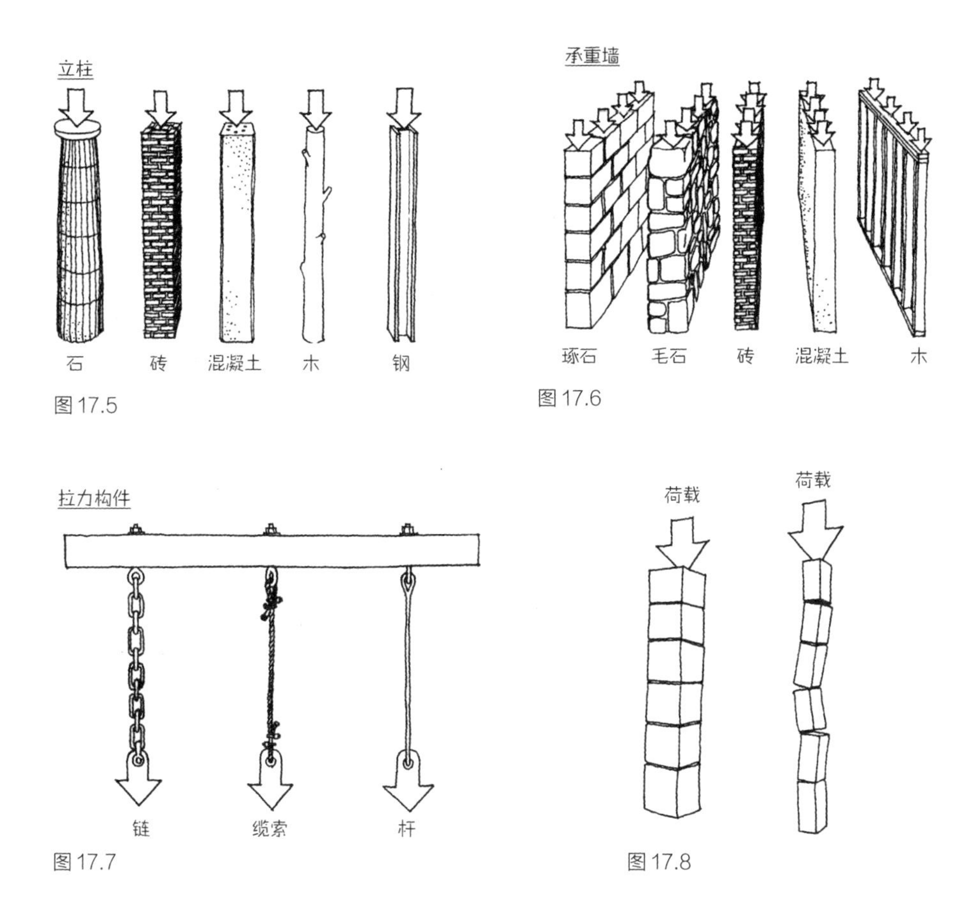

图 17.5

图 17.6

图 17.7

图 17.8

更是如此。矮小的柱子和墙在变形前被压扁，又高又细的在折断前先变形，中等程度的可能会出现上述两种情况。因此在设计中等细长柱子时，应参考实验室得出的数据。

易变形的柱子或墙可以通过充分加厚或使用压杆、拉索横向支撑来确保安全性（图 17.9）。横向支撑柱的优点是使用较少的材料支撑与没有支撑的厚粗柱相同的荷载，因此通常运用于无线电塔和其他类型结构的建筑。

变形问题多发生于承受压应力的结构构件。拉应力作用下的构件，如绳索、电缆、杆和链条等，不会发生弯曲，

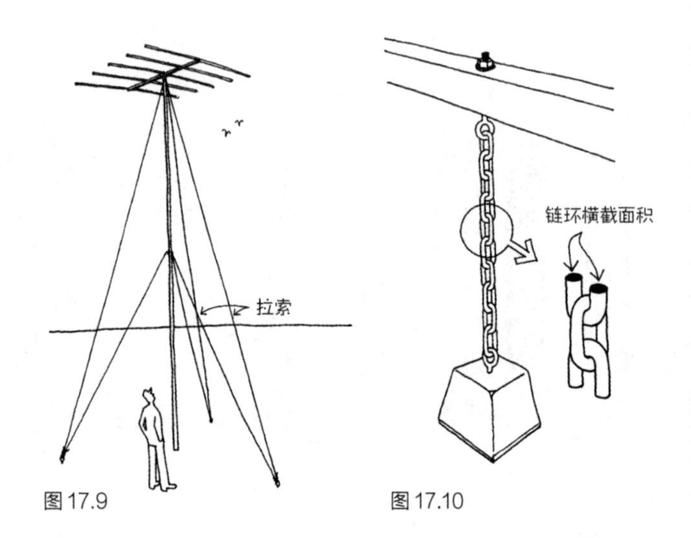

图 17.9

图 17.10

例如，下端吊有重物的垂直悬挂链条（图 17.10）。链条上的拉应力等于施加的重量除以单个链环的横截面积。链条中钢材屈服点的应变与拉应力成正比。只要链条保持拉紧状态就不会变形。

钢材是拉伸和压缩强度最强的结构材料，木材也具有较好的拉伸和压缩强度，虽然木材不如钢坚硬，但它们的强度与重量比大致相同。混凝土和砖石材料具有很强的压缩性，但容易破碎，在中等的拉应力作用下容易开裂。钢筋通常嵌入混凝土和砖石结构，预埋钢筋的区域产生拉应力，以形成由两种材料复合而成的结构，既坚固耐用又经济实惠。

水平跨梁：张拉装置

建筑中的垂直荷载可以通过柱子或承重墙进行压缩，或通过链条、杆或电缆进行张拉。除了柱子变形的情况外，这些结构装置的功能易于理解。在大多数建筑中，支撑屋顶和地板的悬空水平支撑，对于这一问题应予以高度重视。那么，我们该怎么做呢？

举一个简单的例子：把铁索挂在跨度狭窄的峡谷两端，在峡谷中间悬挂非常重的物体（图 17.11）。链条的两边几乎成为两条直线，在悬挂物体处交会，链条两端以一定的角度（α）拉向两边的悬崖，该角度由链条的长度决定（图 17.12）。检查链条中间的状况时，可以注意到链条两边不能对重量施加直接向上的拉力，链条只能沿链节的轴（中心线）拉动，因此它必须反作用于重物向下的拉力，形成两个与水平方向成一定角度（α）的斜拉力——T_1 和 T_2。T_1 和 T_2 都有一个垂直分力 $T\sin\alpha$，等于重量拉力的一半。在每个悬崖上，这个垂直分力被转移到岩石中。伴随的水平分力 $T\cos\alpha$ 也是如此，如果不在支架上施加水平和垂直拉力，链条则无法支撑跨越整个跨度的荷载。如果把锁链末端支撑在两根细杆上（而非悬崖上），则更容易理解（图 17.13），受力时垂直杆向内弯曲。在悬索桥或帐篷中，处理这种水平拉力的常见方法是将锁链

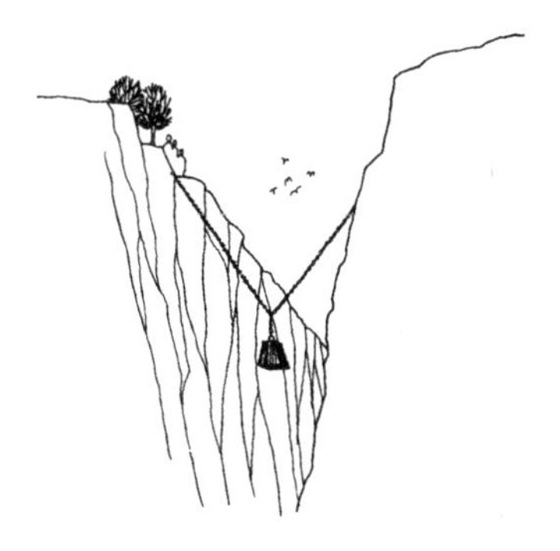

图 17.11

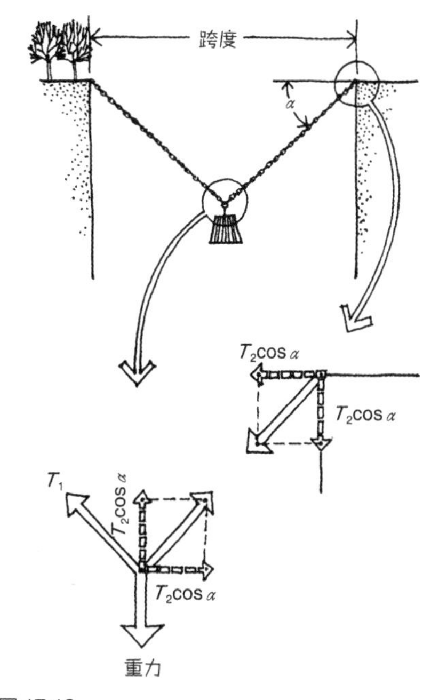

图 17.12

图 17.13

（电缆、绳索）穿过每端的杆或柱子，并向下移动到地面上每根柱外一定距离的锚上。柱外链条提供的水平拉力等于柱间链条的拉力，同时不可避免地对每根柱子施加了较大的垂直荷载，因此必须对柱子进行加固。

让我们回到跨越峡谷的问题上来。铁索每一端直接连接到岩石上，并对岩石施加向内的拉力。观察一下如果使用更长的链条将会发生什么？角 α 增大。悬崖峭壁上拉力的垂直分力保持不变，水平分力减小，链条中的拉力和应力也减小。反之，如果链条缩短，悬崖上的水平拉力增加，链条被拉得更紧（图 17.14）。在设计水平跨越装置时，应考虑装置的垂直高度。垂直高度较大的装置，如链条或深桁架，内部结构应力较低，与垂直高度较小的装置相比，承载相同荷载所需的材料较少；而后者通常具有较高的内应力，需要更多材料。但在实践中，我们经常使用垂直高度小的结构，因其在建筑中需要较少的垂直空间，从而节省了柱子、外墙和其他部件的成本。

如果在链条上增加更多荷载，沿链条的长度以不同的间隔将它们隔开，会发生什么情况？每增加一个荷载，链条就会调整形状，以保持轴线上每个点的张力。荷载可能

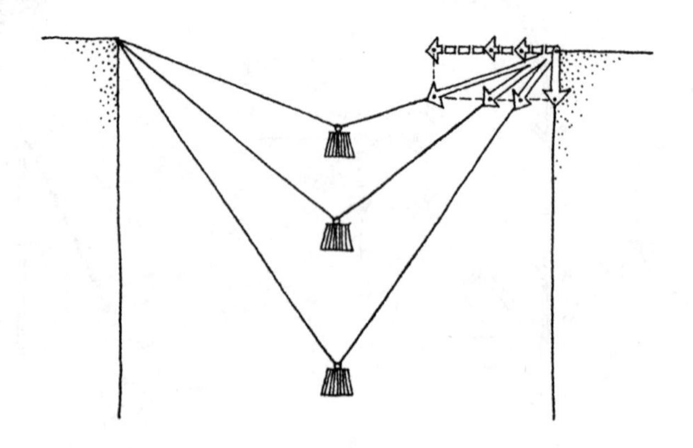

图 17.14

在重量上不相等，或沿链条不均匀地分布，但链条会自动改变形状,使每个链节在低于断裂点的荷载下保持平衡(图 17.15)。设计师不能随意改变链条的形状，必须按照链子的自然形状拉接物体。最常见的形状是悬链线，在重力的作用下，呈现优美的下垂弧线(图 17.16)。每个链环代表一组平衡力，其中两个相邻的链环以钝角相互作用，第三个力是向下的链环的自重力，三个环呈平衡状态。

悬索桥中缆索的曲线与悬链线略有不同，这是因为桥的重量均匀地分布在缆索吊起的水平面上(而非在弯曲的缆索上)，因此电缆的曲线是一条抛物线。

悬挂的缆绳或链条所呈现的形状称为“缆索形”。每种荷载模式都有不同的缆索形状，即一根悬挂的绳子承受该荷载时的形状。那些仅在自身重量下悬挂的缆索，可以呈现出各种锁链的形状，因为缆索可以下垂任意距离。对悬索桥而言，缆索形状是一条抛物线。在图 17.17 中，可

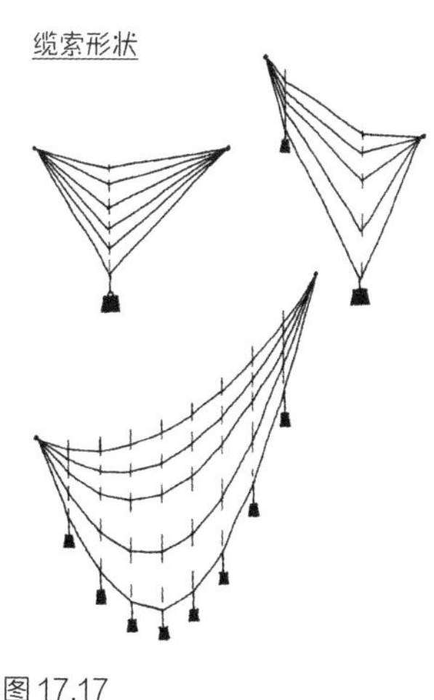

图 17.17

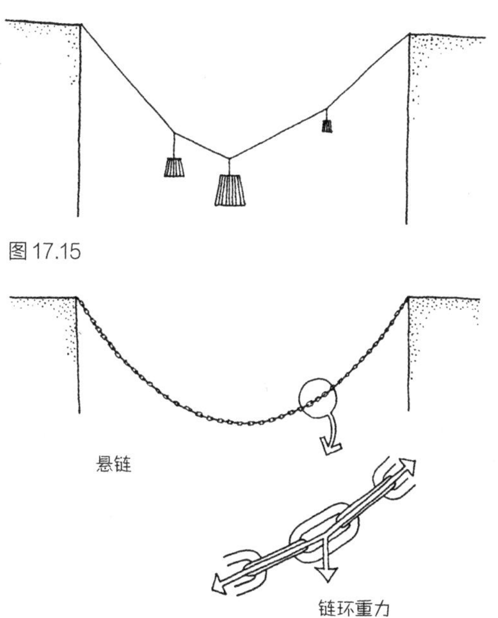

图 17.15

图 17.16

以看到单项荷载和多个随机荷载的缆索形状，有些形状是水平支撑，而另一些是不规则支撑。

帐篷以三维形式体现了缆索的原理，规模小的用帆布，规模大的使用高科技合成纤维和超大规模的钢缆，以覆盖空间（图 17.18、图 17.19）。如果桅杆足够高，可以满足织物必要的垂直深度，且织物拉得足够紧，以防在风中剧烈摇摆，那么可以增加支架之间的跨度。这种张力可以通过绳或缆绳来提供，在不同的位置将织物拉下；或在钢筋上施加足够的重力,或给予钢筋网鞍形面的弧度(沿中心线凸起，沿另外的中心线凹入）。

拱

如果不使用缆索，而用石块来支撑峡谷中间的重量将会发生什么？在峡谷上方，以正确的方式堆叠石块，每个石块与其相邻的石块保持平衡，这需要通过各种数学和几何运算来找到这种结构。还有一种更简单的方法：将这些

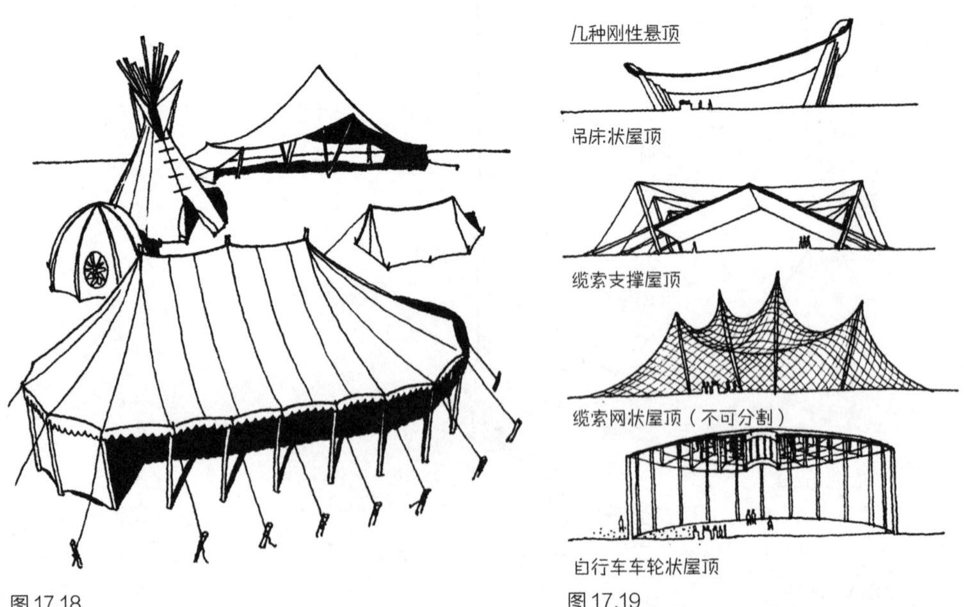

图 17.18

图 17.19

石块按表链或钥匙链的比例模拟悬索，将垂直面画在纸上。在链条中，每个链环都处于平衡状态，自身重量和链环两侧的垂直分力相等。这正是我们设计石头结构所希望的，唯一的区别是铁索只能承受拉力，而设计旨在使石头承受很小的拉力。解决方案是以较小的比例模拟一条悬挂在链条上的重物，注意铁索自重与悬挂物重力之间的比例等于拱中石头自重与拱所承受荷载之间的比例。还应在链子上附加一些小的重物来模拟石头的重量（图 17.20）。

图 17.20

在模型中，悬挂的链条重量很快达到平衡，然后将链条取下后的形状画到纸上，翻转纸张，并在上面画一系列石块，中心线与链条保持相同的方向（图 17.21）。最后将得到一个完美的圆形拱，通过石头内部和相互之间的压力来承载给定的荷载。

如果你从来没有见过这种形状的拱门，那是因为很少有拱能够承受单一的集中荷载。大多数拱形旨在承受均匀分布的荷载，而且呈抛物线形，正如我们在许多拱桥中看到的那样（图 17.22）。在建筑中，大多数拱呈半圆形，因为比起抛物线形拱，半圆形的拱更容易布置成圆弧。如果跨度不太大，且拱的石头足够厚重，便可以呈现抛物线形，同时拱通过加固的墙体进行支撑，此类拱相当稳定（图 17.23）。此外，直到文艺复兴时期人们才知道抛物线形的拱是能够承重的，因此罗马帝国时期的拱被后人争相使

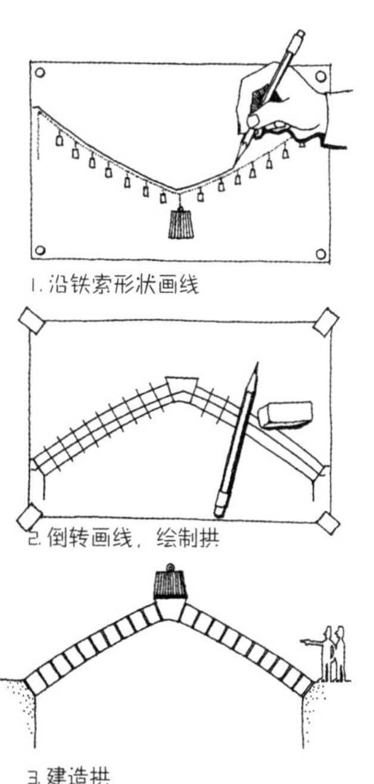

图 17.21

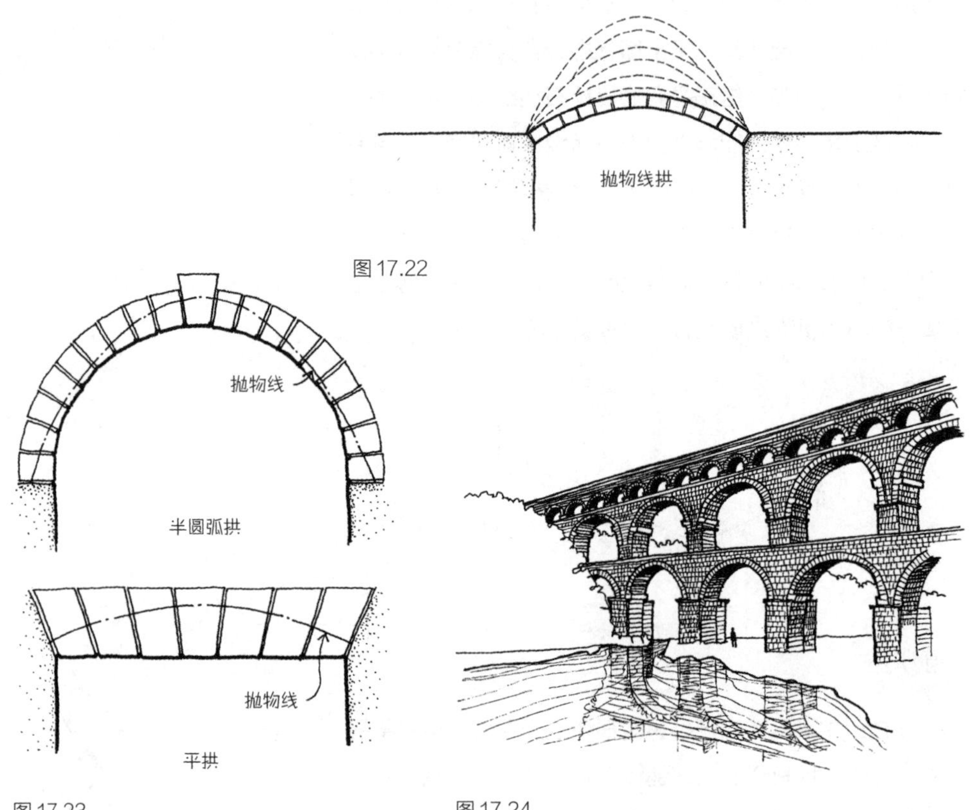

图 17.22

图 17.23

图 17.24

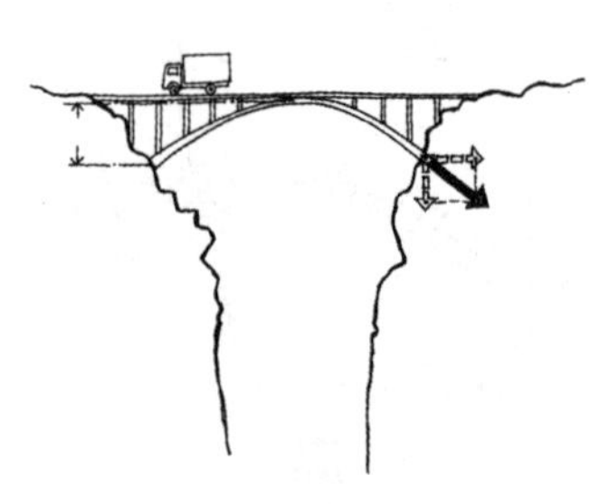

图 17.25

用（图 17.24），而且形状极其简单。罗马人甚至使用了扁平形的拱，一开始人们怀疑它的稳定性，直到亲眼看到它能够承受荷载才放下心来，逐渐接受了颇平的石质抛物线形拱。

之前的吊链形式与这里所示的抛物线形式有一定的相似性，支撑每种荷载条件的拱与类似链条的拱稍有不同，因为拱自身的较大自重相对于叠加重量的拱需要略微不同的曲线形状。正如链条一样，每个拱均施加水平力，但方向与链条相反（图 17.25）。拱的水平推力和石材内的压应力取决于拱的高度，拱越平，水平推力就越大，内作用力也越大。这里又遇到了同一个问题：结构设置越深，压力越小。

非常重要的一点是，拱不能完全等同于链条。拱是刚性结构，无法随荷载的变化而自我调节；重压下，拱可能折断。基于这个原因，拱不可能制作得接近索链或绳索的粗细，但较厚的拱既能抗压曲又能承受比设计荷载大得多的压力。拱不像悬吊缆索那样有很大跨度，尽管在设计师看来它仅次于悬索结构（位居第二的长跨度结构），特别是当拱由钢制成时。

在欧洲和中东，拱形的设计在过去两千年中取得了巨大的发展和完善。今天，拱的平面和立体形式更加多元（图 17.26）。大多数拱形结构需要某种临时支撑（拱

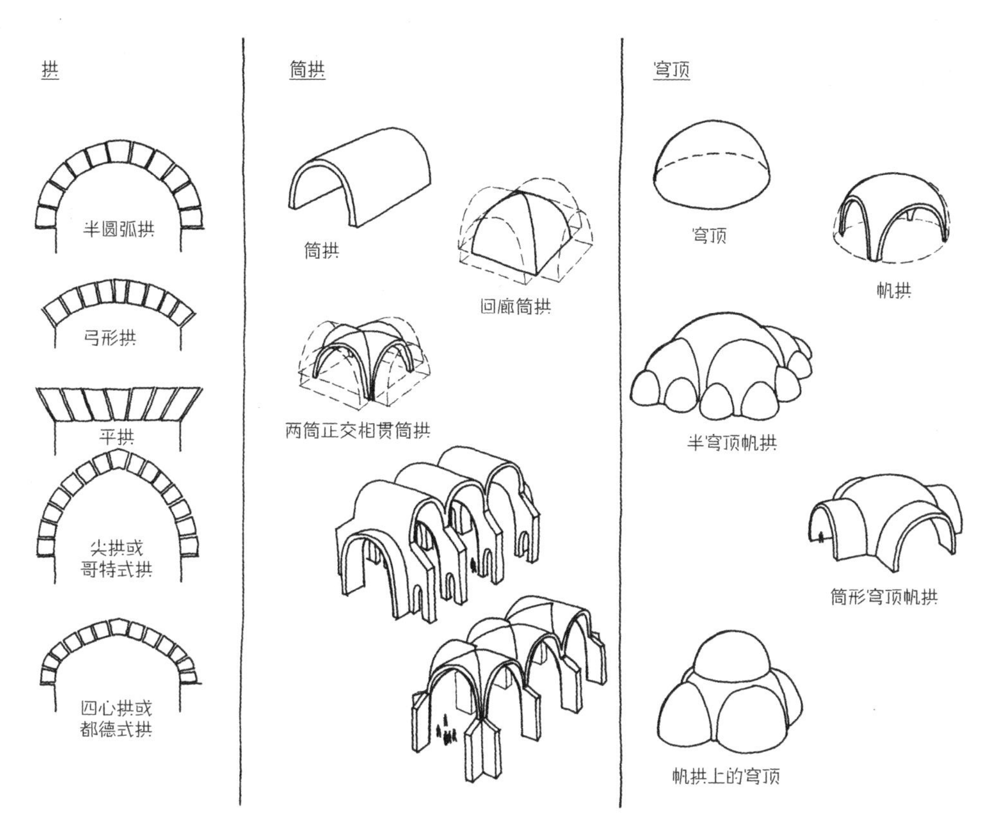

图 17.26

图 17.27

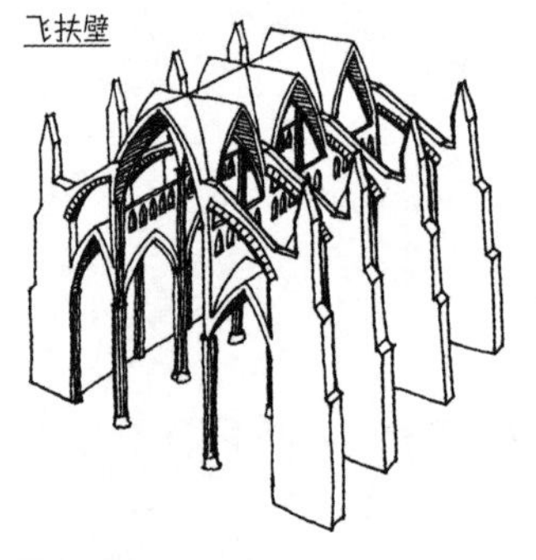

图 17.28

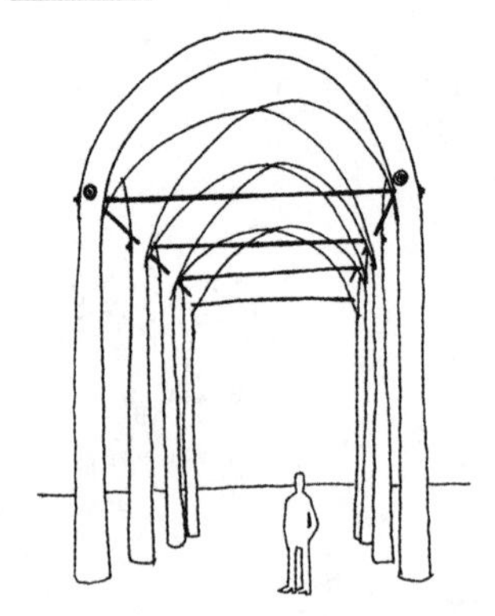

图 17.29

架和模板），砖石、混凝土、铸铁、钢和木材均适用于拱门、拱顶、穹顶的建造。

拱门和拱顶需要承受水平推力，这形成了许多巧妙的建筑装置设计。为了满足教堂的光照需求，将简单、沉重的砖石结合早期的扶垛设计成哥特时代惊人的飞拱，在这种结构中，沉重的石柱向下的重力转移了拱顶的向外推力，并通过基础将这些作用力安全地转入地下（图 17.27、图 17.28）。文艺复兴时期，随着冶铁技术的出现，拉杆或拉索开始成为一种廉价（通常并不美观）的替代品，用于各种拱顶和穹顶的扶垛建设（图 17.29）。

19 世纪和 20 世纪，结构材料更加新颖且坚固，推动了拱顶技术的发展。金属桁架的拱顶和穹顶可以跨越巨大的空间，使用的材料比同等面积的悬吊结构要少（图 17.30）。通常，钢筋混凝土或黏土砖穹顶在比例上比鸡蛋壳还薄，设计师充分利用了传统拱顶弯曲的球面几何形式和双曲线抛物面的反弹性曲线设计（图 17.31）。

无推力的跨结构：桁架

上文介绍了吊链、拱门和拉索装置。现在，让我们看看能否用这些组件以其他方式来跨越峡谷，尤其是开发不施加水平拉力或推动峡谷壁的装置。这种无推力装置在建筑设计中特别有用，可以使柱子和承重墙仅承受垂直荷载。

让我们再次从悬挂链开始讨论，悬挂链在中心处支撑单个荷载，把链的末端连接到浅拱的两端，拱除了支撑自身重量，唯一的作用是抵消向外推动链条的向内拉力（图 17.32）。如果设计适当，将它的一端安装在滚轴上，这样水平推力就会消失，拱也可以前后移动。如果滚筒保持不动，这就是一个很好的设计。

如果想在拱上施加一个荷载，而非将其悬挂在拱下方的峡谷中，可以通过石柱将荷载的重量传递到链子上（图

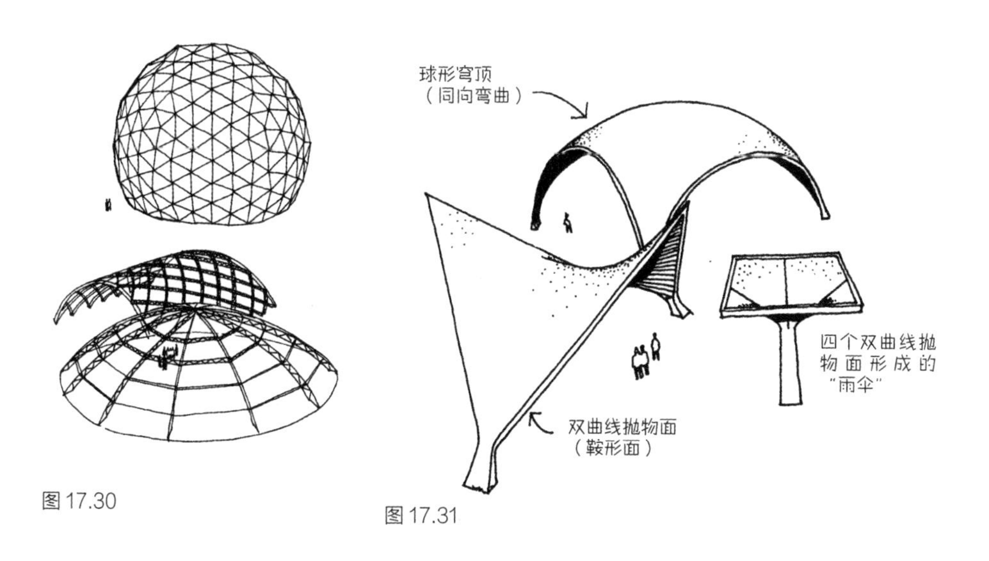

图 17.30

图 17.31

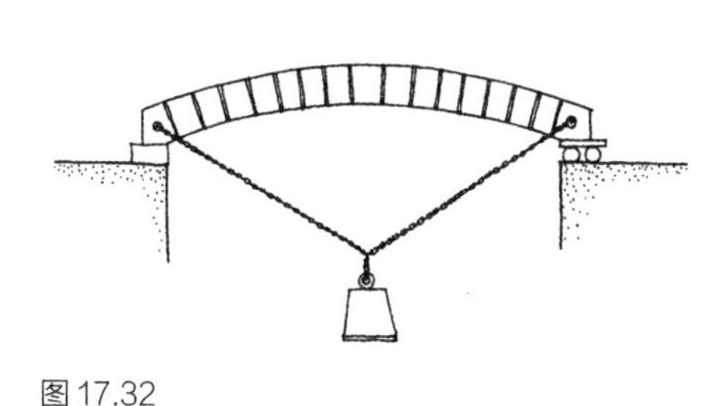

图 17.32

图 17.33

17.33）。图 17.32 中的单拱被分成两个较短的拱，每个拱的形状均结合了自重和由链条施加的水平压缩的分力。虽然可以用石头和链条制作这个装置，但显得有点笨拙，在实践中，可以用短木头支架替代石头，只需在各个接点安装上螺钉（图 17.34），由此形成了一个简单的桁架。

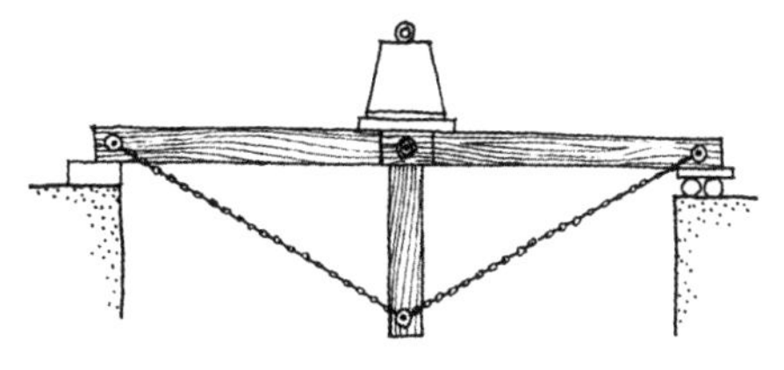

图 17.34

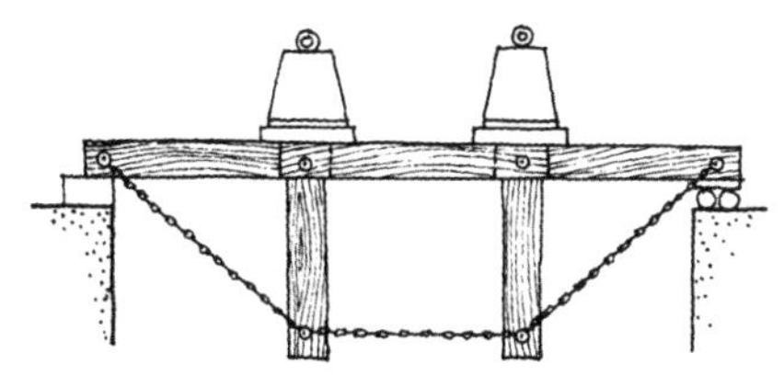

图 17.35

可以制作一个桁架来支撑两个集中荷载，如图 17.35。它并不稳定，因为如果撤走其中一个荷载，桁架的支柱上弦向上弯曲，建议在中间面板中添加两个对角链，以避免这种情况的发生（图 17.36）。

三个集中荷载的理想桁架同样可以采用类似的设计（图 17.37），这种桁架的效率很高，如果垂直支柱均为同一个长度，就更容易建造。在桁架的每个面板中插入斜拉杆或支柱，以确保平衡（图 17.38、图 17.39）。对角线构件可以用拉力斜撑或压力斜撑代替，这取决于置入斜撑的方向——每个拉力斜撑或压力斜撑的一端必须与另一端呈对角摆放。通过这种方法，我们可以使用任何数量的拉力斜撑或压力斜撑打造稳定的桁架，而偶数根桁架可以产生对称性，不必在中心桁架中设计两条对角线。

此外，也可以将这些桁架颠倒，也即将压力斜撑与拉立斜撑对掉，反之亦然（图 17.40）。这进一步证明了在

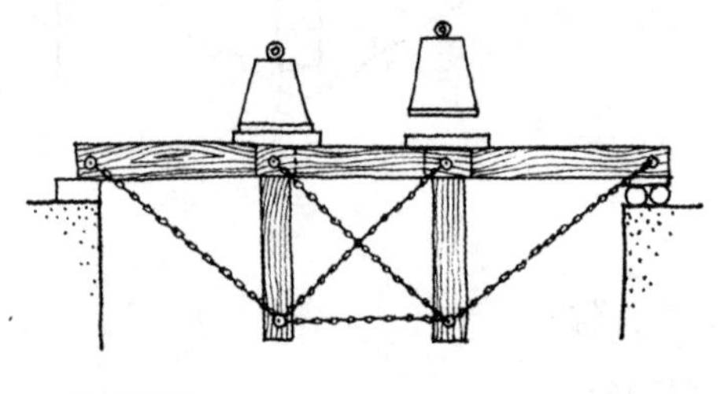
图 17.36

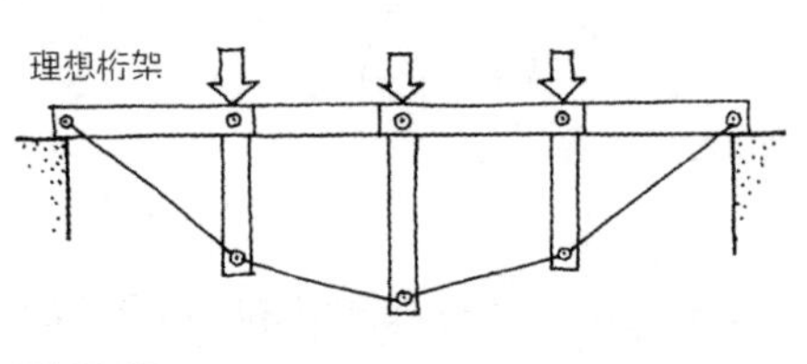

图 17.37

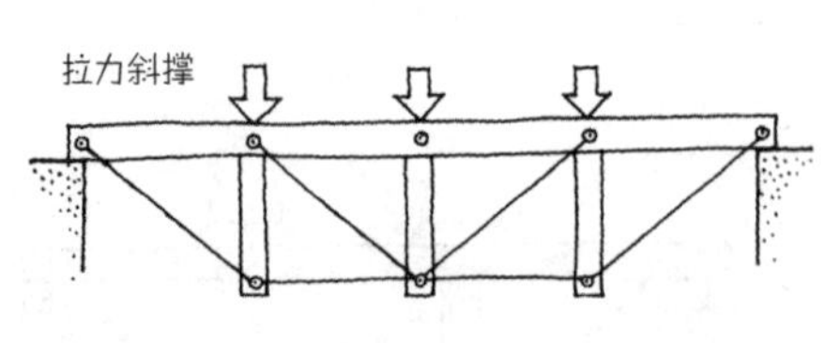

图 17.38

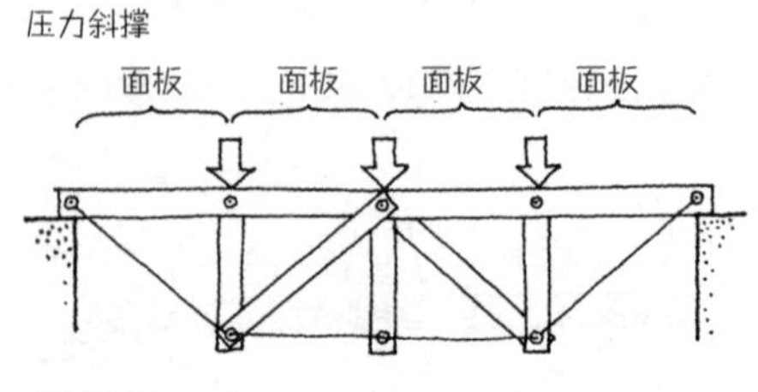

图 17.39

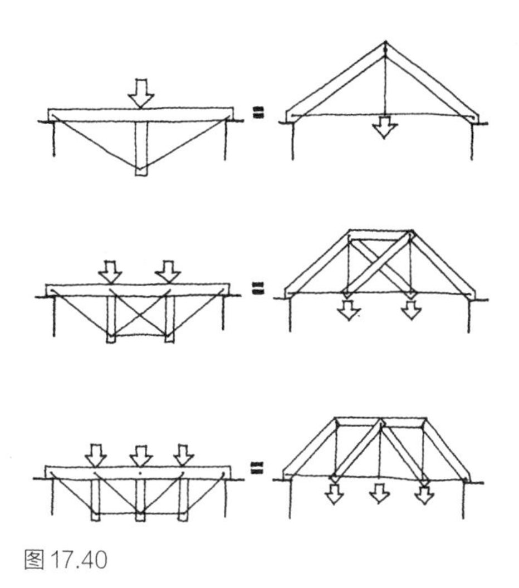

图 17.40

反置链子形成拱门时具有的结构可逆性。

人们已经制作了多种类型的桁架结构（图 17.41）。桁架易于设计，也便于数学分析，可以由长度较短且重量较轻的材料组成，或采用木材、钢、铝或混凝土建造。桁架的三维对应物——空间架构，在近些年也得到了广泛的应用（图 17.42）。在理论上，桁架和空间框架的跨度几乎与拱门和拱顶的跨度一样，但它们都达不到悬吊结构的超大跨度。

对于桁架，如同拱门和悬吊结构，其垂直深度越大，应力越小，越节约建筑成本。还可以使用深度较浅的桁架，使建筑更加紧凑，并节约其他建筑成本。让我们看一下随着桁架深度的减小，桁架会发生什么变化。

在木桁架中（图 17.43），荷载的重量通过垂直支柱传递到链条上，链条将载荷传递到端部支座，而水平支柱仅用于抵抗链条的水平拉力。

如果缩短垂直支柱（图 17.44），链条的角度（ α ）减小，链条的水平拉力和链条中的张力将增加。如果必须使用更粗的链条和横杆，桁架中心的垂直支柱仍只承受与叠加荷载相等的力，因此保持不变。如果进一步缩短垂直

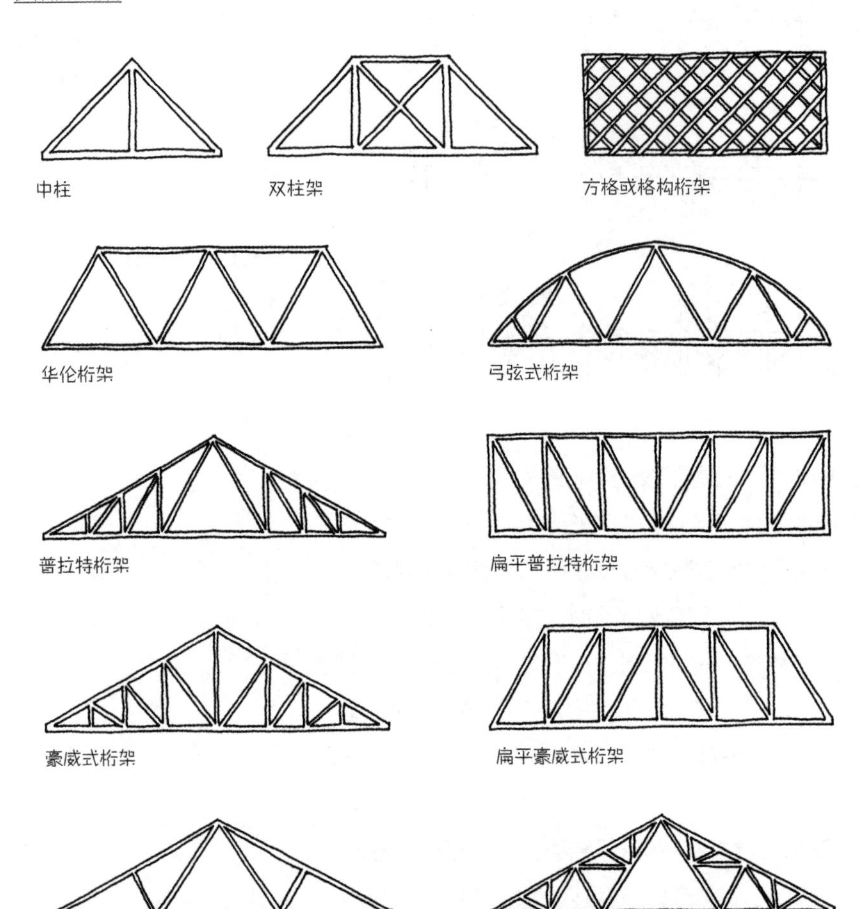

芬克式桁架

扇形芬克式桁架

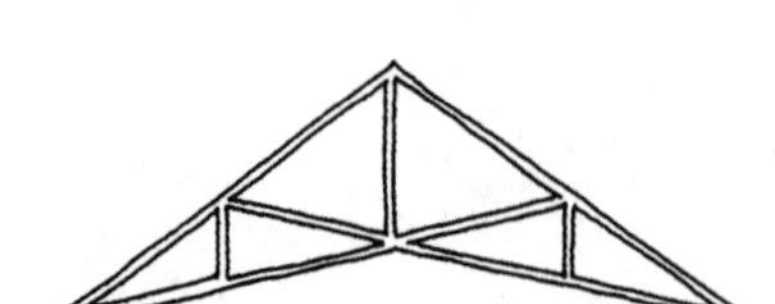

剪式桁架

图 17.41

支柱（图 17.45），链条必须变得更粗，承载的横杆也如此。桁架深度越来越浅，力随着深度的减小迅速增大。上部横杆的厚度足以抵抗来自索链的压力且不被折断时，便达到桁架的实际最小垂直高度（图 17.46）。此时桁架的内部作用力虽然很大，但在普通结构材料的承受范围内。垂直支柱可以完全移除，将链条中间直接用螺栓固定在水平支柱的木头上，便得到桁架的最小实用高度。这种桁架在结构上不太有效，因其使用的钢和木材比深桁架多得多，但结构很紧凑，在建筑中，可以为上层提供平坦的地板或为下层提供平整的顶棚，最大限度地节约空间。事实上，我们制作的是一种梁，专门用来支撑中间点单一集中的荷载。

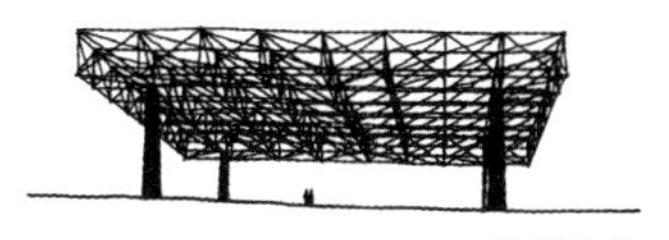

图 17.42

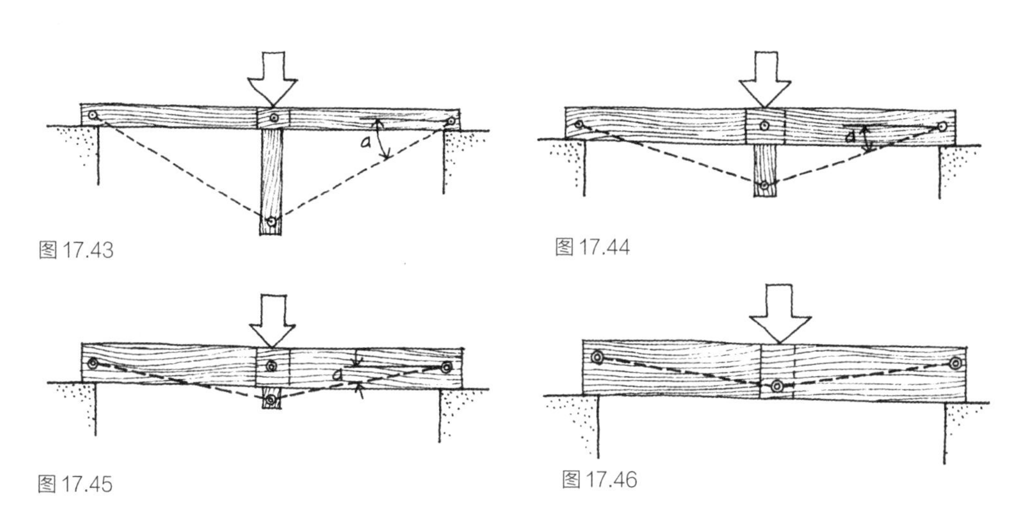

图 17.43

图 17.44

图 17.45

图 17.46

横梁

为了制作荷载（即支撑房顶或地板的荷载）沿梁跨度均匀分布的装置，我们首先要设计一个包含两个形状适宜的桁架，由上部的抛物线形拱和下部的索链组成。把拱做成链条的精确镜像形式。如果两个点通过大量的拉杆连接在一起，每个拉杆承载一半的荷载，水平推力和拉力将在两端达到平衡，因此不会向支架施加水平向的推力（图 17.47）。

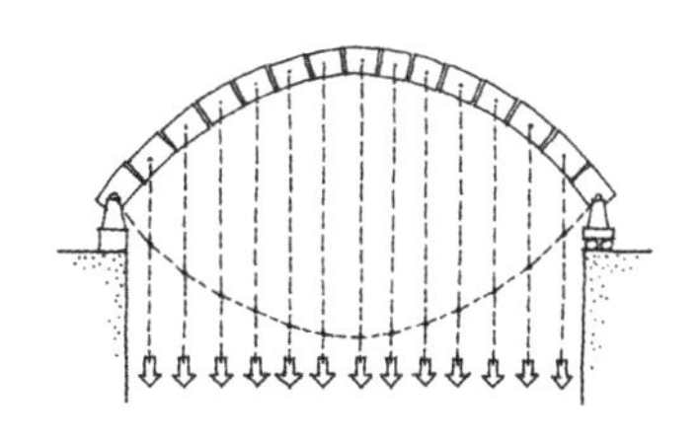
图 17.47

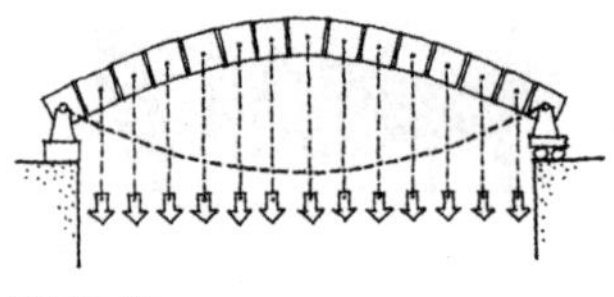
图 17.48

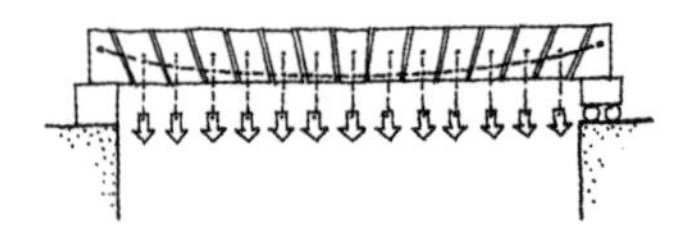
图 17.49

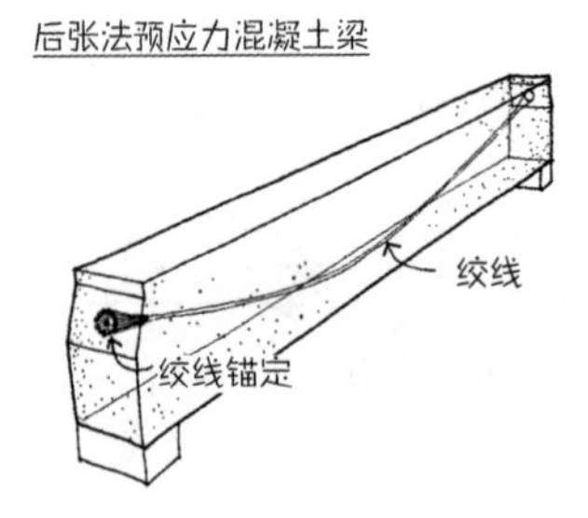

图 17.50

然后，制作另一个较浅的桁架（图 17.48）。正如预期那样，随着桁架深度的减小和水平力的增大，拱和索链必须加粗，达到使用状态下的极限时，拱就会变平，并仍支撑自重及其一半的荷载（图 17.49）。如果链条直接承载部分荷载，必须保持一定的垂度。这样得到的形状是预应力混凝土梁的形状，混凝土梁中拉紧的钢筋沿想象中的扁平弧线与梁的两端反拉（图 17.50）。

当然，根据日常经验中可知，梁比上述任何形式要简单得多。可运用厚度和粗细适当的木料，而无须索链或石块（图 17.51）。有趣的是，普通的木梁或钢梁内部的张力和压缩力是如何起作用呢？对梁的主应力分析表明，梁既有沿拱线的压应力作用，也有沿索链线的拉应力作用。这两组线条彼此镜像、对称排列，使拱形的水平推力与索链的水平拉力完全平衡（图 17.52）。这些线如何在梁的顶部和底部聚集在一起？这些区域的拉应力和压应力最高，为了确保梁的最佳性能，材料被拉伸和压缩到容许的应力范围内。在梁的其他部分，应力的集中程度较低，材料无法发挥全部的结构能力，显然是被浪费了。因此梁在结构形式上不如索链、拱或桁架那么有效。在索链、拱或桁架中，大部分或全部材料受到充分的应力，但梁结构紧凑，使用方便，不产生外部水平推力，易于建造平整的屋顶和地板。

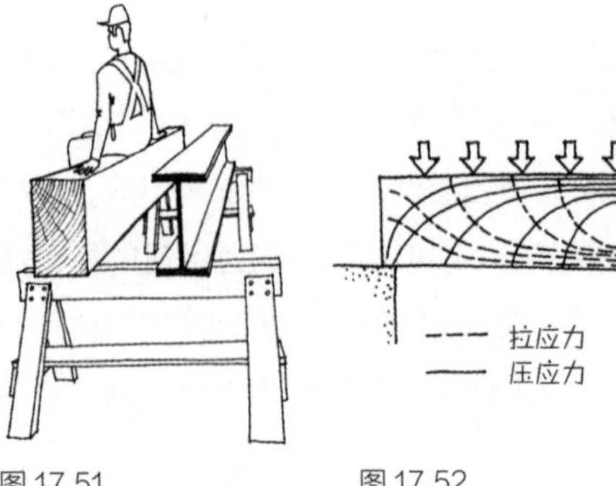

图 17.51　图 17.52

梁上的主应力线还展示了另一个有趣的现象：压缩线和张力线总是垂直相交。如果我们检查从其中一个交叉点上取下的材料，发现它在一条对角线上被压缩，在另一条对角线上被拉伸（图 17.53）。这些斜向力在梁的端头附近变得非常大，有时比梁端的其他应力更重要，在梁端，主应力线与水平面呈 45° 角，并逐渐朝梁的中间降低。因此梁的设计必须使其能够承受跨度中间上下表面的巨大水平拉应力和压应力，并考虑梁两端巨大的对角线力。这种力对钢梁来说不是大问题，因为钢材抗对角线力能力较强，但木材和混凝土的抗对角线应力能力较弱，在设计时应特别注意。

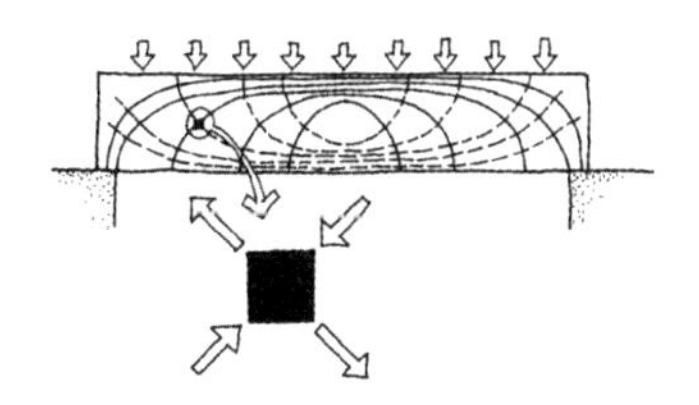
图 17.53

梁上承受压应力最高的那部分最容易弯曲，就像气体承重的结构装置一样。梁越长越细，弯曲风险越高（图 17.54）。人们根据经验计算出公式来预测这种风险，存在弯曲风险的部分，要么使梁粗一些，要么提供横向支撑。此类支撑可以通过梁所支撑的楼板或屋顶板来实现。

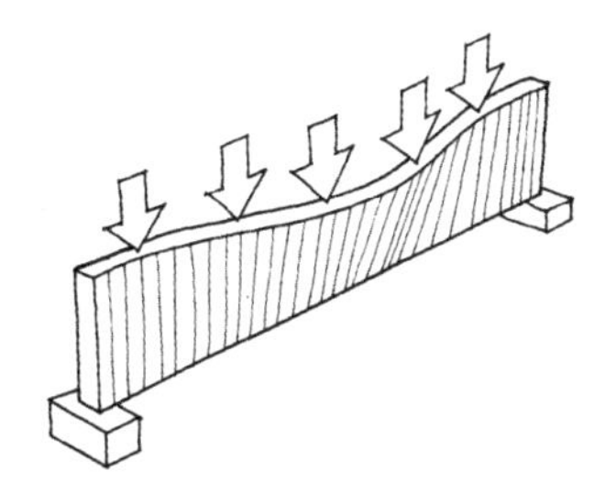
图 17.54

横梁和其他有跨度的设施一样，重要的是预测梁在预期荷载下的弯曲程度。为此，人们计算出了精确的公式，如果预先知道发生多大的弯曲，就能设计出足够安全的梁，这些梁不会因严重弯曲而导致连接它们的石膏屋顶出现裂缝，或对下方的窗户、隔墙和其他建筑构件施加压力，因为这些构件的设计本身就无法承受主要的结构荷载。也可以做成弯背梁，使梁具有向上的弧度，且使该弧度等于荷载作用下的预期挠度，在使用时梁就不容易发生弯曲（图 17.55）。

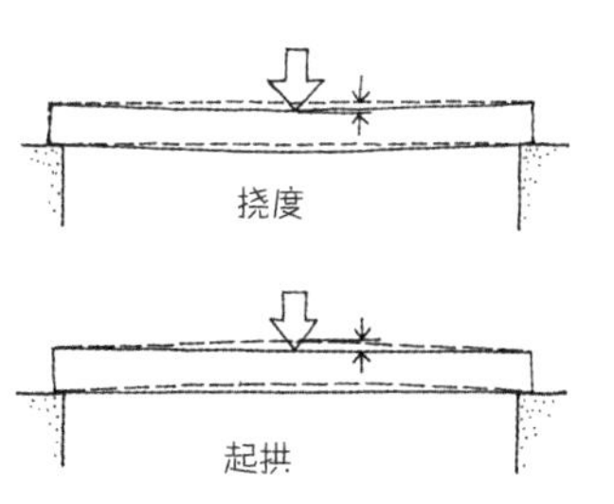

图 17.55

梁有多种使用方式。上文讨论了简支梁——每一端有一个支撑，在重力荷载作用下向下弯曲。通常，单一连续的横梁要穿越两个或更多相邻跨距，或其一端或两端悬空在支撑点之外（图 17.56），这样的结构在支架上产生相反的弯曲。为了使梁内材料最大限度地承受应力，最好将

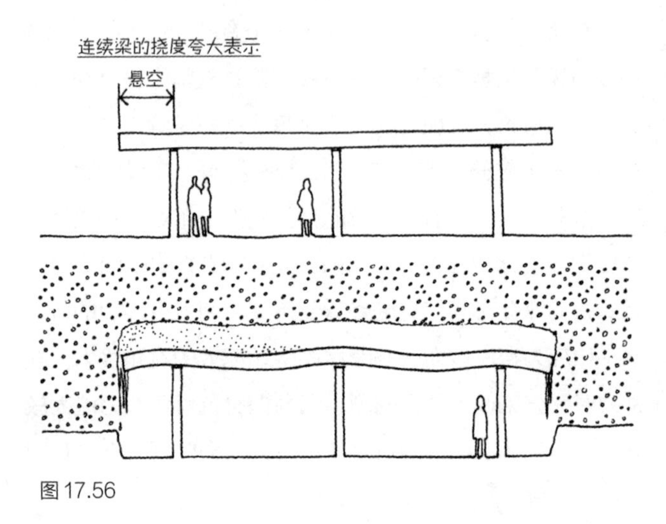

图 17.56

有两个或更多跨度的连续梁改为体积稍小且更经济划算的简支梁。

梁还能作为屋椽，用于屋顶。如果屋椽两端都有垂直支撑，则不会产生任何水平推力（图 17.57）。如果将两个屋椽对接且中间没有支撑，它们就可以形成一个简单的拱。两个对接的屋椽彼此产生水平推力，因此必须为其提供一个或多个支撑。

在钢筋混凝土结构中，大部分或所有压力均由混凝土承担，应合理配置圆形钢筋的位置，使其能够抵抗所有拉力。为了抵挡靠近梁末端的强大对角线力，应在梁的两端安装垂直箍筋（图 17.58）。为了最大限度地降低成本，混凝土建筑中经常使用连续跨，随着弯曲方向的变化，最重的钢筋集中布置在梁的底部和顶部之间。风荷载和地震荷载将导致梁的弯曲方向发生逆转，所以在大多数情况下，至少应当有一些钢筋在梁的顶部和梁的底部贯穿梁的全长（图 17.59）。

厚板

混凝土板是一种宽阔、稍薄的钢筋混凝土梁（图

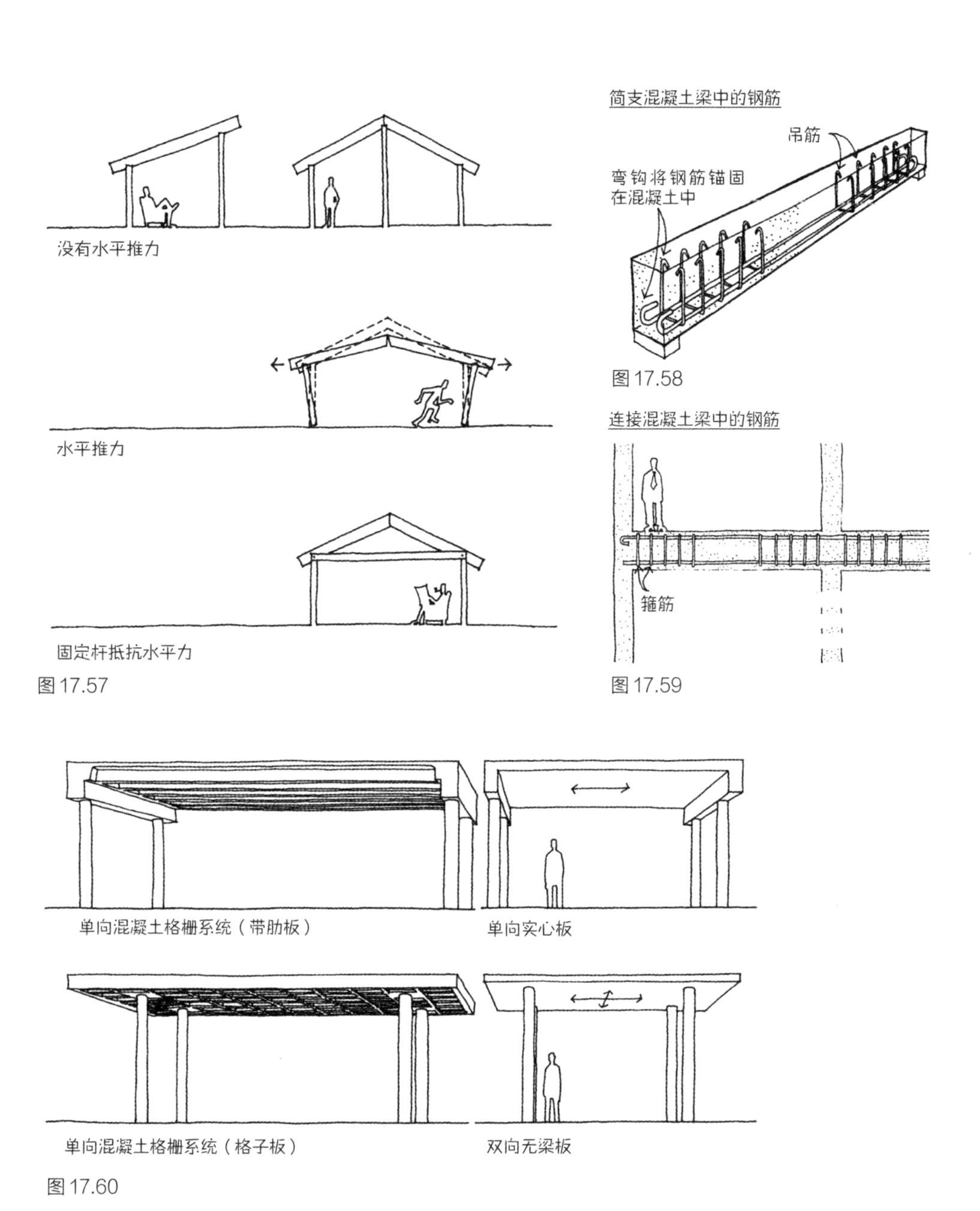

图 17.57

图 17.58

图 17.59

图 17.60

17.60）。如果混凝土板跨在两个平行梁或墙之间，主要沿跨度方向配筋，称为“单向板”。如果混凝土板跨在以正方形排列的一定数量的柱子之间，则在两个方向（南北和东西方向）上配筋，并在两个相互垂直的方向上均有跨度，称为双向板。与单向板相比，双向板需要较少的混凝土和钢筋来支撑给定荷载，使用起来较为方便。无论单向还是双向混凝土板，如果跨度较长，在板底部的钢筋之间去掉大量混凝土，可形成“单向混凝土托梁系统”（也称“肋板”）或“双向混凝土托梁系统”（也称“格子板”），可节省费用。通过这种方法，板可以变得更厚，而不会更重。

连续混凝土梁的张拉处理

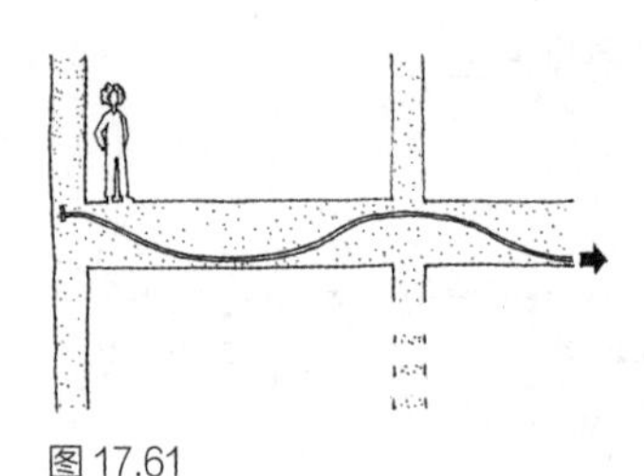

图 17.61

为了最大限度地节省混凝土和钢材，板和梁中的钢筋通常采用张拉处理，而非仅仅靠配筋。用塑料管包裹的高强度的钢筋电缆，在电缆和管道之间的空间使用防腐润滑剂。钢绞线的管子固定在模板上，两端使用锚具沿着索状线张力方向加以固定，在周围浇筑混凝土。混凝土硬化后，使用液压千斤顶将所有电缆拧紧至极高的应力状态。电缆按照缆索曲线的形式放置，可以有效地支撑梁和板上的荷载（图 17.61），同时周围的混凝土则产生压力，以抵抗钢筋的水平拉力。

其他形式的梁结构

大负荷和大跨度的大梁通常由混凝土、钢或层压木材制成，在应力最大的地方可以使用更多材料。例如，在焊接的钢板梁中，使用更多顶板和底板来抵抗跨中的拉应力和压应力，并使用更多垂直加劲肋，以增强两端的抗剪切的能力（图 17.62）。

梁并不总是笔直的。跨度较长时，建议将弯曲梁

焊接后的钢板梁

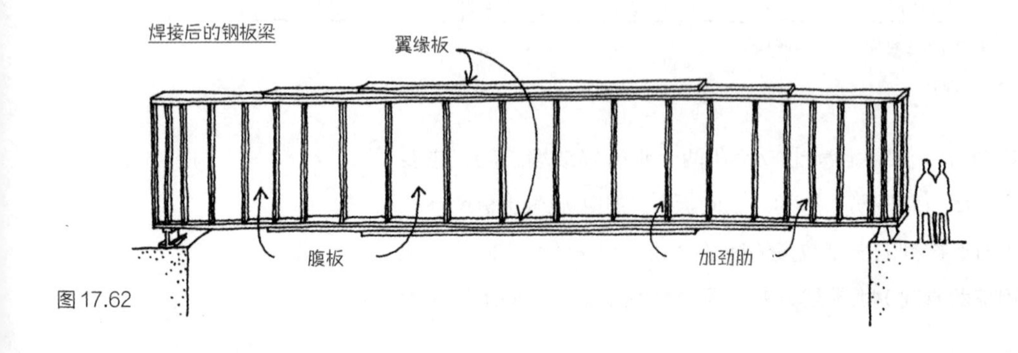

图 17.62

做成刚性框架，用刚性连接的方式组合柱子和梁（图17.63）。接缝处（框架由垂直方向改为斜向的节点）承受很高的应力，通常相应加厚。刚性框架的形式既像梁又像拱，因此在基础部位应将其捆绑在一起，在操作时使用埋在混凝土楼板中的钢棒。刚性框架能承受接近桁架的最大跨度，而梁通常限于较短的跨度。梁越厚，跨度越长，如果使用更轻的材料、更有效的结构形式便能完成同样的跨度，梁将变得厚重而不经济划算。

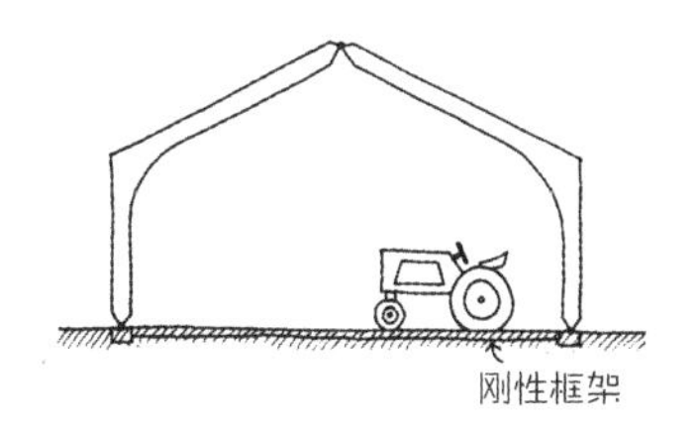

图 17.63

如果将结构材料的平面（通常是钢筋混凝土）折叠起来或做成扇形，以增加自身厚度，那么其能跨越相当长的距离，并以与横梁相同的方式发挥作用（图 17.64）。此类结构易于模拟：将一张纸折叠或弯曲，然后用两本书支撑，再压上其他纸或书本，便可感受其结构特性。

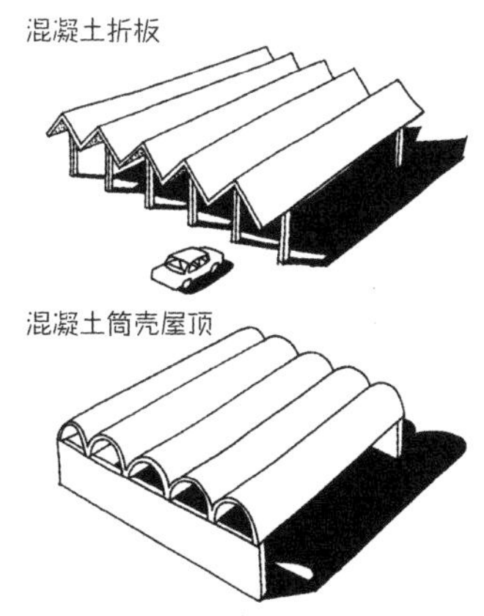

图 17.64

叠涩

叠涩是由许多石头或砖块组成的结构装置，每块石头或砖块作为一个短悬挑（图 17.65），其稳定性取决于每块砖内嵌部分所承受的杠杆作用力多于外凸部分的杠杆作用力。这种简单的叠涩有时用来支撑墙壁上跨越的窗洞，或形成凸出的支架来支撑横梁（图 17.66）。这种砌法常见于装饰性砌砖工程，叠涩被转换成三维的线性梁来托住拱顶，被玛雅人用来支撑狭窄的房间（图 17.67）。叠涩的跨越能力是所有结构形式中最有限的，因其所用的大型石头或砖块的张力很弱，与其他相同荷载的装置相比，需要消耗大量材料。

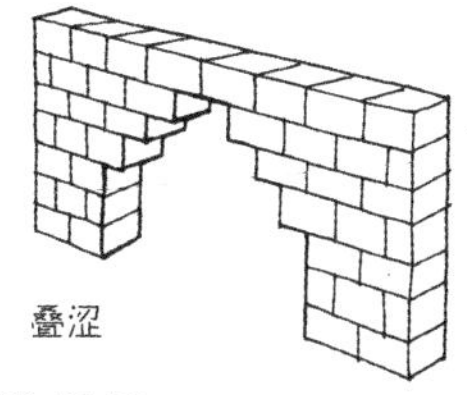

图 17.65

如果叠涩绕其垂直中心线旋转会形成一个圆形房屋（图 17.68），可以产生更大的跨距，并更有效地利用材料。然而，圆形建筑不仅运用了叠涩原理，石头或砖砌成的完整环形能抵抗单个石头或砖在上部压力作用下向内坍塌的趋势。与其他有梁托的叠涩不同，圆形建筑在基础或支撑

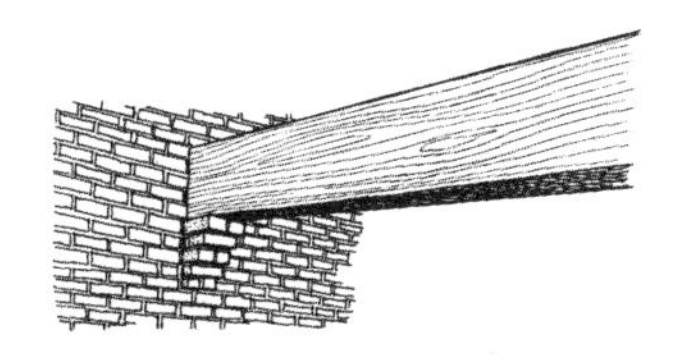
图 17.66

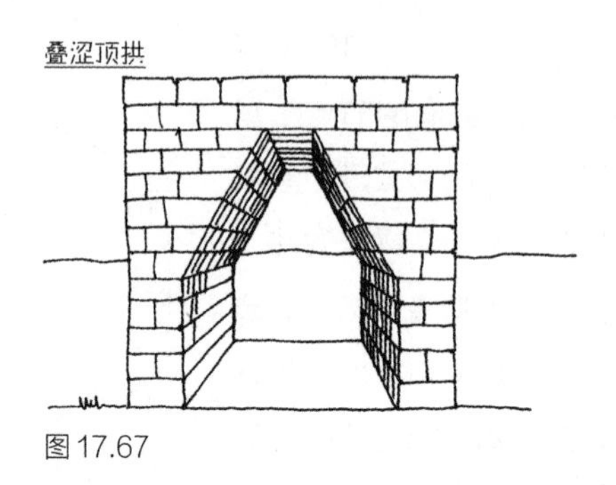

图 17.67

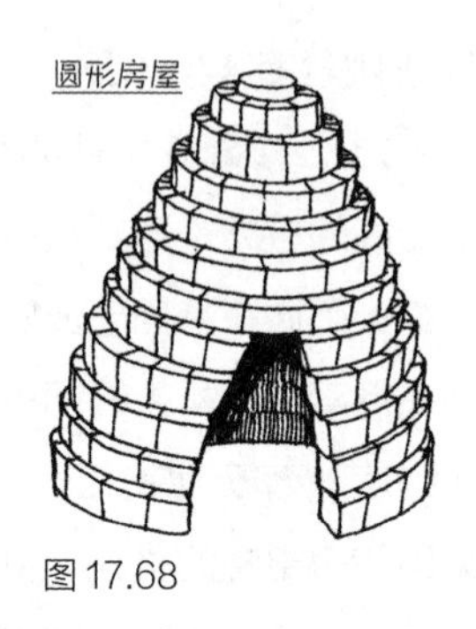

图 17.68

墙中产生推力，但保留了叠涩的优点——独立竖起而不必借助临时支撑或模板。在无须大量平衡重量的情况下，叠涩只需一层石头的厚度。迈锡尼古墓中有一个圆形墓顶，跨度长达 14.3 米，承载着上方巨大的荷载。3 ~ 6 米的跨度在地中海地区很常见，特别是意大利南部，直到几十年前，该工法一直用于建造农舍屋顶（图 17.69）。

图 17.69

充气结构

另一种开发时间不长的横跨设施是充满流体的结构，其潜力有待发掘。空气是使用最广泛的流体，最常建造的两类结构是充气结构和气承结构（图 17.70）。在充气结构中，结构组件是内部空气压力支撑的纤维管，纤维管在内部气压的作用下可以防止结构弯曲。纤维管本身承载着结构荷载，薄的纤维充气结构只能用于相对较短的跨度，因其很容易弯曲。另一方面，气承结构在理论上可以实现无限跨度，因为纤维的下表面均由空气压力直接支撑。气承结构通常用于网球场和体育场，纤维中唯一的应力是拉伸应力，通常较低，由保持纤维拉紧所需的轻微大气压引起。气承结构的一大问题是地基问题：每个结构都需要一个数值等于内部空气压强与内部地面面积乘积的合力加以固定。

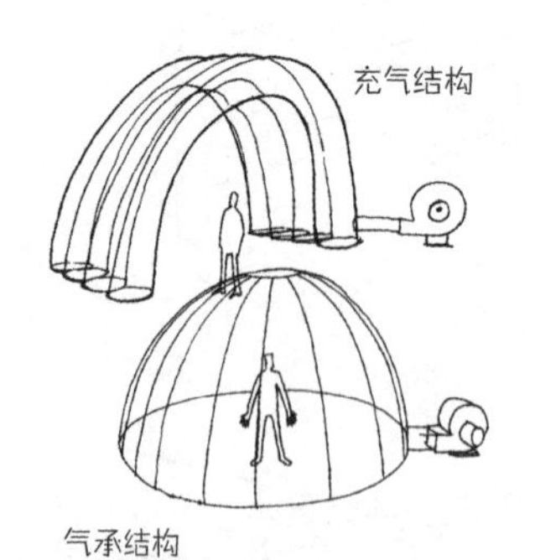

图 17.70

侧向支撑

上文讨论了支撑垂直荷载和横跨方向上荷载的基本结构。为了支撑简单建筑产生的荷载，必须将此类结构组合成一个框架。首先，将表面荷载传递至柱子或承重墙上，然后将这些垂直荷载传送到地面，并通过基础系统将其转化。此外，应提供必要的设施，使整个结构在风力、地震力和压曲力的作用下呈垂直形状，否则建筑会坍塌。

可以通过三种方法提供侧向支撑（图 17.71）。第一种方法是使柱和梁之间的接缝非常坚固，这在混凝土建筑框架中很容易操作，但在钢框架中比较困难，通常在连接处进行焊接。在木框架中，刚性接头很难制作，因为在木头的一端制作牢固的固定配件非常困难。

第二种方法是在建筑框架的各个平面中插入对角支撑（斜撑），有效地创建垂直桁架。第三种方法类似于斜撑，使用钢剪力墙、胶合板或混凝土来代替支撑。在木结构、钢结构和混凝土结构中，斜撑和剪力墙易于建造。砖墙也可以是很好的剪力墙，尤其是用钢筋加固的墙体。

运用这三种方法提供侧向支撑时，支撑装置（刚性接头、斜撑或剪力墙）必须在两个相互的垂直平面上布置，如建筑的南北方向和东西方向。如图 17.71 所示，必须以建筑的质心为中心基本对称。

建筑的地板和屋顶平面在侧向稳定性中发挥作用，作为深度水平梁，将建筑外墙所承受的风荷载传递到侧向支撑的垂直平面上（图 17.72）。应仔细计算建筑的横向荷载，并提供足够支撑力的设施来抵抗这些荷载，这与竖向荷载要经过精确计算并进行精心防范的要求是一样的。

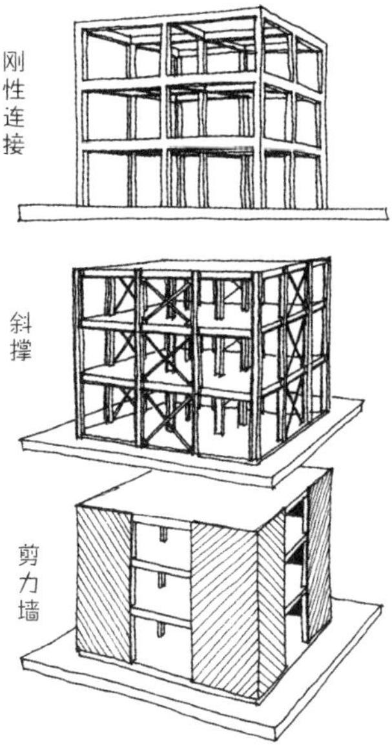

图 17.71

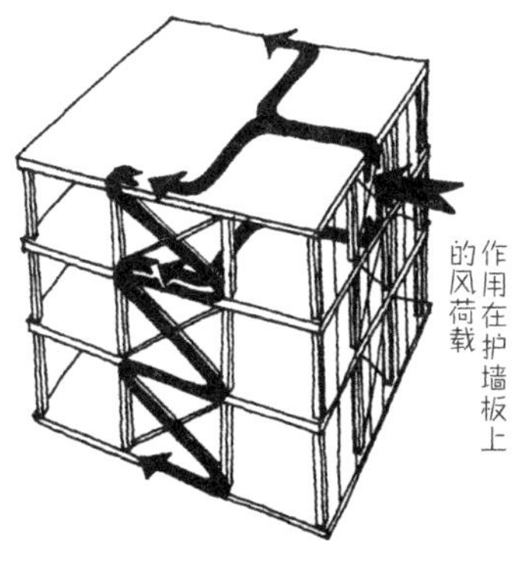

图 17.72

建筑框架的坍塌

近期恐怖袭击导致俄克拉荷马市联邦办公楼和曼哈顿世贸中心大楼等主要建筑倒塌，爆炸形成的巨大冲击吹走了大部分承重结构。在俄克拉荷马城，许多相邻的柱子和横梁被摧毁，在世贸中心大楼，蓄意飞入大楼的飞机穿破了攻击点上方楼层1/3的垂直支架。在这两种情况下，建筑主体部分的倒塌是不可避免的。如果希望建筑框架在意外事件和袭击中幸存下来，可以通过加固梁来移除不同位置的柱子，使其接替和分担缺失构件的荷载，并保证建筑直立。但是当建筑的大部分结构不再发挥作用时，想要屹立不倒几乎是不可能的。

人们认为世贸中心大楼的框架系统和框架构件的防火性能很薄弱，这在很大程度上影响了结构安全。事实上，虽然这两座塔楼坍塌了一个柱子，但其他两根成功地支撑住了建筑，证明结构工程师的技艺比较精湛。导致双子大楼倒塌的原因并非对结构部件的切割，而是飞机燃料箱产生的长时间且炽热的火焰。钢框架构件的防火设计并非为了保护其免受高温火灾。上方的楼层结构因足够热而倒塌时，遭大火破坏而结构减弱的梁和楼板倒在地板上，这使已经很脆弱的楼层不堪重负，最终倒塌，导致上层楼的结构砸到下面的楼层上。这一过程一层一层地重复，直到楼层全部塌落到地面，荷载一层一层地累积，底层楼被同时倒塌的一百层楼压塌了。

基础

建筑的柱子或承重墙与地面接触时，建筑的垂直和水平荷载必须安全地转移到地面上，因此，通常需要某种过渡装置。例如，钢柱能够承受较大的荷载，土或岩石的荷载能力较低，如果柱子直接立于地面，它可能立即下陷，并连累建筑的其他部位。如果钢柱以0.958兆帕应力承受荷载，必须在柱子与土地之间填充砌块或水平表面比柱子横截面大50倍的板块，其面积应为：

$$\frac{47.88 \text{ 兆帕}}{0.958 \text{ 兆帕}} = 50$$

如果柱子的横截面只有 0.023 平方米，该砌块面积必须是 1.15 平方米（50×0.023 平方米）。边长大于 1.07 米的混凝土砌块可起到相同的作用（图 17.73），该砌块被称为“扩展基脚”。有趣的是，这个例子也需要第二种扩展基础，尽管混凝土比土壤硬很多，无法直接承受钢柱的强压力，必须在柱子和混凝土基脚之间插入一个重型钢底板，以分散荷载。底板尺寸和基脚本身尺寸的计算方法相同。

扩展基脚可以是独立基脚或连续的条形基脚，以支撑混凝土或砖石墙（图 17.74）。如果使用基础梁扩散墙内的荷载，可以将墙支撑在独立基脚上，而非放置在连续的条形基脚上。在承载力较低或适中的土壤中，单独的扩展基脚显得很大，在整个建筑下面浇筑连续的钢筋混凝土垫基础比建造互不相连且间隔较小的独立放大基础更容易、更经济划算。

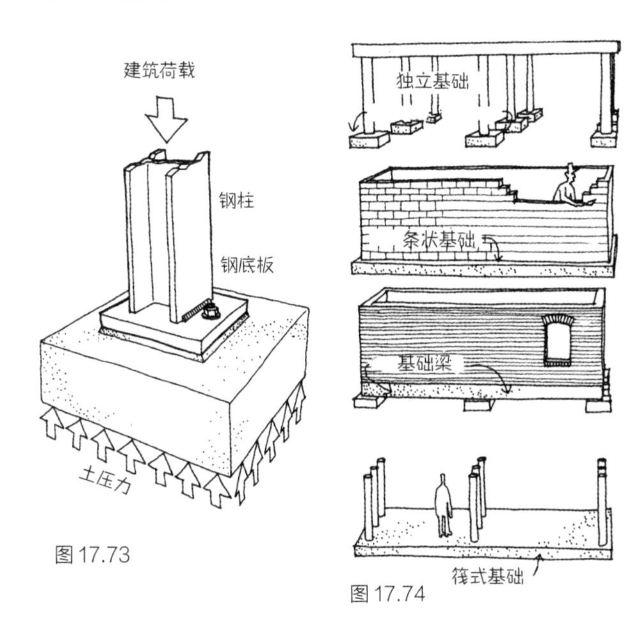

图 17.73

图 17.74

有时，坚硬的土层或岩石位于相当深的软土下层，而软土无法支撑扩展基脚上的建筑。在这种情况下，可以在软土中钻一个孔，直接通到土壤上，然后在坚硬的地层上方开孔洞，以增加承载面积，并使用混凝土填充整个孔洞；接下来，在混凝土沉箱顶部建一根柱或地梁，将荷载转移到软土上，直达下面的土壤（图17.75）。另一种方法是使用打桩机，一个由蒸汽或柴油驱动的巨大重锤将一段钢或预制混凝土柱竖直冲压到软土中直至土层，这种基础装置称为“端承桩”。

如果硬土或石面不在端承桩的可及范围内，如在沼泽地或滨水地区，通常使用摩擦桩，用料为木材、钢或预制混凝土。每个摩擦桩头朝下冲入软土层，直到土与桩之间的摩擦力足以支撑桩承荷载。通常以群桩的形式打入，群桩顶部有一个混凝土帽，以便在各个桩之间分配柱的荷载。如果一根柱子将250吨的荷载传到地面上，每根桩可以支撑10吨，则需要25根摩擦桩组成一个桩组，即每行5根摩擦桩，共5行。

软土面上的建筑有时依靠浮基支撑（也称补偿性基础支撑）。在这种情况下，建筑的重量与开挖出的土的重量不同。挖一层土的重量相当于5 ~ 8层建筑的重量，

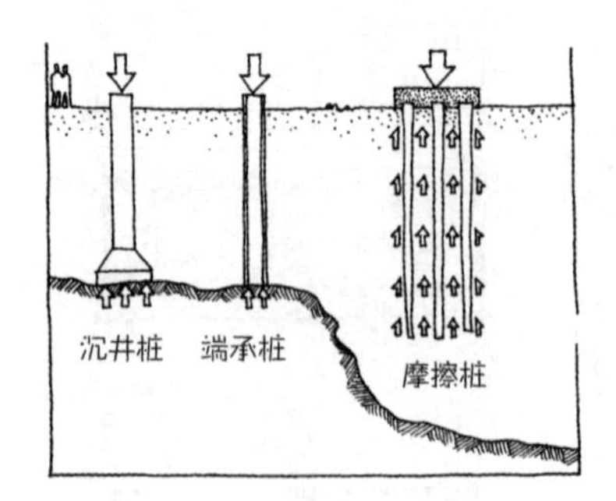

图17.75

例如，一栋 10 ~ 16 层的建筑“漂浮”在两层基础上。建筑建成后，下方土壤的应力与之前几乎相同，这有助于减少沉降的发生（图 17.76）。

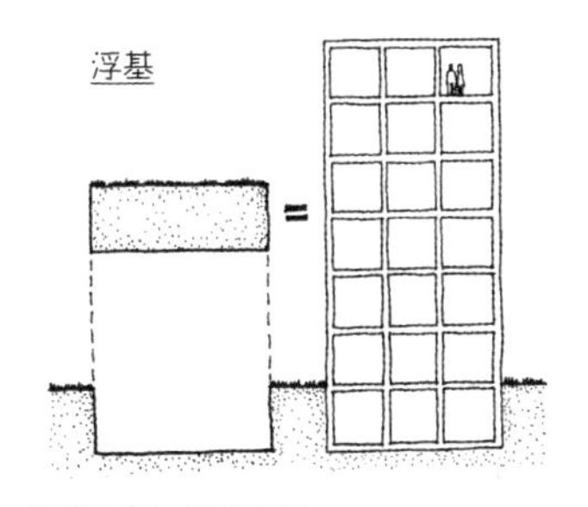

所挖土重 = 建筑重量

图 17.76

有时，地基必须确保建筑能够抵抗向上而非向下的力，特别是对于空气支撑或悬挂结构的锚固。如果能够触及合适的石料，可以在岩石上钻孔，用合适的黏合剂将电缆或锚杆固定到孔中，并且在软土中埋一块混凝土，让混凝土与软土的重量之和超出预期的向上拉力。对于临时结构，建议将重型砂或水容器作为锚放置在地面上，也可以在土中打入小型金属螺旋锚或木桩，供锚固之用。

拓展阅读

Rowland Mainstone. *Developments in Structural Form.* Cambridge, Mass., M.I.T. Press, 1975.

Fuller Moore. *Understanding Structures.* New York, McGraw-Hill, 1999.

Mario Salvadori. *Why Buildings Stand Up.* New York, Norton, 1980.

Waclaw Zalewski and Edward Allen. *Shaping Structures: Statics.* New York, Wiley,1998.

18

建筑的变形

即便看起来坚固而庞大的建筑，也从未停止变形。这种形变通常很细微，肉眼很难察觉到，但大多数是由不可抗拒的作用力造成的，如果不采取一定的防范措施，那么整栋建筑可能会坍塌成碎片，建筑表面开裂、扭曲甚至撕裂，构件发生分离或挤压在一起。轻微的变形会使整栋建筑变得难看；较为严重的情况可能导致房屋漏水，威胁整栋建筑的结构安全。

施工早期，自第一批材料就位，建筑的变形就开始了。随着楼层、载荷的增加，地基逐渐下陷。大多数材料放置到位后，如湿混凝土、砂浆、水磨石、灰泥会发生轻微收缩，硬化时易开裂；而石膏灰泥轻微膨胀，并挤压相邻的材料。未充分干燥的木材安装后会收缩。梁、柱和其他结构构件，无论材质如何，在施工过程中随着荷载的增加逐渐下垂或倾斜。随着活荷载的变化，建筑在整个生命周期内进一步下陷，下陷幅度是可变的。一些结构性材料，特别是木材和混凝土，将在几年内发生“蠕变”——不可逆的下陷。风力和地震力导致建筑框架轻微偏斜。

由湿热效应引起的周期性重复运动不断发生。在温暖的气候条件下，建筑体积膨胀；而天气寒冷时，体积相对缩小。正午时分，被太阳加热的屋顶因膨胀变大，下面较冷的墙壁变化较小。晚上，屋顶因温度降低而收缩。在零摄氏度以下，水结冰，建筑内部或下方因膨胀而导致材料开裂或引起地基升高。天气潮湿时，木材及木制品膨胀；空气干燥时，如在冬天供暖的建筑中，木制品因收缩而产生裂缝。在供暖季，黏合不充分的木制家具偶尔在接合处开缝。潮湿天气里制作的木门框，虽然刚开始非常紧固，但到了干燥季节，门框易松动、变形。此外，材料不同，变形的特征也不同。在寒冷的冬天，铝窗框发生微小的变化，木框架几乎不受温差影响；长时间的潮湿环境使木框架膨胀，而铝窗则保持不变。

某些不必要的化学反应也会导致建筑变形。金属受腐蚀时膨胀变大，石灰砂浆、石膏在使用前没有完全水化，其晶体结构吸收空气中的水分时也会膨胀。普通水泥与一些矿物发生化学反应，这些矿物在制备混凝土时可能无意混入其中，从而导致破坏性的膨胀。金属部件因腐蚀而混合在一起的现象十分常见，应严格地把控材料质量，并对易腐蚀的金属进行适当的镀膜防腐处理，以避免出现此类情况。

控制缝和伸缩缝

为了在不产生破坏性结果之前适应建筑不可避免的变形，设计师在设计和施工过程中会采取防范措施。设计师应遵循的基本原则是为建筑及其构件提供变形的空间和途径。混凝土人行道上间隔设置的横向裂缝就是很好的例证（图 18.1）。铺设混凝土时，设计师会预先留出结构缝隙，因混凝土硬化时会收缩，人行道会随温度的变化进一步收缩和膨胀，并且在霜冻或树根的影响下多处隆起。如果不留出裂缝，变形会导致路面在各个方向开裂。有意留出的裂缝称为“控制缝”，能以有序的方式缓冲这些变形力，并在不破坏混凝土块的前提下允许一定程度的倾斜和隆起。控制缝以大约 6 米的间隔被设置在地面上的混凝土楼板和建筑内的混凝土墙体中。施工时，在混凝土未干之

图 18.1

前使用专用的沟槽抹刀，或在混凝土开始硬化后用磨砂刃电锯切割，使外观整洁。大多数钢筋在控制缝处被切断，在中断处形成一条薄弱线，进而形成裂缝（图 18.2）。

混凝土砌块墙在固化和排水时容易收缩和开裂。根据砌块放置时的含水量（图 18.3），应每隔 6 ~ 12 米设置一个控制缝。建筑外墙也容易收缩，建议将缝的间距控制在 3 米左右。

内墙和天花板表面由灰泥或墙板制成，通常无须设置控制缝。石膏硬化时轻微膨胀，而非收缩，灰泥膨胀导致压缩裂缝，大块的灰泥表面也因底层结构的变形而开裂。因此较长的灰泥墙和面积较大的天花板应每隔大约 9 米设置一条伸缩缝。在灰泥板伸缩缝详图中，金属板条在伸缩

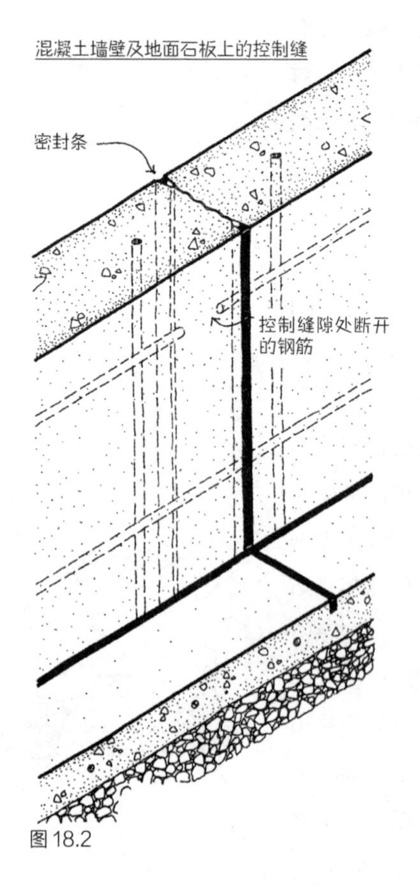

图 18.2

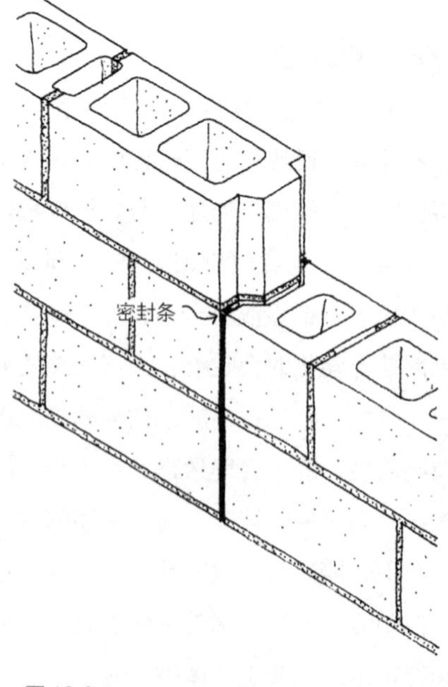

图 18.3

缝的线条处中断，形成一条薄弱线，石膏沿该缝隙发生变形。将弹性金属波纹管置于伸缩缝，这样看起来更加整齐，无论发生何种情况，伸缩缝两段的灰泥板始终在同一平面上（图 18.4）。

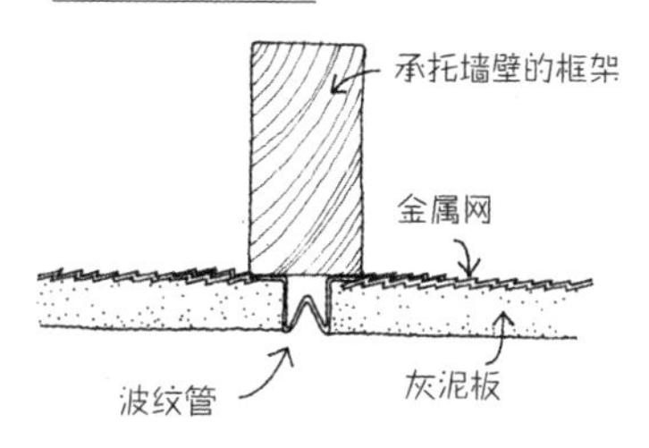

图 18.4

另一种易轻微膨胀的材料是砖墙。从砖窑中刚烧制好的砖是完全干燥的，但随着时间的推移，砖石吸收少量水分并轻微膨胀。因此在砖墙中应至少每隔 60 米留出一条伸缩缝（图 18.5）。墙芯中的硬橡胶样条将墙的各个部分锁在一起。建筑的铝质外墙也需留出伸缩缝，以留出金属构件在阳光的照射下升温、膨胀的空间。

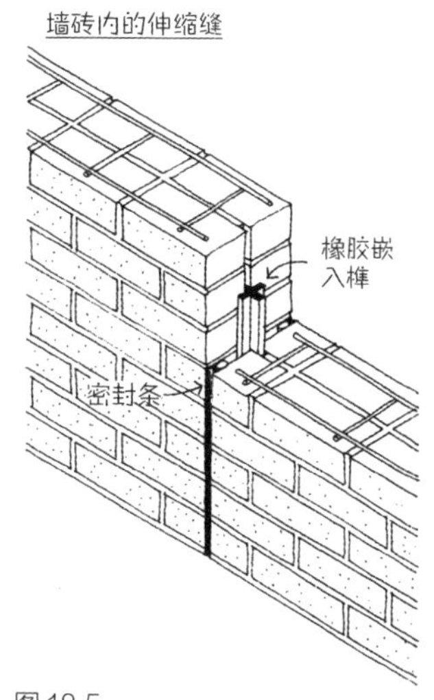

图 18.5

在建筑设计中，如果两种伸缩特性不同的材料组合使用，或在改造项目中新旧建筑衔接时，应设置对接接缝。木材随湿度变化而膨胀或收缩的幅度相对较大，砖墙则很少变形，在两者的接缝处用合成橡胶密封剂填充的对接接缝允许两者发生独立的变形（图 18.6）。其他对接接缝还可能设置在灰泥墙与石砌壁炉的连接处、木窗框与混凝土柱的连接处，或新增砖墙与旧建筑的砖墙连接处。

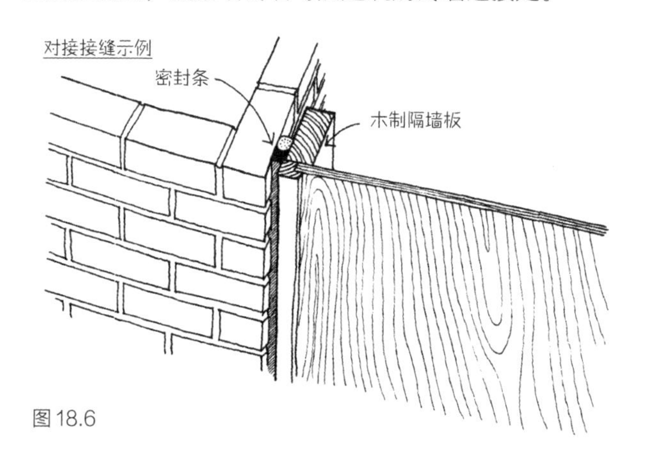

图 18.6

结构围护接缝处理

如今，许多大型建筑不再由墙壁支撑，而以框架支撑内墙和外墙。典型的大型建筑用幕墙板围起，内部用非承重隔墙进行划分。无论幕墙板还是隔断，强度都不足以支撑建筑楼层和屋顶的荷载，因此提供结构围护接缝是非常重要的，确保建筑框架和墙壁的变形彼此独立，互不干扰。通常，外饰墙板的底部严格地固定在建筑的框架上，顶部因配置弹性或滑动连接而具有一定的机动性（图 18.7），可以使楼板梁在不向墙板施加作用力的前提下发生偏转。在建筑内部，隔墙顶部通过滑动接头和墙面顶边的弹性密封缝相连接（图 18.8），上面的楼板即使负重下降也不会对隔断顶部施加压力。

建筑分隔缝

过长或过宽的建筑无法抵抗地基沉降、地震灾害和热胀冷缩，因为这些累积的外力超出了建筑的承载能力，从而导致破坏性的开裂。因此大型建筑应划分成多个小单元，每个单元都可以作为紧凑且坚固的个体来适应这种变形。细分点最好处于建筑的结合部位，如建筑高低部分的结合

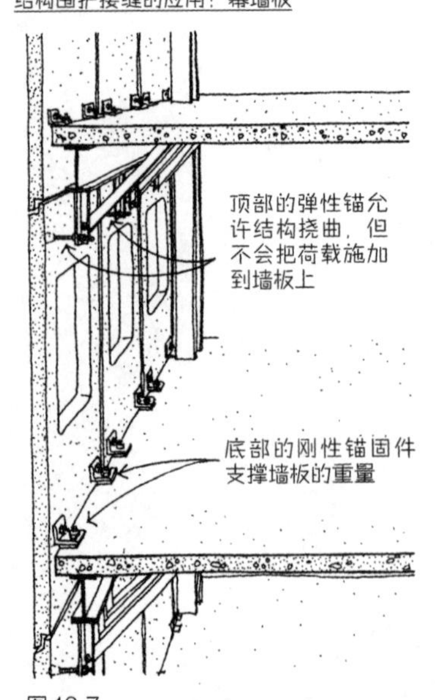

图 18.7

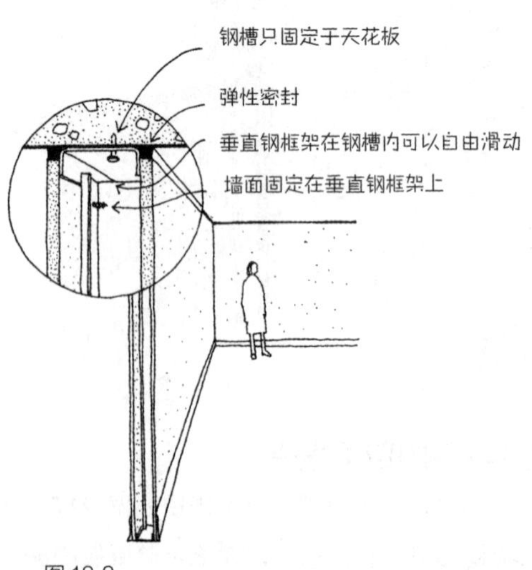

图 18.8

处、配楼之间的结合处、方向的突变处以及建筑平面中的薄弱位置（图 18.9）。在这样的平面中，建筑的结构框架被完全打断，从而在平面每一侧建立一个结构独立的建筑，并有自己的柱子和地基结构。小型建筑之间有一定的缝隙，以便各自有足够的变形空间。缝隙由接缝盖封闭，接缝盖的设计应确保屋顶、墙壁和地板在可能发生变形的情况下正常运行（图 18.10）。在屋顶上，橡胶波纹管用于排水；在墙面和地板上，金属板和橡胶垫板相结合，形成光滑、美观的表面，可以根据变形情况进行调整，而不造成损坏。这些接缝统称为“建筑分隔缝”，表明建筑沿接缝平面分隔成独立的部分。每个小型建筑又可以独立沉降，不影响其他建筑；屋顶和墙面可根据天气变化自由地膨胀或收缩，不会造成危害。

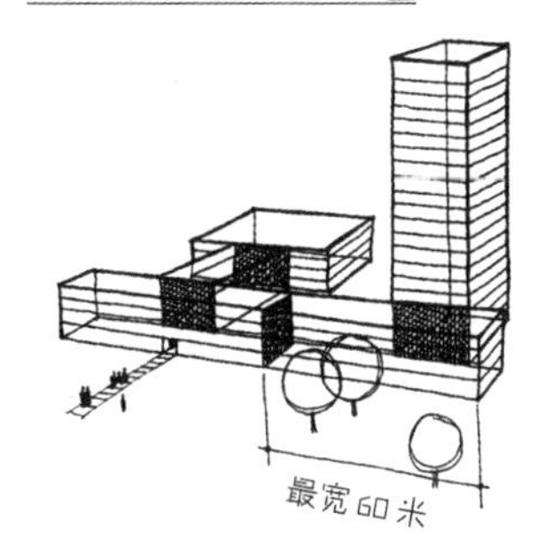

图 18.9

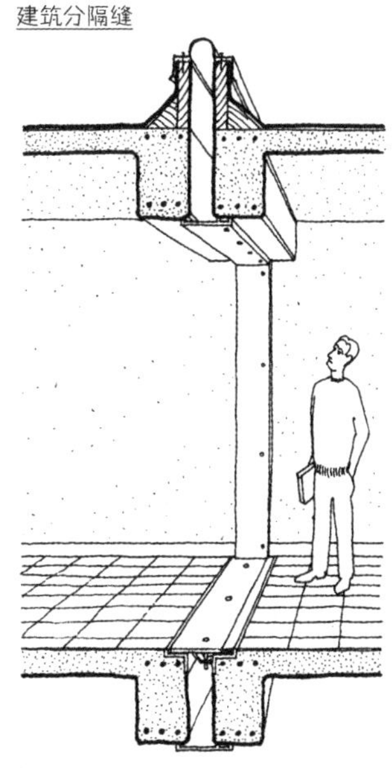

图 18.10

为木材的变形预留空间

在易受水分影响变形的材料中，木材是极具代表性的。在木材的变形中，沿木纹平行方向的变形比较微弱，沿木纹垂直方向的变形却很明显，这两种变形的差异增加了木材的使用难度（图 18.11）。为了解决这一问题，可以对木材进行严格的干燥处理，使木材与空气的平均湿度保持一致，并确保竣工的建筑不受潮湿或干热环境的影响，同时尽可能将斜木纹变形的影响降至最低。

每块横纹外墙木板通过一排位于下边缘的钉子来加以固定，木板的上端被上面木板的下端压盖，使木板可以在横向上自由收缩，以免水分对材料造成不利影响（图 18.12）。

过去，木门通常由竖纹木板并排地固定在一起。门的宽度随含水量的变化而变化。在潮湿的夏季，木板膨胀、挤压边框；在干燥的冬季，木板时不时地因松散而嘎嘎作响。传统木板门可以有效解决这个问题；镶板滑动式接合

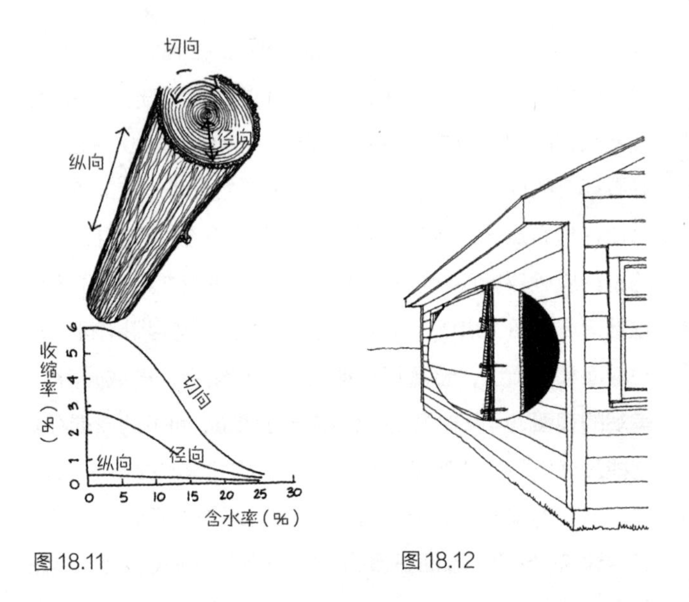

图 18.11

图 18.12

在门梃和横档上，为内部的变形留出空间；木门横宽方向上的变化取决于两块外侧门梃的宽度，变化幅度相当于整体竖向木板门横宽变化的 1/3（图 18.13）。

在普通木框架房屋的地面结构中，木纹走向是水平的。在供暖季，随着木框架内水分的蒸发，楼板高度大约

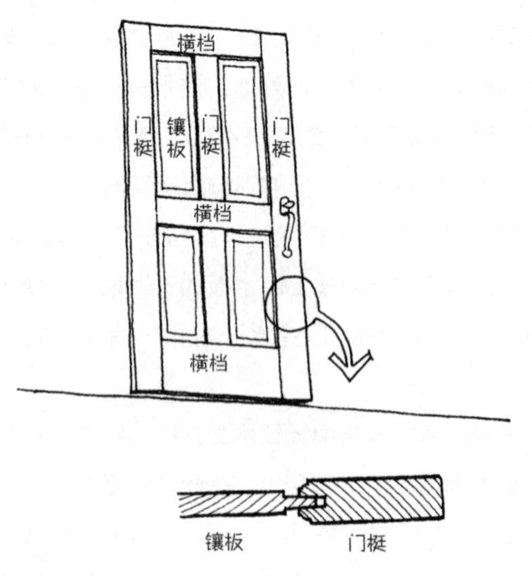

图 18.13

收缩 1.3 厘米，但房屋上下楼层之间的墙面高度变化较小，因为在墙面高度方向上大部分由竖向木纹的木板组成。因此在建造房屋时，尤其是具有特殊格局的房屋，每层楼的地板和墙面结合处应使用横纹木板（图 18.14）。如果不采用这种做法，房屋区域之间的垂直收缩量各不相同，易导致楼板倾斜，灰泥开裂。如果胶合板覆盖在楼板结构外，最好在胶合板上留出一条约 1.3 厘米的水平缝隙，以允许地板收缩和膨胀。在房子内部，灰泥通常不会垂直穿过地板结构边沿；倘若垂直穿过，则应当在墙面上留出一条水平控制缝。

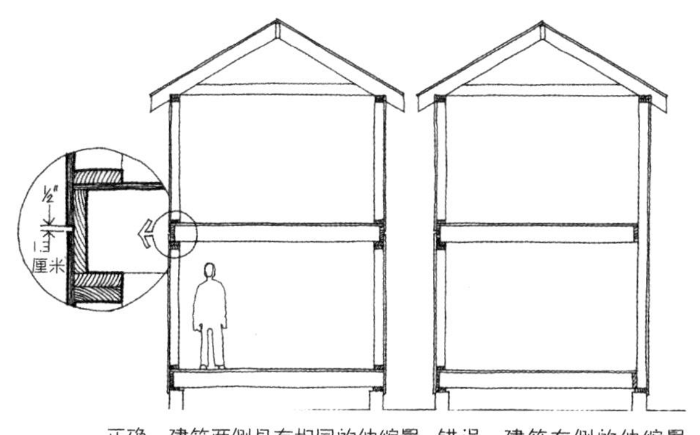

图 18.14

拓展阅读

Edward Allen. *Architectural Detailing: Function, Constructibility, Aesthetics.* New York, Wiley, 1993, pp. 75–94.

19
控制建筑火情

建筑火情一旦失控，将极具破坏性，甚至威胁生命。

● 建筑中有很多可燃物。木质建筑本身易燃，即使混凝土或钢结构的建筑通常也包含家具、纸张、地毯以及木墙板、塑料绝缘材料等可燃建筑材料，以及食用油、燃气、汽油、涂料、橡胶、化学药剂和其他易燃材料。

● 建筑中有很多火灾隐患。不合格的暖炉、火星四溅的壁炉、漏气的烟囱、失修的炉灶、松动的插头、超负荷的电线以及未妥善处理的火柴和烟头等，这些都可能引发火灾。

● 一旦失火，建筑会像炉子一样集聚热量和烟气，致使火势增强。如果火烧到上下楼道或管井，强大的空气对流将助长火势，热气上升，并造成更高楼层失火。

● 失火时，建筑中的大批人员要忍受烟尘和炙烤，且不便逃生（图19.1）。若野外的篝火失控，周边没有那么多人，人们能向四面八方逃跑。如果类似规模的火情发生在学校、剧院、商场或办公大楼，成千上万人的人身安全受到威胁，并且逃生路线也十分有限。

图19.1

● 建筑火情也不利于消防员的扑救。野外的火灾可以从各个方向甚至从空中进行扑救，但对于一座40层高的建筑，只能通过楼梯进入灭火。对于低层但面积较大的建筑，消防水带可能不够长。此外，消防员在灭火时还面临极度炙烤、有毒烟尘、爆炸、高空坠落、墙体倾倒、楼板和屋顶坍塌等危险。

建筑中的火灾易造成严重的人身伤亡和经济损失。在美国，每年有 12 000 人因火灾丧生，30 万人在火灾中受伤，且通常伤情严重。火灾造成的财产损失多达数十亿美元。

可燃物在氧气充足、热量足够高的环境中更容易燃烧。燃烧过程中消耗可燃物和氧气，释放各种气体、烟尘和巨大的热量。不同的可燃物可能释放不同的气体，如：二氧化碳、一氧化碳、氰化氢、硫化氢和二氧化硫等。人如果吸入的浓度过高就会中毒。

人在火灾中受伤的原因有很多。可能是热气灼伤，特别是肺部和呼吸道，或因热辐射造成皮肤烧伤，还可能因缺氧造成窒息，或因吸入有害气体而中毒。而遇到火险时的慌乱也可能导致丧命，人们可能做出不理智的决定（如跑回火场去抢救个人财物），或在逃生时因推搡、拥挤或混乱而受伤。火灾中最常见的致命伤害是窒息或一氧化碳中毒，通常发生在浓烟滚滚而找不到逃生出路时。

建筑防火设计的首要宗旨是把人员伤亡降至最低，并尽可能减少财产损失，同时防止火势蔓延至周边建筑。人们希望完全避免火灾的发生，但是现实中不存在彻底防火的建筑。钢材虽然不可燃，但达到远低于其熔点的温度并持续一段时间时，就会挠曲或坍塌（图 19.2）。混凝土比钢材耐火，但其中的晶体结构在遇火时会逐渐分解，若火势持续时间长，易导致严重的结构性破坏。砖瓦在窑炉里经高温而产生，遇火不受影响，但砖瓦之间的砂浆接缝容易受热分解，进而威胁建筑的砌体结构。基于此，建筑无法彻底防火，但可以采取一系列防火措施，保护人的生命和财产安全。

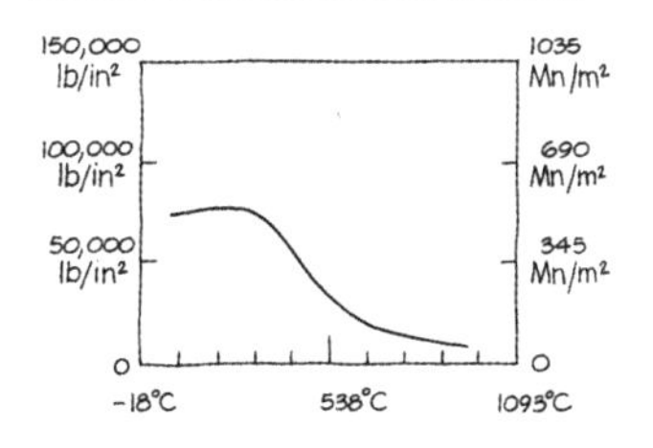

图 19.2

避免发生火情

保护建筑和人员安全的首要措施是避免火情的发生。建筑规范[1]和区划条例[2]规定了城市不同区域建筑的材料耐火等级，以及建筑内及周围存放易燃、易爆物品的条件。建筑围护的一个重要方面是避免垃圾的堆积。消防部门和消防承保部门应根据建筑规范定期检查，以排除易燃材料堆积造成的隐患，并严格控制供热设施、烟囱、供电系统、电气设备以及危险的工业生产过程等。此外，在加油站、特殊工厂、剧院及公共建筑中要禁止吸烟。

在空旷的室外，闪电易损害建筑，并引起火灾。闪电是由积雨云和地表间的高电势能在瞬间释放而形成的。避雷针是一根尖头的金属杆，通过高导电的导线与地面相连，保护建筑免受闪电的侵袭（图 19.3）。避雷针通过尖端释放地表的电能，在闪电形成之前抵消积雨云所带的电荷。若闪电击中建筑，避雷针和导线将部分电流导向地面。

图 19.3

防止火势蔓延

一旦起火，建筑中的防火分隔设施可以将火、烟及热量限定在某一区域，防止火势蔓延。在独栋住宅中，应当在车库（汽油泄露会造成火灾）和居室之间设置防火墙和防水木门；在联排住宅中，应当在每户之间设置防火墙（图 19.4）。

图 19.4

在大型建筑中，防火分隔设施非常重要，既保护人员安全，又防止火势随热气而蔓延。疏散路线上的楼梯间和走廊应采用防火墙（用砌体、抹灰或混凝土建造）和自动关闭的防火门（由钢板和不可燃的无机填充物构成）与建筑的其他部分分隔开来（图 19.5）。同一建筑中的不同功

1 建筑规范（Building Codes），美国建筑法规。——译者注
2 区划条例（Zoning Ordinances），美国地方政府控制土地使用、进行规划管理的地方性法规。——译者注

能用房之间要采用防火墙和防火门进行分隔。例如，锅炉房采用这种方式和建筑的其他部分隔开，以防失火后火势蔓延；木材加工厂或干洗店与其他房屋相接的地方也应设置防火墙。

楼梯间、电梯井、通风井、电力井等垂直开敞的井道，每一层应设置防火墙和自动关闭的防火门，以防火势以及燃烧产生的烟尘在建筑中蔓延（图 19.6）。垂直的中庭是个例外，建筑规范将其定义为建筑中有顶棚、有人活动、贯穿多层的开敞空间。中庭一般出现在商场、酒店和办公大楼，为了避免火势沿中庭蔓延，建筑规范规定：露台可以向中庭开敞，露台周围的房间必须用防火墙与露台及中庭进行分隔。这项规定适用于三层及三层以上的中庭空间，但回廊和中庭之间不必分隔而保持连通。中庭及包含中庭的整栋建筑应安装喷淋设施，中庭应设置自动通风系统，发生火灾时，可以从底层输送新鲜空气，并将烟气从顶层排出。

如果建筑的水平跨度较大，应通过防火墙和防火门分成几个小面积区域。在大型单层工厂或仓库中，上述要求不适用，而应在屋顶安装不可燃的防火卷帘，以控制燃烧时上升的热气。并在每个分区安装自动开启的天窗，在火

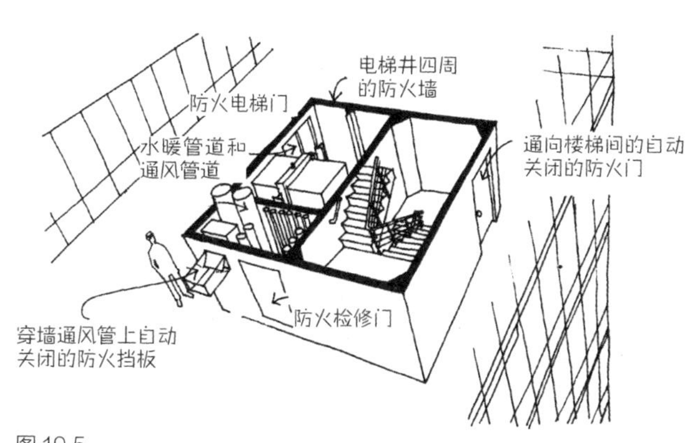

图 19.5

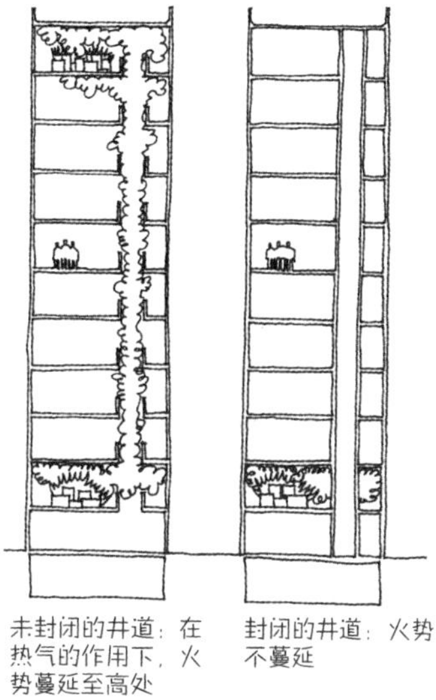

未封闭的井道：在热气的作用下，火势蔓延至高处

封闭的井道：火势不蔓延

图 19.6

势尚未蔓延前可排出热气（图 19.7）。屋顶天窗的窗扇上安装有弹簧，窗扇平时用一块由低熔点特殊金属制成的易熔片固定而保持闭合状态，一旦起火，温度上升，金属熔断，窗扇自动开启。

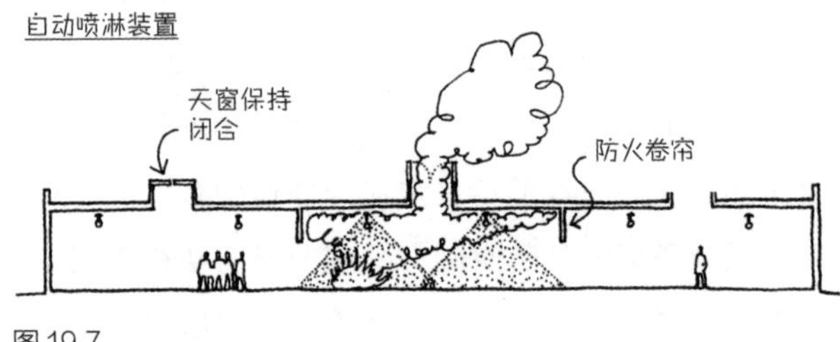

图 19.7

在剧场里，后台通常堆满易燃的道具和临时电线，因此应设置防火卷帘，平时收卷在主舞台上方，需要时可确保观众的人身安全。一旦失火，易熔片熔断，防火卷帘垂下，将舞台与观众席分隔开来。后台屋顶安装可以开启的大型自动天窗，以排出后台的热气和烟尘（图 19.8）。

建筑外墙也应采取相应的防火措施，墙体材料、门窗尺寸和使用方式等取决于墙体和相邻建筑外墙的间距。如果两栋建筑之间的距离过小，两者均应设置女儿墙，即略高出屋顶的防火墙，防止火势在建筑屋顶之间蔓延（图 19.9）。

此外，建筑规范还规定了屋面材料的耐火等级，以防相邻建筑失火时飞溅的瓦砾引燃屋顶。通常，朝向临近建筑的窗户应安装夹丝玻璃，以便长时间抵挡火焰的炙烤

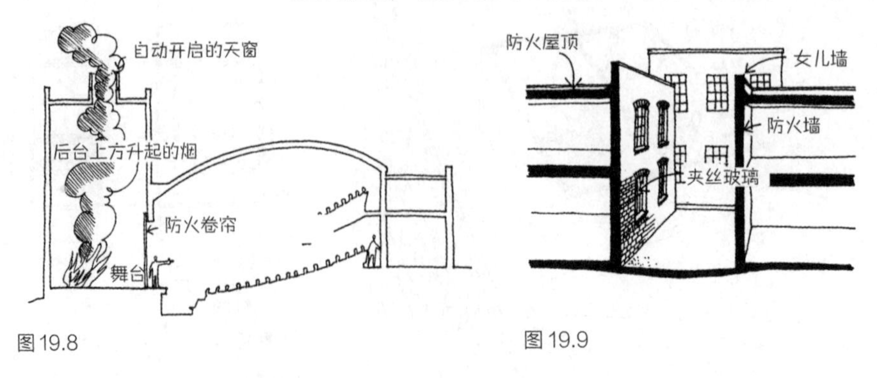

图 19.8

图 19.9

而不碎裂。近些年出现了夹丝玻璃的替代品，包括在高温中保持完好的耐火透明陶瓷。在多层建筑中，火势从下层沿外墙逐层蔓延至上面各层，烧坏玻璃并引燃屋内的可燃物。解决这一问题有两种方法：采用至少 90 厘米高的镶板墙，或者采用水平向外凸出至少 76 厘米宽的挡火板（图 19.10）。

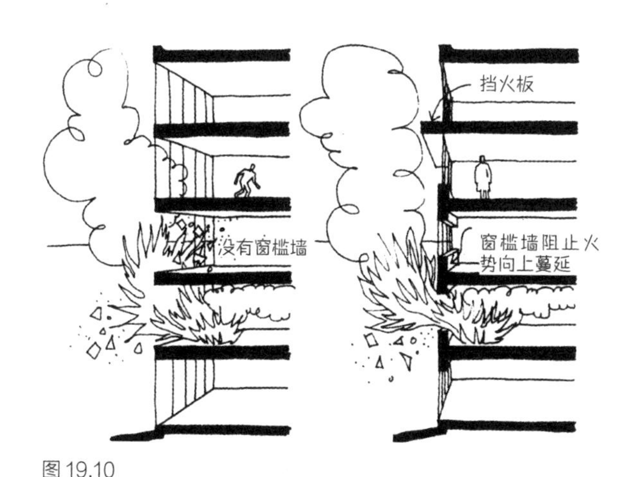

图 19.10

扑灭初期火势

在火势增大前迅速扑灭，可以有效防止其蔓延。很多时候，使用便携式灭火器和固定水龙带等便于操作的应急灭火设施，可以将小火扑灭。建筑规范对此有明确的规定，建筑应配备这些应急灭火设施，并标示清楚（图 19.11）。更可靠、更高效的是自动喷淋系统，易熔金属制成的栓扣或锁片控制喷头，可以在温度达到大约 65℃时熔断（图 19.12、图 19.13）。触发后喷出的水能有效灭火，通常启动一两个喷头便能把火扑灭。安装喷淋系统的成本较高，但先期的安装费用可以省去之后的各种开销。建筑规范通常对安装喷淋系统的建筑放宽了相关规定：

- 建筑出口之间可以有较大的距离，大型建筑可省去

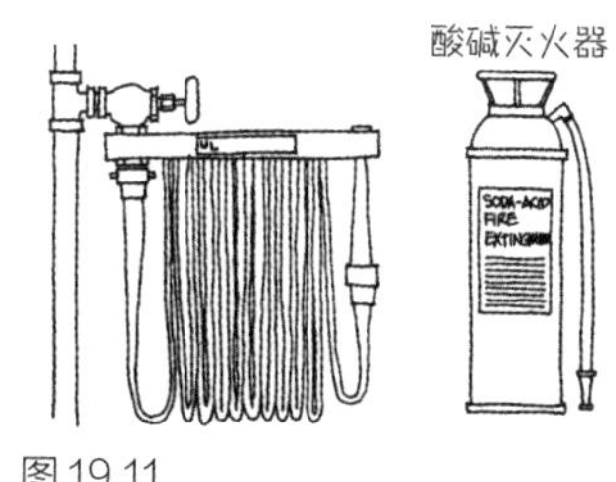

图 19.11

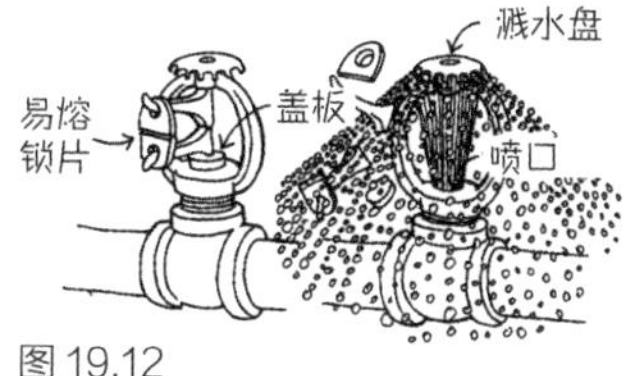

图 19.12

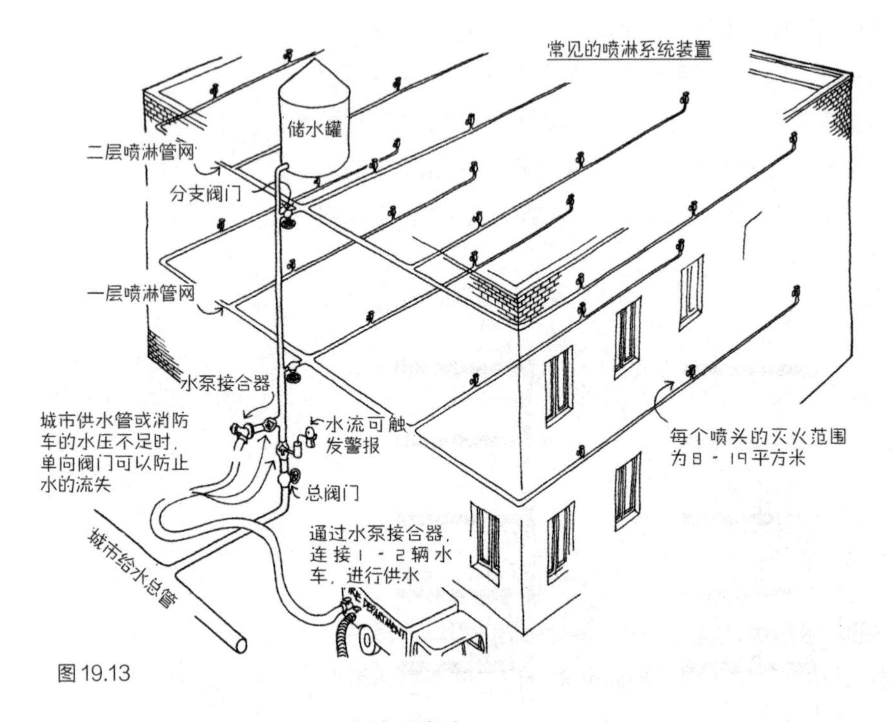

图 19.13

一个或更多出口。

● 建筑可以设置较大面积的防火分区，从而减少防火墙和防火门的数量。

● 适当增加建筑总面积，提高总高度。

● 一些建筑构件采用较低的耐火等级。

● 对可燃性建筑材料用量的要求相应放宽。

除了以上政策便利外，相较于未安装喷淋系统的建筑，安装喷淋系统建筑的火灾保险保费要低得多。大多数承保商甚至拒绝给未安装喷淋系统的高风险建筑提供担保。

在一些建筑中，灭火时喷洒出的水可能对建筑中存放的物品造成不可修复的损害，例如，图书馆、博物馆、美术馆等，建议采用其他高质量的灭火系统（通常比较昂贵），例如，向起火处喷洒惰性气体或粉末。酒店等场所发生油料起火或其他火势等无法用水扑灭时，也可以采用无水灭火系统。

保障人身安全

发生火灾时，建筑的首要功能是最大限度地保护人的生命安全。出现火情时，警报系统应立刻启动。在建筑中，应配备手动警报装置，并每隔一小段设置明确的标识。现如今，自动警报系统被广泛应用，可探测烟尘、温度、火焰或燃烧时的电离产物等。建筑规范明确规定，居民住宅中必须设置自动警报系统，以减少因睡眠时起火而造成的人员伤亡。有时，除了安装警报装置，警报系统还直接与消防部门的总机相连，保证救援工作及时展开。

对身体健康的人来说，发生火灾时迅速、安全地跑到户外是最有效的逃生方式。建筑应为逃生者设置两个不同方向的疏散路线，以便其中一条有火情时可以选择另一条（图 19.14）。每个房门到最远安全出口的距离通常为 40 ~ 60 米。疏散路线上应设置发光的安全出口指示牌，以及足够的应急照明设备，以照亮楼梯和走廊，指示标识和应急照明设备应配备蓄电系统，以便在建筑常规照明系统瘫痪时自动充电，维持正常的照明（图 19.15）。疏散路线上的走廊和楼梯应采用防火墙和自动关闭的防火门，

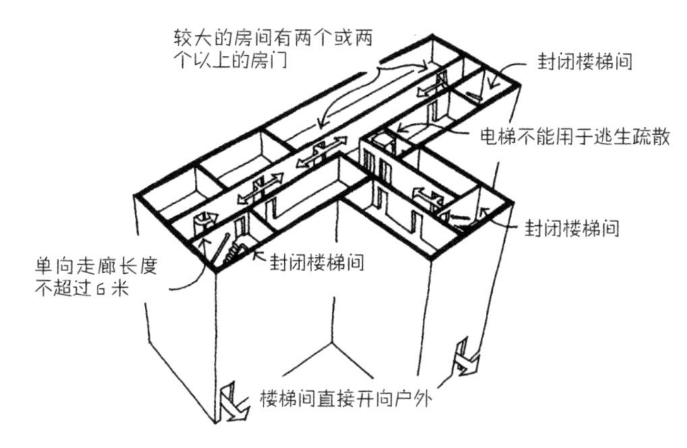

图 19.14

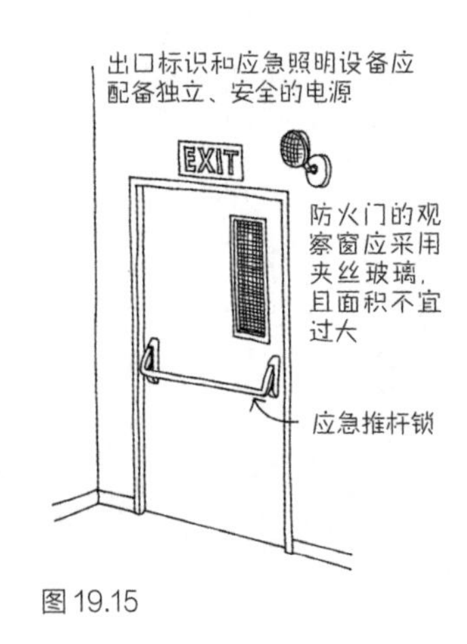

图 19.15

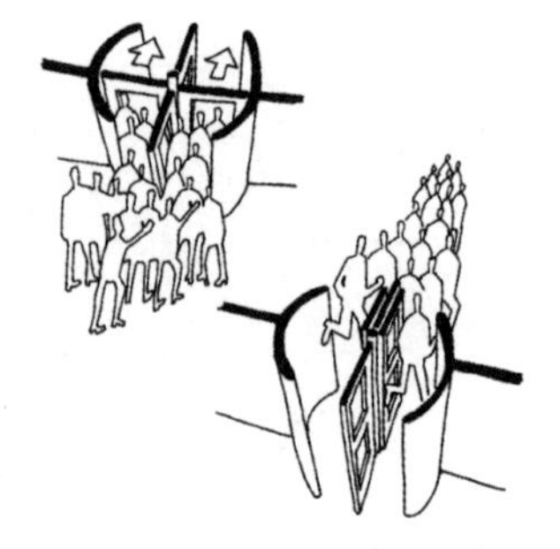

图 19.16

以阻挡火焰和烟尘（新建筑中不得使用旧式铁质防火梯）。疏散路线上的门不能上锁，且朝向户外开启，以免妨碍人流疏散。

人流量较大的建筑，特别是学校、剧场以及体育馆，疏散出口的门应安装应急装置，以便在内侧压力下自动开启。旋转门应设计成向外折叠式，并提供两条无障碍通道，防止人们同时向相反的方向推门（图 19.16）。疏散楼梯的踏步高度应适宜且均匀，以免把人绊倒，平台间不要有太多的踏步（图 19.17）。楼梯平台的宽度不得窄于梯段宽度，楼梯扶手不得有凸出的端头，以免挂住衣服。此外，安全通道和楼梯禁止堆放杂物。安全通道、门和楼梯的宽度应根据建筑规范中的计算方式来确定，以便短时间内让更多人顺利逃生。

并非所有人都能通过上述方法顺利逃生。儿童往往看不懂安全标识或无法正确地选择逃生路线，犯人不能自由离开牢房，医院中的病人不能独立走动，许多残疾人无法使用楼梯……为了满足上述人群的逃生需求，应在不同

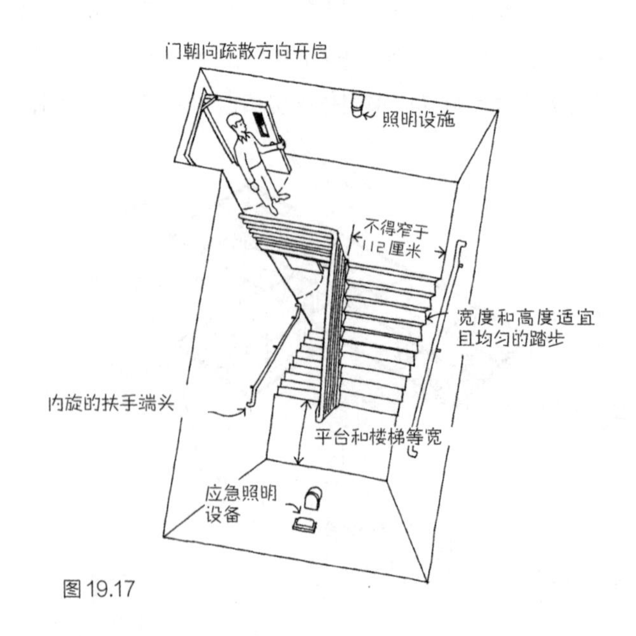

图 19.17

类型的建筑中设置避难区。避难区应靠近安全疏散楼梯，防止烟尘进入，并且设置通信设施，方便身处其中的人联系消防员。通常，通过水平出口可以进入避难区，避难区由防火墙和防火门组成，门和墙将楼层分为两个独立的建筑（图 19.18）。从火场逃生只需水平穿过自动关闭的防火门，到达防火墙的另一侧。水平安全出口为医院、监狱以及教学楼中的人员提供避难区。为少部分残疾人提供的小型避难区，可以是紧邻疏散楼梯的防烟消防前室（图 19.19），或经过加宽的楼梯间平台。

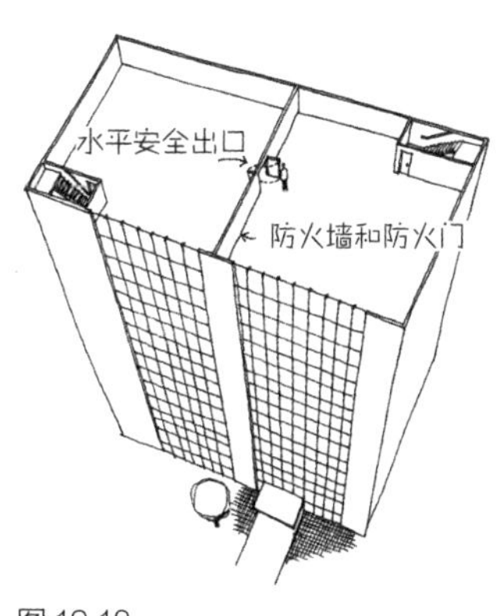

图 19.18

这些疏散设计虽然涉及多个方面，但宗旨只有一个：保障人身安全，避免悲剧发生。

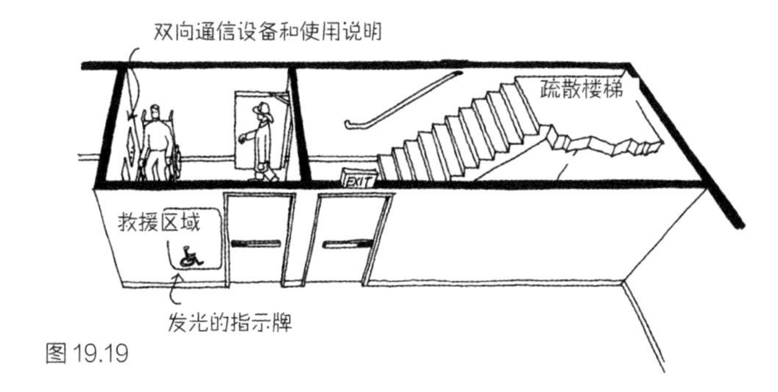

图 19.19

保证结构安全

为了抵御火灾的袭击，保护建筑结构的完整稳固对维护建筑自身的价值是至关重要的，同时也有助于保护被困者、消防员以及相邻建筑的安全。建筑越高，越应避免楼体倒塌。即便没有绝对意义上的防火材料，也应使用一些耐火性能较强且有助于结构稳固的建筑材料，如砖瓦等黏土烧制而成的材料。有些矿物纤维材料也不受火势的影响，混凝土和石膏中含有大量水合晶体，遇火脱水将吸收大量的热，因此在缓慢分解时足以形成防火层。建筑结构防火保护的最新成果是膨胀型防火外层，它既可以作为涂料，也是一层厚厚的抹面。材料受热软化，产生的气泡使外层膨胀，形成隔离层，可以有效地保护建筑材料。

无论使用何种材料，目的都是为了防止建筑在火势蔓延时坍塌，或延缓低层建筑的坍塌速度，为人员疏散以及消防救援留出更多的时间。抹灰墙面、石膏墙板和天花板使木构建筑能在火灾中坚持大约半小时而不坍塌。低层工业和商业建筑可以使用无防护层的钢构件，这种材料虽然不易燃，但遭遇火灾时会快速垮塌。通常，建筑中的人是有足够的时间逃离火场的。由最小尺寸为 20 厘米的木材建成的建筑，虽然归为“缓慢燃烧”等级，但在火灾中比无防护层的钢结构建筑能坚持更长时间。因此建筑规范规定，一两层高的建筑宜采用重型木材结构，采用非耐火的钢结构则被视为违章。另外，木梁插入砌块墙体时，木梁的末端和接口处应做防火斜切处理，目的是在木梁烧断时，避免墙体倾倒（图 19.20）。

大多数大型建筑都采用配筋混凝土或有防护涂层的钢结构。混凝土梁柱中钢筋的埋深应符合规定，使外层混凝土可以吸收部分热量，且混凝土的耐火性能也可以对钢筋起到保护作用。在早期的钢结构建筑中，经常把钢结构用砌块或浇筑混凝土包裹起来，以起到保护作用，这样做虽然有效，但成本相对较高，增加了建筑自重和结构成本。

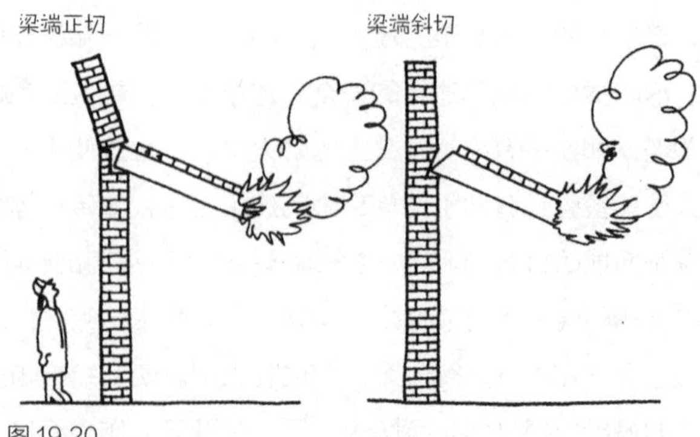

图 19.20

如今，可以采用以下方法来保护钢构件：用灰泥和金属网密封钢结构，用多层石膏板包裹，在水泥基胶黏剂中加入轻质矿物隔热涂料，喷涂于钢材表面，以及覆盖预制隔热矿物板（图 19.21、图 19.22）。

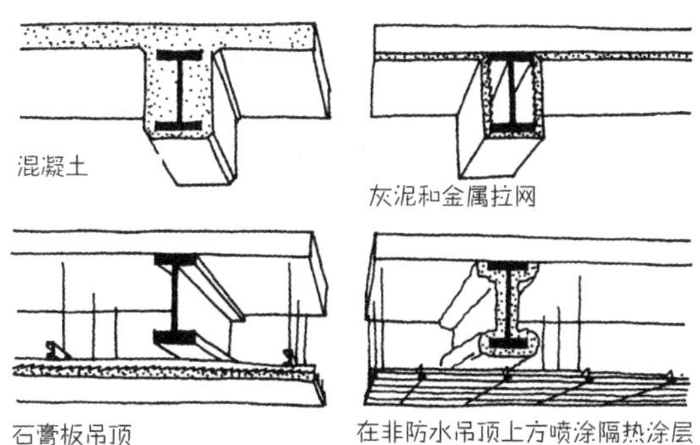

图 19.21

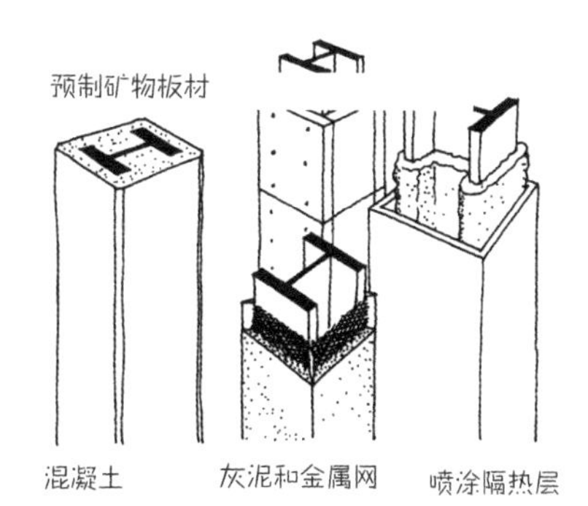

图 19.22

建筑外部的钢梁和钢柱不像建筑内部在火灾中经受很高的温度。设计师可以计算出某个室外钢构件在火灾中达到的最高温度，如果温度足够低，则不必采取防火保护措施。

纽约曼哈顿岛世贸中心的双子塔在遭受恐怖袭击后倒塌，原因是飞机撞击后，油料泄露引发火灾，而钢结构的防火材料无法抵抗持久且异常的高温环境。当然，建造一座能够抵御如此熊熊烈火的高层建筑几乎是不可能的，即便有可能，成本也过于高昂，极不划算。

便于应急救援

发生火灾时，便于消防施救并保护消防员的人身安全，对建筑来说十分重要。在建筑施工阶段，设计师应向当地消防部门进行报备，包括建筑的体量和结构类型、存放物品和建筑用途以及配备的救援设施等。消防部门将这些信息存入档案，以便在发生火灾时及时查阅。合理规划建筑组群的布局，便于消防车到达组群中的每一栋建筑（图19.23）。室外消防栓应设置在合适的位置，以便消防水龙带延伸到各栋建筑；此外，消防云梯应能够得到较低楼层的窗户。

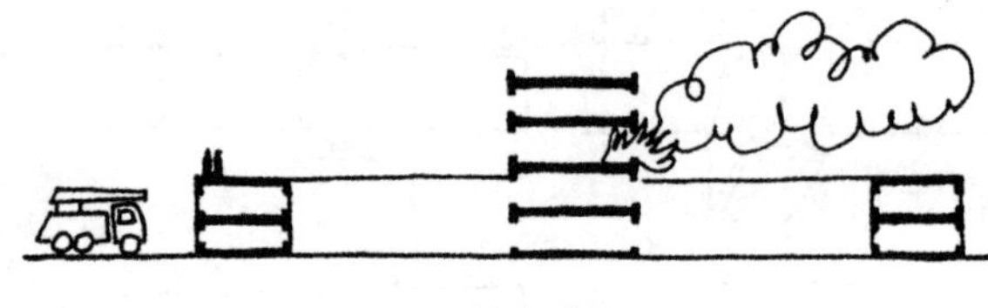

错误设计：消防车无法到达组群中间的建筑

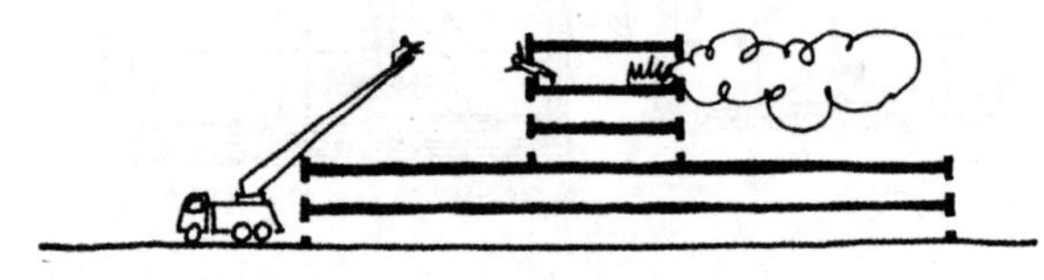

错误设计：消防云梯够不到窗户，无法实施救援

图19.23

高层建筑中的单出口楼梯间应进行防烟处理（图19.24）。楼梯间通过户外露台连接建筑各主要区域，或在着火时通过自动加压输送新鲜空气。多层建筑的每个疏散楼梯间都应配置竖向消防管道，以便每个楼层都可以连接水龙带。为了确保消防管道持续供水，应在户外一层设置连接管网的Y形水泵接合器。如果城市供水总管内的水量不够灭火，也可以将水泵接合器连接到一两辆水车上，以保证竖管内的水压和水量。

发生火灾时，电梯和自动扶梯由于自身的不可靠性，无法用作疏散设备。应设置特别的电梯，以便消防员及时到达较高的楼层，这种电梯必须配备安全防护设施，确保在发生火灾时能有效防烟、保证供电，不受火势影响。

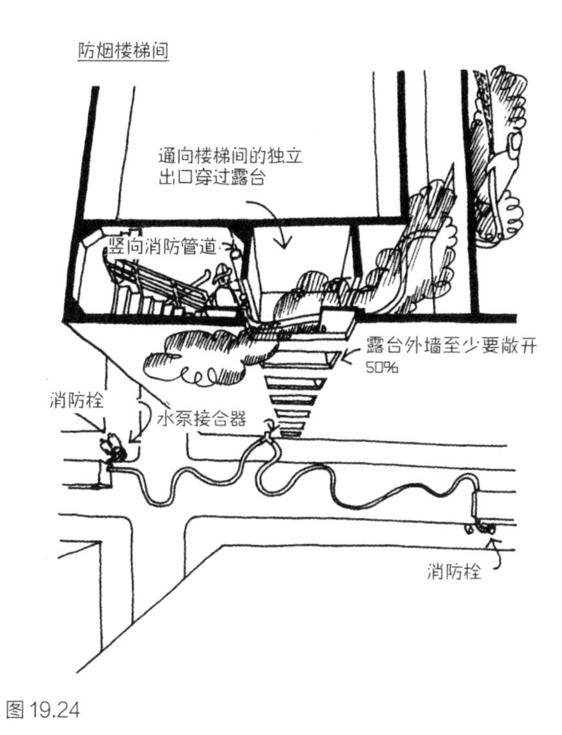

图 19.24

拓展阅读

James Patterson. *Simplified Design for Building Fire Safety.* New York, Wiley, 1993.

20
建筑施工

建筑的施工起初只是人们头脑中一个模糊的想法，如果对建筑施工的需求不高，并且提出想法的人信念坚定、做事利落，那么实现这一想法就变得简单且直接。在原始社会，一些家庭或部落建造房子时，会先在空地上圈出一块圆形或方形的地面，然后就地取材，如泥土、石头、茅草、雪、原木或木杆等。设计和建造的细节几乎不用费心，因为这沿袭了当地传统。在美国城郊，人们喜欢自己动手，无论建工具棚还是房子，都会精心策划每一步，花时间在图纸上推敲方案，或直接购买现成的方案，在施工前尽可能解决功能方面的问题。此外，根据图纸上的草拟方案，对所需人力、物力进行准确的评估，并与当地建筑监管部门沟通，以获得施工许可。材料买完运到施工现场后，工具也准备好了：一切准备就绪便开始施工。

大型工程项目的组织协调

大型建筑项目需要更加复杂的统筹布置，涉及大量人员和机构，不仅包括业主和当地建筑监管部门，还涉及不同领域（结构、基础、供暖、供水、电气、声学等）的建筑师、工程专家及设计咨询师、承包商、分包商、材料供应商，以及部分财务人员、律师和保险商（图 20.1）。项目涉及方面之多、流转资金之庞大，火灾、蓄意破坏、恶劣天气、劳资纠纷、通货膨胀以及材料供应的短缺和延迟

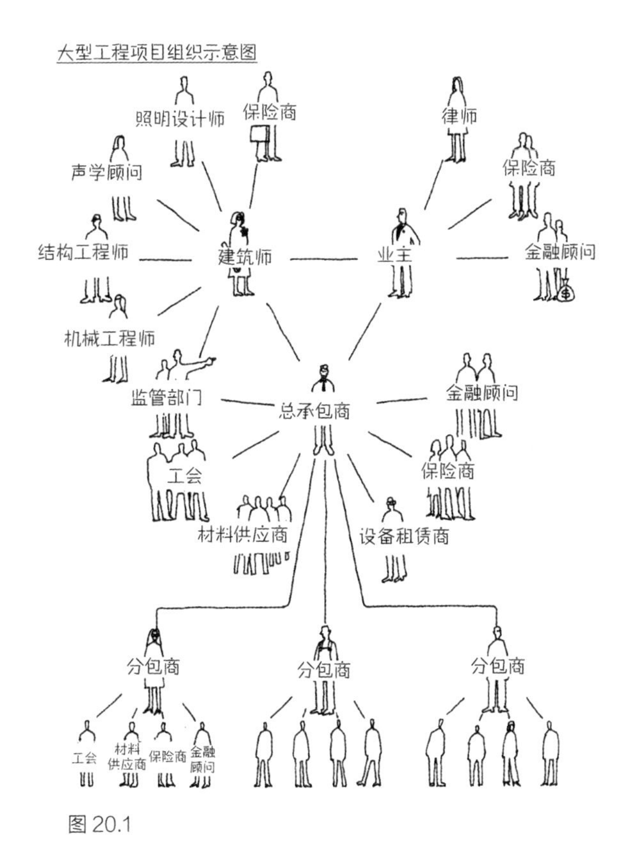

图 20.1

等问题随时可能出现，因此必须以书面形式明确规定各方人员所承担的责任，特别是容易出问题的领域。项目涉及的所有人员应明确知晓并认同施工对象和施工方式，其中施工对象和施工方式是建筑师制定的施工说明书和方案图纸所要传达的信息。

施工说明书是一份书面文件，详细列举了工程中使用材料的种类、质量要求、施工标准以及不同工种所负责的内容（图 20.2）。方案图纸（也称“蓝图”）说明建筑各部分的尺寸、位置和构造，参照方案图纸可以如期施工（图 20.3）。通过施工说明书和方案图纸，可以将业主和建筑师的设计意图转化成实体建筑，把设计构思付诸实践。而这两者是建筑施工中一切事务的基础，如财务、保险、施

施工说明

Chez Rover
R.Dogg，业主
基础：混凝土，17.2 兆帕
楼板：混凝土，钢抹刀找平
结构：2 号松木板，墙壁槽口搭接
屋顶：1 号松木板，外露 13 厘米
粉刷：一层油性底漆，两层外用乳胶漆，并向业主提供颜色样本供其选择

图 20.2

方案图纸示意

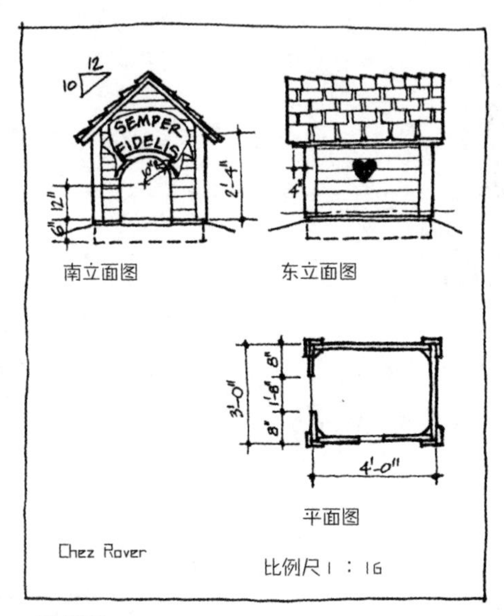

图 20.3

工成本的预算和投标、施工总承包合同和各项分包合同、材料供应合同以及施工许可等，都必须在说明书与方案图纸上展开。正因如此，施工说明书和方案图纸必须完整、清晰、准确、易读（图 20.4、图 20.5），所采用的语言应确保材料供应商和施工方都能理解。方案图纸不一定美观，但必须清晰、准确。

施工中的问题

建筑施工过程中可能给周边地区及其居民造成暂时性的混乱和不便。例如，土壤和植物遭到破坏；道路和人行道暂时中断，路

中型建筑的常用方案图表

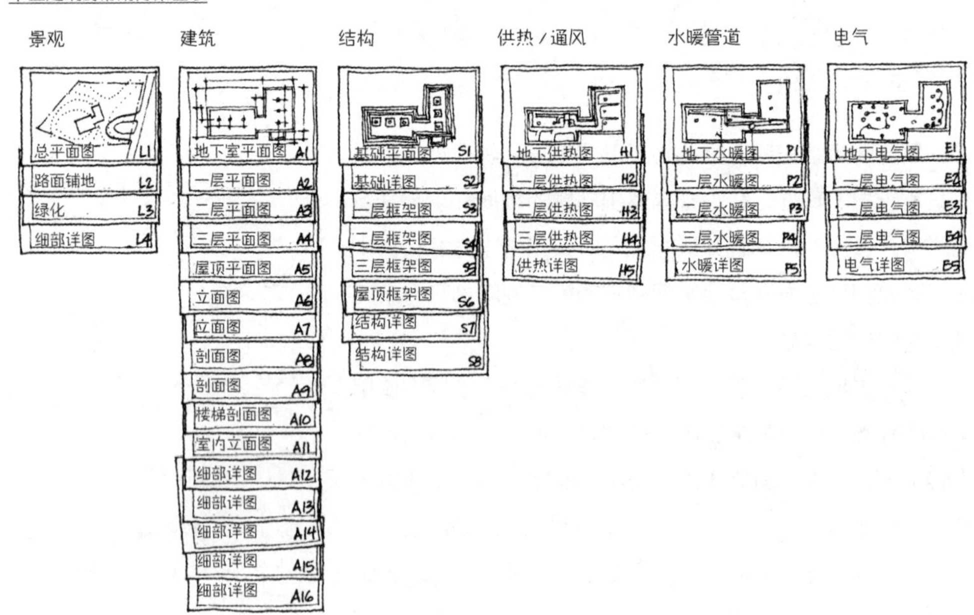

图 20.4

中型建筑的常用施工说明

第 1 部分 总体要求

01010 工程简介
01021 资金预算

第 2 部分 场地

02150 支撑
02200 土方施工
02350 桩柱与沉箱

第 3 部分 混凝土

03100 混凝土制模
03200 配筋
03300 现场浇筑

第 4 部分 砌体

04210 黏土砖
04220 混凝土砌块

第 5 部分 金属

05100 结构性金属框架
05300 金属板饰面
05700 装饰性金属

第 6 部分 木材与塑料

06100 粗木工
06200 细木工

第 7 部分 保温、防潮

07190 蒸汽缓凝
07200 隔热
07250 防火
07500 卷材屋面

第 8 部分 门窗

08100 金属门板与门框
08500 金属窗
08700 五金

第 9 部分 饰面

09110 非承重墙壁框架
09200 板条与石膏
09500 声学处理
09650 弹性地面

第 10 部分 专项要求

10160 金属卫生间
10500 衣帽柜

第 11 部分 设施

11050 图书馆设施
11400 食品服务设施

第 12 部分 家装

12300 橱柜制作

第 13 部分 特殊施工

13034 声控房间

第 14 部分 传送系统

14210 电梯

第 15 部分 机械设备

15400 给排水
15500 供热、通风和空调

第 16 部分 电气工程

16120 电线与电缆
16140 接线设备
16500 照明
16700 通信设备

图 20.5

面排水系统受到破坏；路面也会因重型施工车辆而受损。此外，施工还会带来噪声、尘土和烟尘。电动工具和施工机械可能伤到人的手指和四肢，工具和建材可能从高空掉落或被风吹落。楼板边缘、管线井、垃圾井、楼梯井、电梯井等处也存在跌落的隐患。相比完工的建筑，由于建材碎片的堆积和照明及加热设备的使用，施工现场易发生火灾。未完工的建筑还可能成为盗贼的偷盗目标（这也增加了发生火灾事故的可能性）。因此应仔细规划施工过程，才能降低事故风险，最大限度地提高施工效率，降低成本。

施工过程中应配备一些临时设施，例如，水、电、电话线、临时厕所和排污设施等，同时解决工人们的停车问题或进行其他通勤安排。要设置临时排水系统，确保土方作业的干燥，保证地表排水畅通。采取一些预防措施，以防风或水的侵蚀。对附近湿地、森林及建筑做好保护，以防受到烟尘和施工污水的影响。考虑运料卡车的行进路线，尽可能减少对周边交通的影响，避免对居住区的干扰。指定一块干燥、安全的卸货场地，以存放建筑材料。配备运输及升降设施，用于卸货、存储、搬运以及把材料和工人运到不同的楼层。

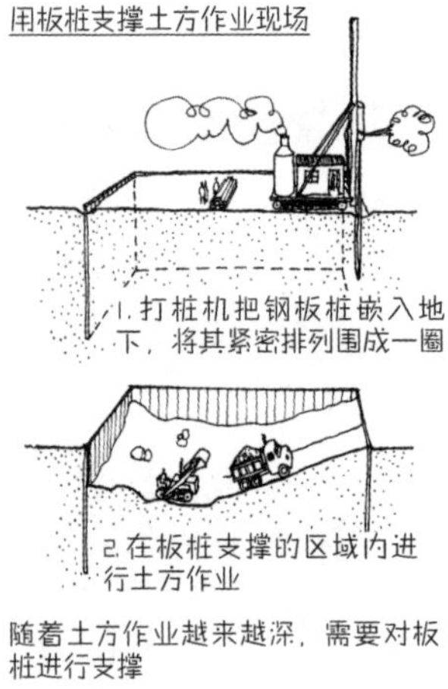

用板桩支撑土方作业现场

1. 打桩机把钢板桩嵌入地下，将其紧密排列围成一圈

2. 在板桩支撑的区域内进行土方作业

随着土方作业越来越深，需要对板桩进行支撑

图 20.6

在很多项目中，需要设置栅栏或采取各种形式的隔离措施，使公众免受施工带来的伤害，同时防止人们随意进入施工现场。把树木围起来，以免被施工设施破坏。如果土方作业靠近松散地块或离道路、建筑太近，则应对现场进行加固支撑，防止塌方（图 20.6 、图 20.7）。如果土方作业深入周边建筑的地基以下，应对周边建筑进行临时加固，以防下沉或滑坡。如果土方作业的底层在地下水以下，则应对作业现场进行排水处理。排水处理很简单，即在土方作业的最底部挖一个浅坑，把汇到其中的水抽出、排掉，也可以安装井点和水泵系统，把作业现场周边的地下水抽走（图 20.8）。

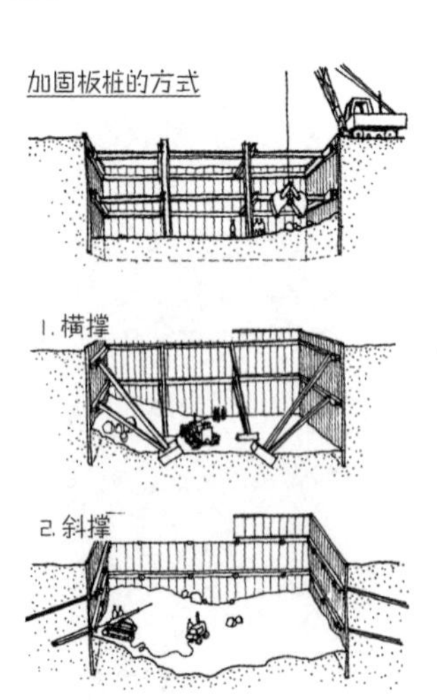

图 20.7

随着建筑越盖越高，工人们需要使用脚手架、梯子和液压电梯等施工设备到达不同的楼层。在更高的建筑中应配备一台或多台临时升降梯。许多结构性的构件应进行临时支撑，如墙的隅撑、混凝土的模板、砖石拱的支架以及

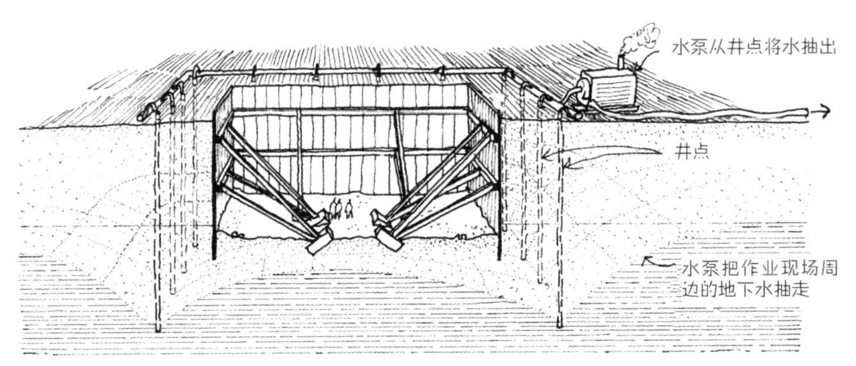

图 20.8

木结构、钢结构中的斜撑或钢丝拉索。结构构件能够自撑时可以拆掉这些临时支撑。在钢结构构件建筑中，尚未建好楼梯、楼板边缘、洞口周边未安装临时护栏时，为了方便和确保安全，应安装临时木板进行连通或防护。

在一些施工现场应采取应对风雨的临时保护措施。为承包商设置临时的现场办公场所，应提供木棚、拖车来存放工具和贵重材料，或为切割木材、砖石等特殊区域提供遮蔽。为堆放的材料盖上防水油布，防水油布可以像屋顶或墙体那样保护工人和作业现场不受风、雨、雪、冷空气等的影响。在冬季，应配备临时加热装置，以免混凝土或砌体结构因低温而开裂，也有利于涂层、石膏的干燥。天气炎热时，还应配备遮阳装置（图 20.9）。

施工现场的工人们面临诸多危险。在美国，建筑施工的工伤致残率在所有行业中是最高的，因此施工过程中的每个环节均应采取一定的安全保护措施。安全帽的使用非常普遍，能够保护头部不被掉落物砸伤或撞到硬物。护趾安全鞋让工人不必担心坠落的工具或工料砸伤双脚，防滑鞋底也可以起到保护作用。各种护目镜能保护眼睛不被焊接的火花、眩光伤到，并避免操作工具时带起的尘屑飞进眼睛。某些工种应佩戴皮革手套、围裙、防尘面具以及安全腰带或安全绳。负责搭建钢结构框架的钢铁工人，应佩

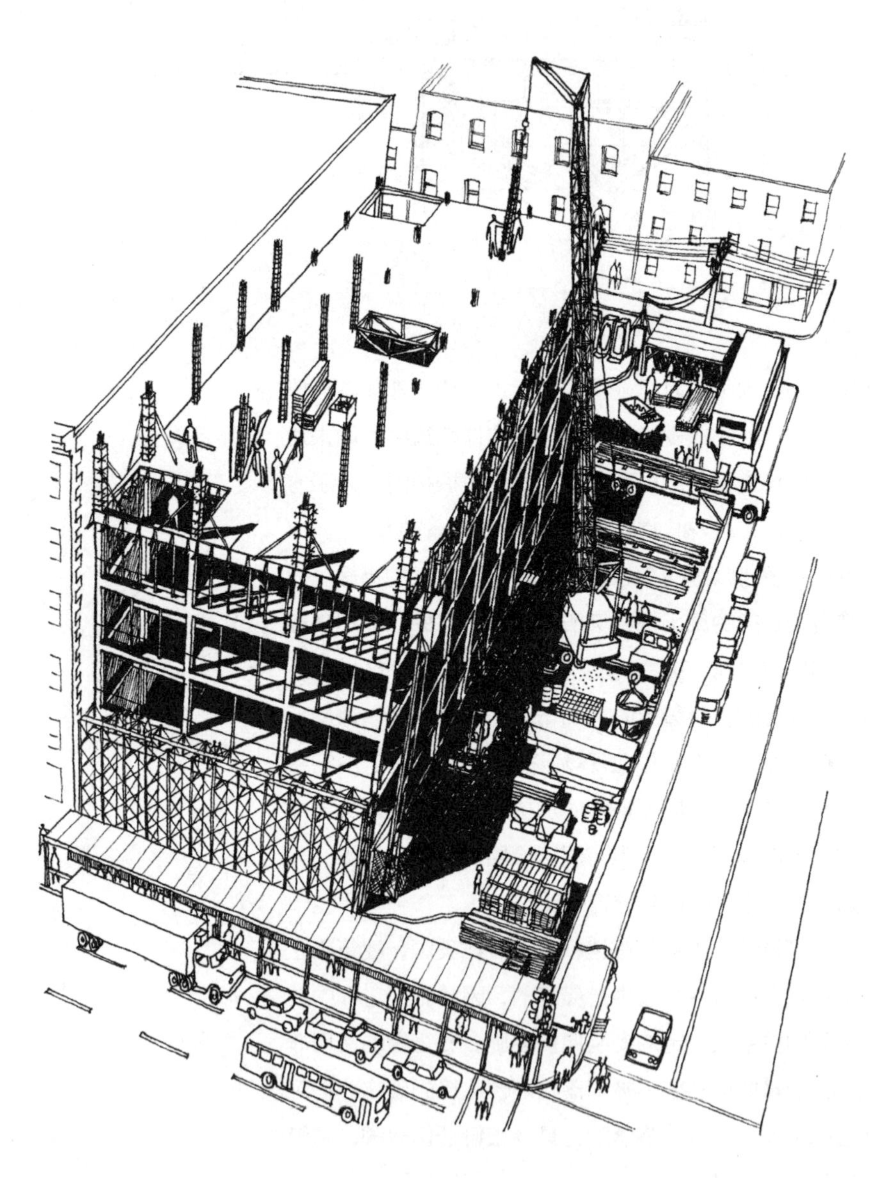

图 20.9

戴安全护具，连接紧拴在柱间的安全钢索；屋顶从业人员也通过类似的护具和屋顶连接，以保证安全。脚手架应安装安全护栏，以免工人跌落。大多数电机有内置的安全防护措施，例如，自动归位刀片保护、抗回弹装置，以及不小心掉落时及时断电的自动开关。应急工具和灭火器应放在醒目、易拿取的位置；医务和防火救助指示应标贴明显。此外，根据法律规定，工人有权获得医疗保险。承包商一般会在施工现场设置安全员一职，以确保工程的各个方面安全、有序地进行。

工人们通常有自己的小型工具，如锤子、手锯等。大型工具通常归总承包商或分包商所有，如果承包商不愿意存放大量施工设备，可以向设备租赁商租用大型或专门的工具。

建筑施工过程中使用的每一批材料都应在交货时进行核验，确保符合施工说明书的要求。厂家生产的木料或胶合板成品应印有材料的种类和等级，以便现场核验。结构钢附带由厂家出具的成分和质量认证书，其他建筑材料也都必须有类似的带有产地和质量信息的标记或认证书。

如混凝土、砂浆等需要加水搅拌后使用的材料，无法对其使用性能进行全面的测试，因为无法确切地知道材料硬化后的性能。对此类材料进行检验的标准程序是，从每批材料中取一些样本，放入特制的模具中进行标注，与对应批次的材料所使用的位置一同记录入册，保证样品的标准硬化时间。随后把样本送到实验室，在标准液压下实施破坏性测试，如果强度在规定的最低标准之上，则产品合格；如果不合格，则使用该批次材料建造的部分应返工重做。

现如今，得益于现代测量和水准仪，建筑施工可以十分精准，但仍不能像手表和相机那样。因尺寸较大、运输中可能受到磕碰、途中或施工现场易受潮以及温度变化等

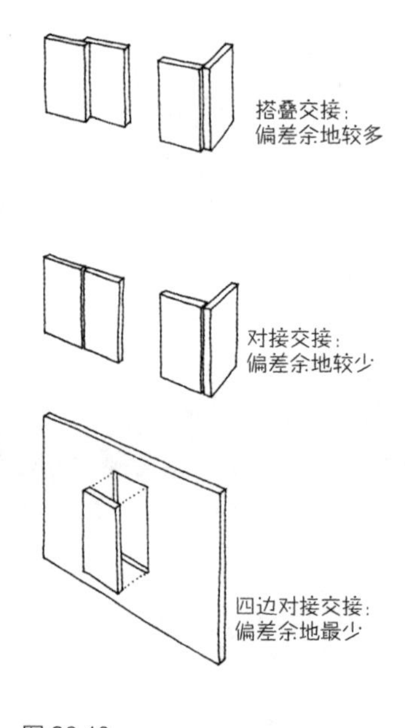

图 20.10

因素，出厂再完美的建筑构件，安装时也不可能做到百分之百的方正、平整、垂直、完好。工人在测量或安装时也会出现偏差，特别是混凝土或木工这样较粗糙的作业。针对结构钢等建筑构件，行业标准规定了到达施工现场后产生变形或失准的极值。对大多数建筑构件来说，约 6 毫米的偏差较为合理，但有时也不得不接受 25 毫米或更多的偏差。此时，最简单、最稳妥的方式是让材料相互交叠（图 20.10）。材料必须有两侧或多侧进行对接时，应考虑定位和安装时的偏差，在交接处预留一定的缝隙。木框架墙体上的门窗开洞比门窗本身略大，安装好门窗后，在四周嵌入小木楔来找平、定位。门窗壁板会从外侧盖住这一圈缝隙，墙体饰面也从内侧挡住缝隙。安装混凝土或金属外墙板时，板材间预留的缝隙要稍大一些，通常为 6 ~ 25 毫米，既方便安装，又能兼顾热胀冷缩和结构变形等问题。板材上的金属固定件应便于调整，以便在固定前准确找平和定位。

在施工过程中，完整且美观的材料应尽可能在后期安装，并保护其免遭破坏，直至工程竣工。例如，在施工早期的框架搭建阶段，安装地板也许比较方便，但安装完地板，其表面因踩踏、工具操作、建材使用、液体倾洒及后续施工而造成的磨损，可能出现碎裂、划痕、压痕、滴溅和污渍等问题。虽然有些麻烦，但在实际施工中应尽量在最后阶段安装地板。

设计师还应清楚哪些建筑构件最终裸露在外。如果把木框架的墙体暴露在外比较好看，但考虑洞口四周排布不均的零件、木料上的自然瑕疵、标注产品等级的印戳、锤子造成的凹痕、施工时留下的铅笔印，以及穿梭其间的电线和水管，墙体又会是什么样子呢？如果想把墙体结构外露，应仔细考虑木材的品质，合理排布电线和管道，并采用比一般情况更精细、更加费时的木工工艺。一般来说，按标准工序进行的施工比较经济划算，先铺设石膏墙板，然后油漆工粉刷，接下由来木工、电工和管钳工按他们熟悉而高效的方式工作，按部就班，保证前一项工作得以完善，后一项工作顺利进行。

纵观整个建筑行业常见的施工方式，“按序施工”是最基本的原则，即每道工序得以遮盖并弥补之前工序的不足。通常的施工中，倒数第四步是安装贴面、墙板、板条、石膏板等大面积平板材料，把建筑外露的内部构件粗略盖住。倒数第三步是用密封胶、灰泥、接缝剂等材料，让板材上的接缝看上去不那么明显。倒数第二步是安装地板、盖板、板条和各种角线。最后一步是油漆工用一层薄薄的装饰性防腐涂料粉刷所有板材。之后再清理建筑垃圾，各部门进行最终验收，最后把钥匙交给业主。经过漫长而复杂的施工过程后，房子终于盖起来了。

建筑成本

建筑本身耗资巨大，成本可归纳为两方面：物料费用和人工成本。物料费用可以根据相关费用标准进行计算，而人力成本的计算更精确。在美国，建造一座普通的住宅消耗一个工人一生工时的 1/15，而建造一座普通的摩天大楼要消耗 50 ~ 100 个工人一生的工时才能完成。每年对其进行维护，又会消耗若干工人一生的工时。对大型建筑来说，则是上述消耗量的几倍。

建筑成本为何如此之高？从施工过程看便可知晓。即使一座小型实用建筑也需消耗大量且昂贵的建筑材料，大部分甚至全部材料的搬运、安装和连接均需要人力完成。所需钉子、砖石或螺栓的数量之多令人惊讶，每个零件均倾注了人的劳动和心血。即便建造一座最简单的建筑，所需的工序数量也颇多。管理工人、预定建材、处理问题、计划施工、记录情况以及支付货款等同样需要耗费大量时间。随着建筑成本的增加，人们逐渐对建造大型且昂贵的建筑习以为常。

设计方案确定后，降低施工成本就是项目管理要解决的事情。优秀的项目管理者能有效统筹安排工人、工具、建材和资金。工作尽量在非露天环境下进行，最好是在工厂里，以确保良好的工作环境和较高程度的机械化。妥善安排施工现场的工人，保证他们既不会闲着无所事事，又不会在干活时互相干扰。购买材料时，应尽可能低价买入，同时保证材料质量达标、满足供应商的要求，并按需送达。送达太晚会耽误工程进度，送达太早占用施工现场的存放空间，还可能因恶劣天气、突发事故等被损毁。不仅如此，过早送达的货物更容易被盗，并且承包商不得不提前支付货款。

出色的承包商能够权衡各项利益，投标时给出足够低的价格，才能击败竞争对手；而给出足够高的价格才能实现营利。投标时总开低价的承包商很可能因在项目中亏损而破产，总开高价的承包商会因得不到项目而面临破产。承包商赢得投标，以合理的价格拿到项目之后，应仔细且娴熟地统筹工程安排，既要保证预期收益，又确保建筑质量过硬。建筑施工是一个高风险、高技能的职业，市场上一些新的承包商“来去匆匆”，只有那些负责任、合格的承包商才能永久地存活下来。

21 保持建筑的生命力

在建筑完工之前，大自然已经从各个方面对其进行破坏了。重力荷载、风荷载和地震荷载不断考验着建筑结构的稳定性；阳光中的紫外线分解建筑有机材料的分子，令其褪色；空气中的二氧化碳和二氧化硫溶入雨水，形成弱性碳酸和硫酸，腐蚀石头，加速金属氧化；淋雨受潮后，靠在一起且活泼性不同的两种金属间产生电流，加速分解作为阳极的金属材料；水滋生霉菌和真菌，并腐蚀建筑材料，特别是木制品；水有利于毁坏木材的昆虫生长，也利于植物生长，如野草、藤蔓和树，它们的根系钻进建筑裂缝将其撑大；下雨溅起的泥土在建筑外墙靠近地面的部分滋生昆虫和霉菌；土壤中的水受冷冻结，导致建筑地基和铺地隆起断裂；水冻结后，混凝土和砖石表面可能会产生龟裂；风中夹带的尘土、孢子和种子会落在建筑上；老鼠在建筑内搭窝打洞；家养的动物会摩蹭、啃咬或抓挠建筑表面，并在死角留下粪便。此外，人也会对建筑造成破坏，随身携带湿气和尘土，因弄撒、溅出、弄脏、烧焦、撞击、剐蹭、划伤等而损坏建筑。大自然和建筑并没有什么特别的恩怨，因为自然同时也在削平山脉、改道河流、把湖泊变成草地、把草地变成森林、完成自然界的新陈代谢。变化是自然界永恒的规律，出生、生长、成熟、老化、死亡、腐烂和再生，是所有事物在大自然中都会经历的阶段。建筑也不例外，但人们总想控制建筑的自然周期，以满足自身需求。

破坏建筑的行为可分为三类：第一类是对建筑的一系列使用给建筑造成巨大或直接的破坏，必须尽量避免；第二类是不可避免的自然力量，但能通过日常处理来解决；而第三类可能会让我们觉得不可思议，因为如果我们合理利用建筑，就可以让建筑更美观、更实用，把对建筑造成的破坏降至最低限度。

确保建筑安全、稳固

第一类因素中最危险的是对建筑地基的稳固性造成威胁。为了避免土壤冻结膨胀而造成的隆起，应将建筑建在冬天结冰的土层之下。为了避免建筑过度沉降，设计时应仔细考虑土壤的承载能力。为了防止土壤从四周和底部对地基造成侵蚀，应确保屋顶的排水系统正常运行，并定期维护建筑内部或周围发生渗漏的管道。在干旱、多风地区，应使用植物或其他保护设备，以防风侵蚀土壤。不要在紧邻地下室外墙的地方种树，以防根系破坏建筑。要定期检查位于未经处理的木桩上的建筑，确保附近的井或泵中的水位在木桩上，否则木桩易被腐蚀。

如果建筑地基开始沉降，但建筑未出现实质性的破坏，有效的补救措施是对地基进行加固，即把承载力更大的新地基建在现有地基的下部或沿着现有地基而建，让新地基来支撑建筑。

结构支撑不足也属于危险因素。建筑结构起初是足够坚固的，但如果设计不当或后期使用时增加的荷载超出它的承受范围，就应增加新的梁、柱或支撑构件。

建筑结构应定期维护。钢结构物件应注意防潮、防锈，利用建筑外围护结构进行保护，或在构件外露的表皮上涂抹油漆或其他保护性涂层。在木结构中，采用螺栓连接的部位必须重新紧固，以防在建筑建成初期受热后木材收缩，因此应在覆盖的材料上预留检修口。清除木结构里的真菌和蛀虫，有些真菌只影响外观，并不会对结构造成破坏，比如刚锯开、尚未干燥的木头上的蓝灰色斑点，或有些木料中的白色斑点；而有些真菌有很大的破坏性，如造成木料干腐病或湿腐病的真菌，以及破坏木材的蛀虫。

大多数对木材有破坏性的生物是以木材为食的，依靠水分和空气来生存。控制这些生物的主要方法是给木材施加化学药物，使木材完全干燥，阻断生物所需的水分，或让木材完全浸泡在水中，以阻断空气。在工业生产中，通常使用防腐剂来预防昆虫和真菌，如果防腐剂只涂抹在木材表面，则不太有效，必须在工厂中以加压的形式将其压入木料细胞。个别木材含有化学成分，本身可以抗虫、防腐，如红木、柏木和雪松等。

让木材保持干燥或浸湿木材看起来相互矛盾，但实际上木材在两种情况下均可以免受破坏。木材潮湿但未被全部浸没，或木材时而干燥时而浸湿，都会给生物提供水分和空气，让木材严重受损。埋在土里或靠近土壤的木材极易受损。直接放在砖石基础上的木材，应搭配不透水塑料或沥青防潮层，以隔绝砖石孔隙中的水。放在基础墙凹槽中的木梁也应做类似的保护处理，并在每一侧留出足够的空间，让木材“呼吸”。无论木结构是否直接与基础墙接触，最好采用经防腐剂处理过的木材。

在室外，木材与木材的连接处在毛细作用下存储雨水，从而加快了木材腐烂的速度。带顶棚的桥很好地说明了这个问题：防水顶棚和围墙使支撑桥梁的木桁架间的节点保持干燥（图 21.1）。如果没有顶棚的遮盖，这座桥会在几年内因节点的腐朽而变得不稳固。如果无法对木结构节点进行防风雨保护，可以使用防腐剂进行处理或刷些油漆、涂料或沥青，以减缓腐朽过程。除了座椅、扶手、围栏及其他次要结构，还应尽量避免木结构节点裸露在外。

图 21.1

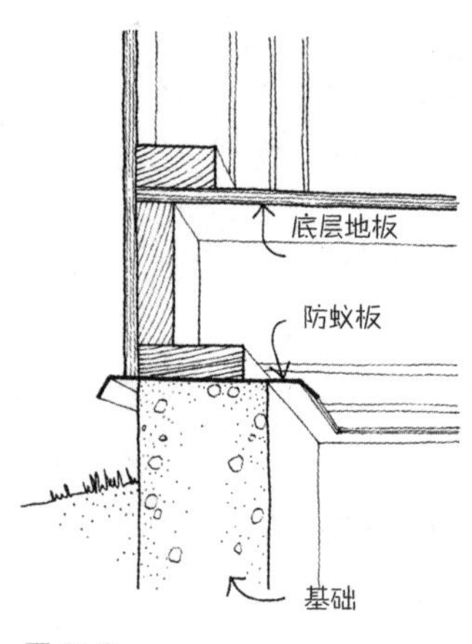

图 21.2

上述的次要结构应定期检查和维护，更换腐烂的部件，以免发生危险。

如果未经处理的木构件伸入土壤，或周边土壤中埋有木屑或树桩，建筑就很容易受到白蚁的破坏。白蚁会通过把地面的水转移到木材中，破坏干燥的木材。美国最常见（也最具破坏性）的白蚁是地下白蚁，它们把巢建在土壤中，从地上建筑的木料中获取食物。为了爬到建筑中，在建造建筑地基时，白蚁用土、木屑及排泄物建造隐蔽的蚁道，以便随后挖洞进入木材。在蚁害普遍的地方，应在建筑周边的土壤中施加一些杀虫剂，并在建筑地基和木结构之间安装金属防蚁板（图 21.2）。防蚁板虽然无法阻挡白蚁的入侵，但能让它们将蚁道建在防蚁板上，而非建筑地基的缝隙中。防蚁板上如果有蚁道，就可以用杀虫剂对土壤实施进一步处理。

干木白蚁常出现在热带及亚热带的木质建筑中，它们几乎不需要水分，也无须和土壤接触。遭受蚁害的建筑，应用塑料膜盖住，并用杀虫气体来熏蒸。其他白蚁以及对木头具有破坏性的昆虫分布在世界各地，每种需要采取专门的防治措施。

与腐烂和蚁害防治密切相关的是建筑漏水防护措施。除了火灾和地震，没什么比漏水屋顶造成的内部腐烂会更迅速地损坏建筑的了。屋顶、排水系统、墙体和窗户必须仔细且全面地维护。及时处理管道漏水和冷凝水过多的情况。在木结构房子中，冷凝水造成的腐烂多见于木窗上玻璃的下槽和马桶水箱下边的木地板。漏水问题及其造成的损坏和腐烂多见于烟囱旁或屋顶的水沟附近。屋顶漏水如果不及时处理，漏水周围的板材会逐渐腐蚀，这样一来，情况就变得更加严重。

屋顶的维护包括使排水系统正常运行、防渗漏、无堵塞、清除土壤和植物藤蔓，检查是否有漏水或老化的迹象。

各种木盖板都会被水、冰和风逐渐侵蚀，或因太阳照射而老化，或被冰、风或树枝掀起、折断。卷材屋盖的老化速度较慢，但屋顶的膨胀和收缩、起泡、破裂以及过多的踩踏等会对其造成破坏。

砌体间的砂浆接缝很容易因为吸收的水分反复冻结而受到破坏。泥瓦匠将砂浆缝挤压定形，使其疏水而非吸水（图 21.3）。即使采取了这样的措施，砂浆缝通常会在几年内逐渐老化，所以应定期清理损坏的部分，重新填入砂浆，修补接缝。爬藤类植物促进砂浆缝的老化，因其根系伸入砂浆缝，叶子还会阻碍雨水的蒸发。爬藤类植物深受人们的喜爱，能通过遮阴和叶面蒸发作用在夏季降温，并在冬季形成庇护，业主不得不在两者间进行权衡。

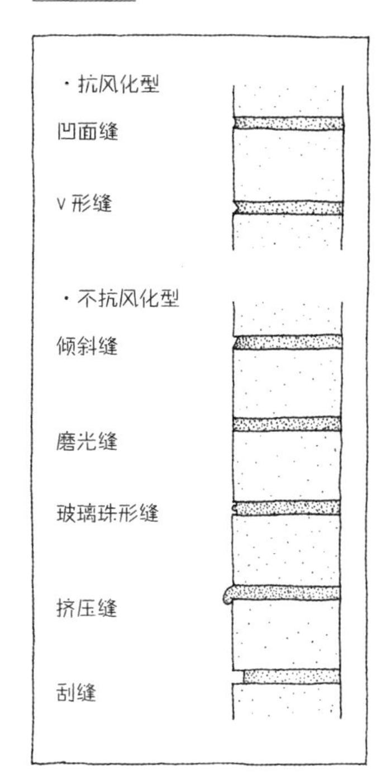

图 21.3

定期检查，将火灾隐患降至最低。垃圾应及时清理，烟囱、家电以及电路负荷应定期检查，确保安全运行。出口应保持畅通，防火门应关闭，但能保证正常使用。错放、丢失或过期的灭火器应及时补齐、更换，警报和紧急照明系统也应随时检查。为了确保人身安全，在某些建筑中（特别是学校）应定期进行防火演习。

堵塞、漏水或被冻裂的管道以及有问题的水暖设备等给水暖系统造成安全隐患。热量不足、缺少自然采光或通风也是隐患，会造成建筑废物堆积和虫害，在这些问题解决之前人最好不要住进去。出于健康考虑，大多数区域应安装纱窗，以防苍蝇和叮人的昆虫进入。

最后我们来讨论一下建筑维护的重要问题——人为破坏，如故意毁坏和纵火。除某些特殊目的，毁坏和纵火多发生在修缮不佳或废弃的建筑中。有人使用且修缮良好的建筑不太可能被蓄意破坏，除非它们对肇事者在心理上构成威胁。学校和低收入住房经常成为被攻击的目标，特别是当它们看起来“盛气凌人”或令人倍感压抑时。让每位建筑使用者都获得归属感或许是个不错的解决办法，但目前在这方面尚没有明确的导则。

不良建筑综合征

传统的房子有较好的透气性，依靠自身可以实现自然通风。近些年，为了提高能效，有些建筑近乎是封闭的。建筑内如果不使用机械通风设施，室内湿度达到一定程度时，使表面或管道内长出霉菌。合成材料被越来越广泛地使用，但有些释放甲醛。此外，封闭的建筑还会造成燃气设备的使用问题，空气不足，导致无法充分燃烧，从而释放二氧化碳和一氧化碳。此类问题可能引发“不良建筑综合征”——因室内空气质量差而导致建筑使用者生病。

由于存在诸多因素，因此很难判定不良建筑综合征的成因。在大多数情况下可以找到原因并采取相应的措施，有时仅清理一下空调管道就能解决问题。发霉的材料应及时拆除或更换，在炉子上安装送风管道有时也可以减少燃烧中产生二氧化硫和一氧化碳等有害产物。在这些问题解决之前人最好不要入住。

在炎热潮湿的气候条件下，内墙上的乙烯覆层可能引发问题。这些材料通常不透水且具有气密性，室外温度高于室内温度时，聚集在隔汽层较冷的一面。水汽积聚在墙面覆层的背面，为霉菌的生长创造了理想的条件。材料厂在生产过程中用长效抗菌药物对材料进行处理，可以解决这一问题。

建筑的日常维护

建筑的日常维护包括各种形式的维修、更新和清洁操作。在建筑外部，如瓷砖、钢板、玻璃、铝以及不锈钢等防水墙面，在正常环境下能使用很长时间，除了定期清洁和偶尔处理一下构件间的砂浆接缝和密封胶，无须过多维护。室外的油漆、涂料、清漆等因日晒雨淋而迅速老化，每隔几年应重新粉刷。白漆虽然老化快，但也有其好处，反复粉刷和清洗油漆表层，会让建筑干净、明亮。

鸽子、百灵鸟、麻雀、海鸥等鸟类的粪便不利于建筑的外部维护。减少建筑室外的洞口，能解决不少麻烦。在特殊情况时，噪声、电击驱鸟器或阻碍鸟类落脚的钉刺可能用得到。

窗玻璃的两面很快会积攒灰尘，久而久之，会影响视线和采光。如果窗户可以在室内擦洗，日常的清洗工作则比较方便。否则，矮一点的建筑应使用梯子，高层则需要可移动的脚手架。玻璃厂商销售一种外侧带透明催化层的玻璃，在阳光的作用下把大部分灰尘转化成可溶物，在下雨时被冲走，但这种玻璃的价格较高。

窗户应便于更换，最好能够在室内进行操作。大多数玻璃密封胶逐渐变硬、开裂、脱落，应及时更换。窗框也应及时检查，查看是否腐蚀、老化、漏风、开关过紧以及五金件是否磨损、断裂等。

建筑内表面一般不会因风吹、雨淋、日晒而被破坏，但使用者易对其造成磨损、剐蹭或沾上尘土。墙面和天花板从空气中、人的手、头、脚以及附近家具沾到灰尘。在厨房、卫生间等处，墙面容易变脏，光面或哑光瓷漆更容易清洗。潮湿的地方最好用釉面瓷砖或塑料板做护墙板(图21.4)。门、窗以及门套、窗套等处通常会使用光面或哑光的饰面，方便擦掉手印。重新粉刷室内时，应先填平石膏裂痕，严重的裂痕表示结构上有问题或某处漏水，在解决问题之前不要将它们填平。挑选油漆、墙纸或木墙板颜色时，应考虑对室内光线的影响。白色或浅色能较好地反光，其他颜色则吸收射入的大部分光线，让屋子看起来不那么刺眼。

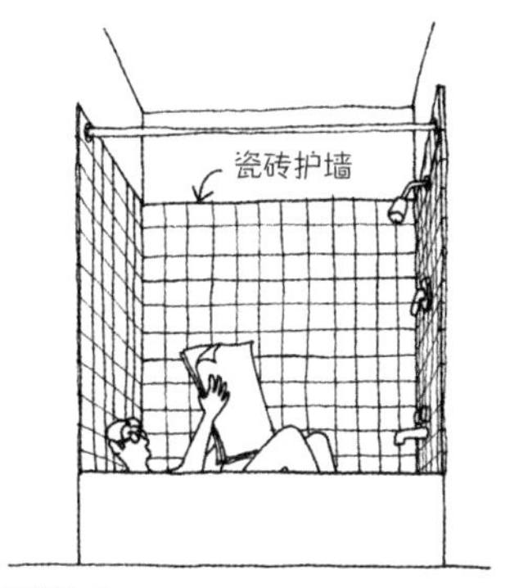

图21.4

地板必须承受人们踩踏、行走造成的磨蹭，在建筑内表面中最容易受损。地板上的灰尘在人行走时被带起，落在墙面和家具上，因此地板的维护也是建筑日常维护中最麻烦的一项工作。在入口处使用门垫或地格栅，可以避免大部分踩进屋里的灰尘。不要等灰尘积攒得很厚时才采用吸尘、清扫、洗刷等方式将其清除。给某些地面打蜡，既避免磨损，又方便清洗。硬质瓷砖能很好地抗磨损，并便于清洗。软质瓷砖或木地板受损较快，在大多数情况下，木地板磨损后，将其打磨平整并重新上漆，软质瓷砖则需要换。公共楼梯磨损格外严重，受损的楼梯造成安全隐患，因此应使用硬质材料，在楼梯踏步处使用硬质、耐磨的防滑表面。

如果地板、台面和墙板表面斑驳或有一定的条纹，则比较容易维护，也更美观。相较于单色表面，这种纹理能够掩饰一些斑点或污渍，使其看上去不那么明显。此外，纹理材料通常比单色材料便宜，因为生产中即使很小的瑕疵也会影响单色材料的销售，而这些小瑕疵在纹理材料上可能不太明显。

公共区域的乱涂乱画是个大问题。如果墙的表面粗糙、凹凸不平或图案丰富，画上去的东西不那么明显，那些“艺术家”看到这样的墙面时便没有画画的冲动了。相反，一面平整、易清洗或易更换的墙会促使人们在上面随手乱画、贴上告示或图片。这些图案如果看得过去，尚可以留着。如果是污言秽语或过于杂乱，则必须清除，并且这一过程可能需要重复进行。因此建议在一些地方使用油漆或防抗涂鸦表面。

除了机械设备，还有一部分建筑部件也需要维护。抽屉、门窗应定期调整和润滑，合页、插销、门锁很容易磨损或断裂。市场、学校及其他公共建筑上的门服务于大量人群，应定期进行维护，并更换磨损的零件。滚珠轴承合页可以有效减少磨损，对使用频率较高的平开门还能降低维护成本。

建筑中的机械系统均需要进行系统维护。加热器、通风机和制冷设备中的空气过滤器应定期清理或更换。锅炉应经常清理和调整，使其高效燃烧。电机、电扇、水泵和压缩机应进行润滑，并更换橡胶带。水暖设备应经常清理，并确保排水通畅。水龙头和马桶水阀应经常维修。供水管在一段时间内可能堵满水垢，需要更换。下水管很容易被毛发、纸张、餐厨油脂或掉入的树根堵住，建议用硬铁丝或螺旋刀疏通管道。热水器特别容易产生水垢，电气组件或燃气部件也应定期检修。

荧光灯和镇流器是建筑电气系统中最应定期更换的构件，其接头应经常清理，并清洁天花板和墙面，以提高反射效率，从而保证电气照明系统处于最佳运行状态。开关和电器的磨损比较快。电气系统中的其他部件磨损虽不是很快，但整个电气系统的老化很迅速。一般来说，旧系统承受的用电负荷太小，没有足够的插座，也无法满足现代接地保护的需求。未来的设备一定会取代当下最先进的设备。幸运的是，现有建筑体系中比较容易安装新线路，特别是在管道空间充足的地方。

升降电梯和自动扶梯通常由专业人员与设备制造商一起进行定期维护，出于安全考虑，政府部门会按时检查其安全状况。特别是升降电梯，因运行与控制相当复杂，很容易受到严重的磨损。由于电梯会给人们带来安全隐患，因此在设计机械系统时应考虑诸多安全因素，设置大量的安全装置，并定期对电梯进行全面的维护。

基于改善和变化的设计

经验丰富的建筑师最娴熟的技艺是运用自然老化的力量使建筑历久弥新。没有什么比一栋建筑历久弥新而非日益破旧更令人欣慰的了。为了实现这个目标，设计师应意识到，建筑外表既能被人所见，也要承受阳光、风雨、煤烟、灰尘及人类磨损等损伤。应避免使用日趋破损的建筑材料。一辆崭新的汽车能说明很多问题：出现在展台上时，光亮无瑕的烤漆面、抛过光的镀铬外层以及闪闪发光的玻璃流线使它看上去光彩夺目。过一段时间，这辆车就不那么好看了：漆面发白，光泽褪去；金属板上的划痕十分明显；镀铬表面出现锈斑；玻璃和油漆也因表面光滑而显得比较脏；座垫上累积着清理不掉的灰尘。接下来，车主要不断地对它进行维护，并陷入无限失望中，因为车子再也不像刚买回来时那样漂亮了。

再来看看用雪松板建造的坡屋顶。雪松板在刚装上时色彩夺目，但在阳光和雨水作用下很快变灰。几个月后，板材就不那么漂亮了，并且有一点污迹。之后，颜色开始加深，屋顶呈现出柔和的银灰色。雨水侵蚀沿木纹新长出较软的边，给屋顶增加纹理，地衣或苔藓也会为之增色。在不进行维护的情况下，屋顶不仅能使用几十年，而且越来越好看。汽车刚出厂时非常漂亮，但随着时间的推移变得破旧；雪松屋顶没有刻意地考虑美观问题，随着岁月的流逝却尽显愈发迷人的风采。

很多建筑材料拥有类似的特性。红木和柏木在自然环境中的风化特征与雪松木类似。室内用于桌面、门和扶手上未加涂层的木头，过一段时间因手的接触而显得斑驳，随后反而因为手对它的自然打磨而发亮。随着时间的流逝，黄铜门把手被手汗腐蚀，呈现出漂亮的金属晶体纹理，室外的铜慢慢从明亮反光的橙黄色变成丰富的蓝绿色。氧化物紧紧附着在金属表面，防止其被进一步腐蚀。铅板屋顶因氧化变成美丽的白色。铝也有类似的氧化层，但其氧化层看起来有些脏，因此大部分用在室外的铝在生产时会进行氧化处理，使其看上去不那么难看。大多数黑色金属会生锈，钢合金具有致密的氧化保护层，使用一段时间后会呈现漂亮的颜色和纹理。

砖石材料通常也会随着灰尘的累积和砂浆的风化而越来越漂亮，爬藤植物也会逐年变得美观。无釉瓷砖地面或天然石材地面在脚下被磨出好看的痕迹，砖石上的釉面不随时间的流逝而产生很大的改观，反而会与周围柔和的深颜色材料相互映衬。时间让颜色变深，所以相较于浅色，深色表面随时间的流逝而变得更加柔和。经常维护的白色表面，过一段时间纹理变得柔和，更能衬托深色材料的美观。

通常，相比一大块完整、光滑的表面，小单元组成的表面随时间的流逝而变得更加美观，也更容易维修。大块玻璃上如果出现裂痕或瑕疵会很明显，存在安全隐患，更换时应采用专业设施和工艺。窗户为多扇时，其中一两扇上出现裂痕不那么明显，如果不漏水、不漏风，则无须更换。即使需要更换，技术不太熟练的人也可以使用便宜的材料来完成。大块玻璃如果想看起来干净，应经常彻底清洗，分成多扇，即使灰尘较多也不很明显。同理，用砖石铺院子比水泥或沥青更容易维护。墙面如果用窄木板拼成，比用饰面精美的大张胶合板更加历久弥新。比起抛光大理石地板，采用不规则的石块或简单的黏土砖铺成的地板，磨损要轻微些。

二手材料在外观方面有很多优势：它们受到磨损和风雨的侵蚀，随时间的流逝而变得坚固。很多时候，它们有漂亮的纹理。二手材料比新材料细节更丰富，也更便宜，能给新建筑带来历史感、沧桑感。随着受损或维修的痕迹及其自身的变化，二手材料与新建筑的融合会越来越自然，在建筑外表上留下历史印记。

应确保建筑能够承受使用周期中的各种磕碰，且不会因此变得难看。正常的风吹、日晒和磨损不应影响其美观性。各种表面上的灰尘和污渍看上去也无大碍。人们日常生活中的各种物品稍微杂乱些也无妨，建筑不是为极其挑剔的“外星来客”而建造的。建筑的维护并非最终目的，而是为了让居住其中的人生活得更好。

翻修和扩建对大多建筑而言是很重要的。经过翻修和扩建，建筑得以改善，适应人们不断变化的需求，延长使用周期。翻修时通常需要拆除一些室内饰面、隔墙和机械设备等，像混凝土建筑那样，若室内承重墙较多或楼板结构不易切割、调整，那么翻修则比较困难。如果隔墙、楼板、楼梯以及机械设备易于拆除，翻修则简单一些。

加建可以是水平横向、垂直纵向的，或两者兼有。对垂直加建来说，如果原来的结构不添加额外的柱子也能承担新建楼板的重量，或电梯、楼梯和机械系统一开始就规划好用于加建部分，那么会省去很多麻烦。对水平加建来说，如果原有建筑比较完整、闭合，比如穹顶、圆柱、立方或双曲面壳体，那么加建部分则显得突兀。如果原有建筑有些不规则或现有流线系统中有自然的连接点，那么加建部分就会显得比较协调。

建筑的再利用

建筑可以很好地满足随时间变化而产生的使用需求。人类在建筑中居住、学习、沟通以及经商，这些建筑很多经历了几个世纪，随时间的流逝而不断变化。如果建筑有大而无碍的线性空间、可拆掉的隔墙以及方便使用的电器设备，那么很容易重新利用。如果建筑内部有承重墙、结构跨度较小或像教堂、剧院等有特定用途的空间形式，重新利用则会比较麻烦。

定期翻修和不断维护有助于延长建筑的使用寿命，古罗马时期的很多建筑如今依然坚固耐用，有些木结构的建筑即便遭遇火灾、水灾也能留存好几个世纪，但每天都有一些建筑被废弃或拆除。有时是因为人的健康或安全问题，有时因为建筑太小或不好改造，无法满足现代人的生活需求，更多时候是因为业主需求的改变、维修和维护成本过高，或地块很值钱，业主想建造一栋更大的建筑，使投资回报最大化。在大多数情况下，建筑被施工队拆除、运走，有些构件可能被留下或卖掉，整栋建筑最终变成一片废墟。

在农村，我们经常看到谷仓或棚屋用过几年后便自然坍塌了（图 21.5）。想到曾经建造时的满心期待、付出的心血和技艺都不复存在了，不免让人悲伤，但令人欣喜的是，大自然将那些无法侵蚀的建筑材料收回改作他用。木头在腐烂的过程中仍有尊严，融于泥土的缓慢过程令人欣慰。大自然温柔而耐心地消融着砖石、水泥，体现了自然之美，风吹日晒将其表面风化，藤蔓植物钻进细小的缝隙并一点点楔入，说不定哪天这些材料还能回归尘土。绿叶和鲜花慢慢地将坍塌的建筑覆盖起来，建筑融入地景，大自然将以欣欣向荣的景观取而代之。

图 21.5

拓展阅读

Mohsen Mostafavi and David Leatherbarrow. *On Weathering: The Life of Buildings in Time.* Cambridge, Mass., M.I.T. Press, 1993.

22 建筑构件及其功能

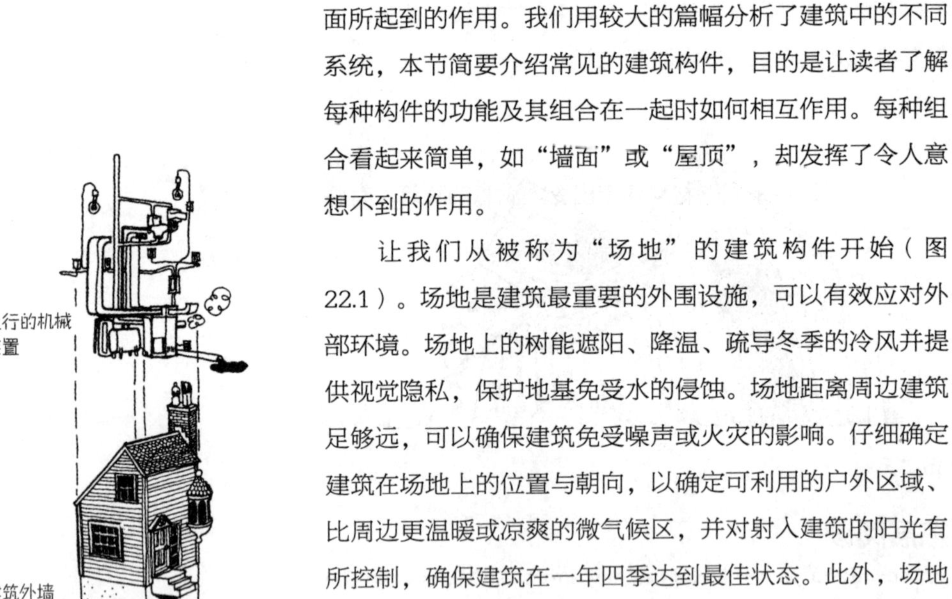

我们已经梳理了外部环境的特点，并将其与人类生存和社会环境进行了对比，并阐释了建筑在整合两者差异方面所起到的作用。我们用较大的篇幅分析了建筑中的不同系统，本节简要介绍常见的建筑构件，目的是让读者了解每种构件的功能及其组合在一起时如何相互作用。每种组合看起来简单，如“墙面”或“屋顶”，却发挥了令人意想不到的作用。

让我们从被称为“场地”的建筑构件开始（图22.1）。场地是建筑最重要的外围设施，可以有效应对外部环境。场地上的树能遮阳、降温、疏导冬季的冷风并提供视觉隐私，保护地基免受水的侵蚀。场地距离周边建筑足够远，可以确保建筑免受噪声或火灾的影响。仔细确定建筑在场地上的位置与朝向，以确定可利用的户外区域、比周边更温暖或凉爽的微气候区，并对射入建筑的阳光有所控制，确保建筑在一年四季达到最佳状态。此外，场地还能为建筑提供水源并处理污水，人们甚至可以在场地上建菜园、果园或鸡舍，以获取食物。

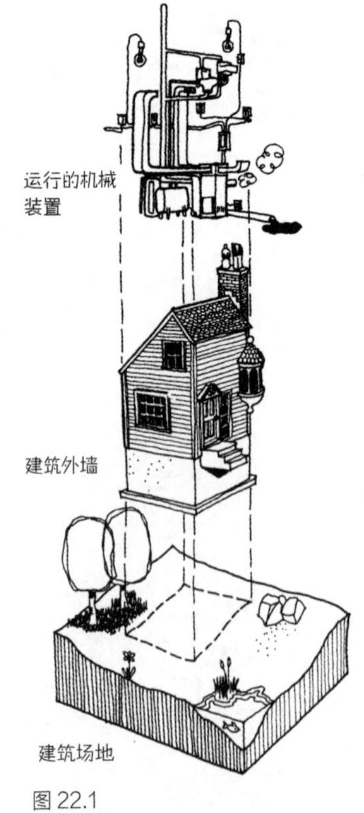

图 22.1

应对外部环境的第二层边界是建筑的外围结构。在这里，建筑起到主要作用：控制阳光，选择性地引入或反射；严格控制空气、热量、湿度、声音和生物的进出；通过墙或柱子的支撑形成层叠的楼层，供人居住；将内部空间进行分隔，打造方便人们使用的房间，并通过垂直或水平方向的通道把它们连接起来。

在场地和外围结构这两个边界之内是主动的机械设施，它们制造或带走热量、循环空气、提供照明、给建筑供电、输送水以及回收废水。应对室外环境的主要工作由场地上及外围结构中的被动设施完成，因此应充分利用主动设施，把室内环境调整到最佳状态。这样的设计方式有诸多优点：降低建筑的能量消耗；更重要的是，通过平衡温度变化、减少机械设备产生的噪声、降低空气污染以及提供更自然的照明。该方法可以最大限度地实现舒适与便利，让人与外部环境的关系更和谐，从而让人理解并欣赏大自然的循环及其与人类生活的联系。无论机械设施多么强大，其永远无法彻底取代建筑师为建筑合理选址与布局的设计工作，因为机械设施无法创造出满足人们身心需求的基本条件。

人们可以用不同的材料建造出令人满意的建筑。有些材料几乎无须处理：泥土、碎石、毛石、雪、草、芦苇、树叶、竹子、天然沥青、树干和树枝。经过简单加工，就可以制成硬火砖、方木、纸张、石块和石膏；再进一步加工，又可以制成水泥、玻璃、金属、橡胶和塑料。受经济条件的限制，人们大多使用当地材料建造建筑。在军队或国外的建筑委托项目中，美国建筑师和工程师在建筑施工中经常使用泥土、稻草或竹子，以契合当地的气候条件和人们的生活方式。人们的生活方式在不断改变，每个月都会有新的建筑材料上市，它们因某种优势而取代原有的材料。

在这种情况下，建筑师应评估新材料或不熟悉材料的优缺点。材料的抗拉、抗压、抗剪切的强度如何？防水性能如何？水蒸气能否从其中透过？湿度或温度改变时，材料的伸缩程度如何？表层能否暴露在楼板或墙体外部？防火性能如何？声学性能如何？如何妥善利用？如何应对正常的磨损与风化？无法获得实验测试数据时，通过称重、拉伸、刺戳、弯曲、刮擦、浸湿、烧灼或通过观察该材料如何使用及其在现有建筑中的表现，人们仍可以很好地进行识别并做出判断。了解材料能做到的与不能做到的，然后决定其在建筑中的使用位置以及用哪些材料与之匹配，使建筑构件发挥作用。

表 22.1 是各种建筑构件的主要功能。建筑外墙比其他部分更重要，没有哪种材料能够单独发挥作用。即使普通木结构住宅的外墙，在材料构成上也是极其复杂的，从外到内看，这面墙可能包括若干层外部涂料、木制墙板、平衡压力的空腔、胶合板、绝缘矿物纤维、电线、供热管

表 22.1 建筑构件的主要功能

	场地	地基	结构	楼板	墙体	窗	门	屋顶	天花板	隔断	饰面板	家具	壁炉	供热/通风/空调	给排水	电力
提供新鲜空气	●					●	○							●	○	○
提供清洁水源	·							·							●	·
移除并回收废弃物	·												·	·	●	·
控制热量辐射	●		·	·	●	●		●	●		●		●	●		·
控制气温	●		·	·	●	●	○	●	●				○	●		·
控制表面热特征			·	●	○	○				·	·	●		○		·
控制湿度	●	·	·	○	●	●	○	●	●		·			●	·	·
控制气流	●		·	○	●	●	○	●	○	○				●		·
最佳视野与视觉私密性	●		·	○	●	●	●	●	●	●	●	·		·		●
最佳声效与声音私密性	●	·	○	●	●	●	●	○	●	●	●	●		○	·	·
控制生物进入	●	○	·	○	●	●	●	○		●						·
提供大量集中能量	·							·								●
提供流通渠道					·	·	·			·	·					●
提供可使用的表面	●	·	·	●	○	·	·	·		●	●	●				
提供结构支撑	●	●	●	●	●			●	·	○						
排水	●	●	·	·	●	●	●	●			·				·	·
应对变形		●	●	○	○	○	○	○	○	○	○		○	○	○	
控制火情	●		●	●	●	●	●	●	●	●	●	●	●	●	●	●

●主要功能 ○次要功能 ·非常态功能

道、塑料防蒸汽层、石膏墙板以及若干层内部涂料。制作这面墙需要多个建造工种和约 15 项独立的建筑作业，但墙本身所起的作用却是无法比拟的。

窗和门是特殊的墙体，应进行特别的设计，以控制对墙壁所形成的外部环境防线的出入。门的主要作用是控制人的进出，通常作为阀门或过滤器，控制空气、热量、动物和光线的进出。窗是最有趣的建筑构件，普通住宅中最常见的窗户设计应考虑以下因素：

- 自然光线。
- 自然通风。
- 外部风景。
- 外部风景。
- 昆虫的进出。
- 水的进出。
- 热量的辐射、传导和对流。

尽管功能复杂，但窗户却是一种十分简单的建筑构件。在设计窗户时，建筑师可以充分发挥创造力。设计简单的窗户时应注意以下要素：

- 窗户的朝向。
- 窗户在墙上的位置。
- 窗户的尺寸。
- 窗户的比例。
- 外部遮阳设备。
- 窗户的开关方式（固定、滑动等）。
- 窗框的材料和颜色。
- 玻璃的种类。
- 遮阳板或百叶窗的种类。
- 窗帘的种类、材料和颜色。
- 纱窗的种类。

窗户之所以如此重要，不仅因其是建筑外围结构的功能性元素，也是内外视线的重要元素，能够营造视野，照亮室内空间，吸收太阳热量，有时也可以作为室内外的沟通通道。为了实现以上目标，设计窗户时应注意细节，做好技术考量，设计初衷可能很理想：洒满阳光又遍布植物的飘窗、色彩斑斓的教堂式玫瑰窗、俯瞰葱郁山谷全景的落地玻璃窗、周末下午阅读的靠窗座位、将挂毯照亮的天窗……但设计结果也许会比较一般，甚至令人失望：透过窗户只能看到满街乱停的车辆、落地窗破坏室内隐私、窗户设计成面向光线的暗淡天井、狭小的窗户令室内光线昏暗。

对建筑的其他构件来说，与窗户设计类似：每个构件都具有多种功能，由各种性能互补的材料构成，都能为建筑师提供独特的美学价值，否则就会被淘汰。这些建筑构件是建筑的基石，建筑师依靠它们才能建造出令人满意的建筑。建筑有其自身的规律，建筑师只有熟知这些简单又重要的规律，才能最大限度地发挥创造力，从而实现真正意义上的创造自由。

本书介绍了建筑的主要功能。此外，建筑还有其他重要作用：建筑具有经济价值，用金钱证明其存在的合理性；建筑还有象征意义，能够唤起居住者的情感，只是这些并未在书中提及。我想说的是：建筑的基本科学原理是一样的，位于北极的雪屋和位于热带的竹屋都遵循相同的建筑原理，钢结构的摩天大楼并不比树屋更高级。人们只有合理利用自然资源，遵从居住关系的基本要义，才能建造出好的房子。